建设工程监理案例分析
（土木建筑工程）一本通

陈江潮　董宝平　主编

U0332844

中国建筑工业出版社

图书在版编目（CIP）数据

建设工程监理案例分析（土木建筑工程）一本通 / 陈江潮，董宝平主编. -- 北京：中国建筑工业出版社，2024.12.（2025.4重印）--（全国监理工程师职业资格考试一本通）.
ISBN 978-7-112-30833-0

Ⅰ. TU712.2

中国国家版本馆 CIP 数据核字第 2024LC3487 号

责任编辑：朱晓瑜　张智芊
责任校对：赵　力

全国监理工程师职业资格考试一本通
建设工程监理案例分析
（土木建筑工程）一本通
陈江潮　董宝平　主编

*

中国建筑工业出版社出版、发行（北京海淀三里河路9号）
各地新华书店、建筑书店经销
北京鸿文瀚海文化传媒有限公司制版
建工社（河北）印刷有限公司印刷

*

开本：787毫米×1092毫米　1/16　印张：24¼　字数：601千字
2025年1月第一版　　2025年4月第二次印刷
定价：**75.00**元
ISBN 978-7-112-30833-0
（44489）

版权所有　翻印必究

如有内容及印装质量问题，请与本社读者服务中心联系
电话：（010）58337283　QQ：2885381756
（地址：北京海淀三里河路9号中国建筑工业出版社604室　邮政编码：100037）

前　言

一、监理工程师相关规定

为确保建设工程质量，保护人民生命和财产安全，充分发挥监理工程师对施工质量、建设工期和建设资金使用等方面的监督作用，《中华人民共和国建筑法》《建设工程质量管理条例》《监理工程师职业资格制度规定》《监理工程师职业资格考试实施办法》等有关法律法规和国家职业资格制度对建设工程监理作出了相关规定。

下列建设工程必须实行监理：

（1）国家重点建设工程；

（2）大中型公用事业工程；

（3）成片开发建设的住宅小区工程；

（4）利用外国政府或者国际组织贷款、援助资金的工程；

（5）国家规定必须实行监理的其他工程。

国家设置监理工程师准入类职业资格，纳入国家职业资格目录，凡从事工程监理活动的单位，应当配备监理工程师。

二、报名条件

凡遵守中华人民共和国宪法、法律、法规，具有良好的业务素质和道德品行，具备下列条件之一者，可以申请参加监理工程师职业资格考试：

（1）具有各工程大类专业大学专科学历（或高等职业教育），从事工程施工、监理、设计等业务工作满4年；

（2）具有工学、管理科学与工程类专业大学本科学历或学位，从事工程施工、监理、设计等业务工作满3年；

（3）具有工学、管理科学与工程一级学科硕士学位或专业学位，从事工程施工、监理、设计等业务工作满2年；

（4）具有工学、管理科学与工程一级学科博士学位。

在北京、上海开展提高监理工程师职业资格考试报名条件试点工作，试点专业为土木建筑工程专业，试点地区报考人员应当具有大学本科及以上学历或学位。原参加2019年度监理工程师职业资格考试，学历为大专及以下，且具有有效期内科目合格成绩的人员，可以在试点地区继续报名参加考试。

已取得监理工程师一种专业职业资格证书的人员，报名参加其他专业科目考试的，可免考基础科目。考试合格后，核发人力资源和社会保障部门统一印制的相应专业考试合格证明。该证明作为注册时增加执业专业类别的依据。

具备以下条件之一的，参加监理工程师职业资格考试可免考基础科目：

（1）已取得公路水运工程监理工程师资格证书；

（2）已取得水利工程建设监理工程师资格证书。

三、丛书介绍

《全国监理工程师职业资格考试一本通》系列丛书由当前一线监理工程师职业培训教学名师编写。针对监理工程师职业资格考试备考时间紧、记忆难、压力大的客观实际情况，依据最新版考试大纲、命题特点和考试辅导教材，集合行业、培训优势与教学、科研经验，将经过高度凝练、整合、总结的高频考点，通过简单明了的编排方式呈现出来，以满足考生高效备考的需求。

全书在编写过程中力求将复习内容抽丝剥茧，在教师多年教学和培训的基础上开发出全新体系。全书通过分析核心考点、提炼主要知识点、经典题型训练三个层次，为考生搭建系统、清晰的知识架构，对各门课程的核心考点、考题设计等进行全面的梳理和剖析，使考生能够站在系统、整体的角度学习考试内容。通过本系列丛书的学习和训练，使考生能够夯实基础，强化应试能力。此外，丛书针对主要知识点及考核要点，通过图表、口诀、对比分析等方法帮助考生快速准确掌握。本书辅以线上交流平台，通过抖音、微信群等多种学习交流平台方便考生学习交流，高效完成备考工作。

《全国监理工程师职业资格考试一本通》系列丛书的各册编写人员如下：

《建设工程监理基本理论和相关法规一本通》唐忍

《建设工程合同管理一本通》王竹梅

《建设工程目标控制（土木建筑工程）一本通》李娜

《建设工程监理案例分析（土木建筑工程）一本通》陈江潮　董宝平

本系列丛书在编写、出版过程中，得到了诸多专家学者的指点帮助，在此表示衷心感谢！由于时间仓促、水平有限，虽经仔细推敲和多次校核，书中难免出现纰漏和瑕疵，敬请广大考生、读者批评和指正。

陈江潮建考频道

更多真题试卷与讲解

可关注视频号：陈江潮建考频道

微信：chaogekaozheng

目　录

第一部分　核心知识点

第二部分　近六年真题及答案解析

第三部分　模拟题

附录

第一部分

核心知识点

第一章　监 理 概 论

知识点一　建设工程监理招标与投标

考题类型：

1. 挑错题：（1）程序挑错；（2）做法挑错。

2. 记忆类的题目。

3. 计算评标题。

（一）建设工程监理招标方式和程序

1. 建设工程监理招标方式

具体如表 1-1 所示。

建设工程招标方式及优缺点　　　　　　　　　　　　　　表 1-1

招标方式	优点	缺点
公开招标	可使建设单位有较大的选择范围，可在众多投标人中选择经验丰富、信誉良好、价格合理的工程监理单位，能够大大降低串标、围标、抬标和其他不正当交易的可能性	由于准备招标、资格预审和评标的工作量大，因此，招标时间长、招标费用较高
邀请招标	不需要进行资格预审，可节约招标费用，又可缩短招标时间	限制了竞争范围。如果选择投标人的范围和投标人竞争的空间有限，可能会失去技术和报价方面有竞争力的投标者，失去理想中标人，从而达不到预期竞争效果

注：（1）国有资金占控股或者主导地位等依法必须进行监理招标的项目，应当采用公开招标方式委托监理任务。

（2）邀请招标，应当邀请三个以上具备承担招标项目能力、资信良好的特定工程监理单位参加投标。

2. 建设工程监理招标程序

建设工程监理招标程序包括招标准备→发出招标公告或投标邀请书→组织资格审查→编制和发售招标文件→组织现场踏勘→召开投标预备会→编制和递交投标文件→开标、评标和定标→签订建设工程监理合同等环节。

其中，招标公告和投标邀请书内容的区分如下：

（1）招标公告（投标邀请书）的内容包括建设单位的名称和地址、招标项目的性质、招标项目的数量、招标项目的实施地点、招标项目的实施时间、获取招标文件的办法等。

（2）招标文件的内容包括招标公告（或投标邀请书）、投标人须知、评标办法、合同条款及格式、委托人要求、投标文件格式。

（二）建设工程监理的评标内容和方法

1. 建设工程监理的评标内容

一般包括工程监理单位的基本素质、工程监理人员配备、建设工程监理大纲、试验检测仪器设备及其应用能力、建设工程监理费用报价。

【例 1-1】　某项目，施工合同价款 20000 万元，工期 24 个月。在监理招标中，发生以下事件：

事件 1：建设单位提出部分评审内容如下：①企业资质；②工程所在地类似工程业绩；③监理人员配备；④监理规划；⑤施工设备检测能力；⑥监理服务报备。

事件 2：工程监理招标文件规定，项目监理机构人员配备应以建安工程投资为基数计算确定。其中，专业监理工程师、监理员、行政文秘人员至少应按系数 0.3、0.6、0.1（单位：人·年/千万元）进行配备。

【问题】

1. 指出事件 1 中监理招标评审内容的不妥之处，并写出相应正确的评审内容。

2. 针对事件 2 分别确定工程建设程度（每年完成建安工程投资额）及不同岗位监理人员最低配备数量。项目监理机构至少需配备多少人？

【参考答案】

1. 建设单位在监理招标文件中的不妥之处及正确的评审内容：

（1）不妥之处一"②工程所在地类似工程业绩"。

正确的评审内容：类似工程业绩。

（2）不妥之处二"④监理规划"。

正确的评审内容：建设工程监理大纲。

（3）不妥之处三"⑤施工设备检测能力"。

正确的评审内容：试验检测仪器设备及其应用能力。

2. 工程建设强度＝20000/（24÷12）＝10000（万元/年）＝10（千万元/年）。

各类监理人员数量如下：

专业监理工程师＝0.3×10＝3（人）；监理员＝0.6×10＝6（人）；行政文秘人员＝0.1×10＝1（人）。

项目监理机构至少需配备＝3＋6＋1＋1（总监）＝11（人）。

2. 建设工程监理的评标方法

一般采用"综合评估法"，投标文件是否最大限度地满足招标文件中规定的各项评价标准，对技术、企业资信、服务报价等因素进行综合评价从而确定中标人。

如：评标委员会在汇总每位评标专家的评分后，去掉一个最高分和一个最低分，取其他评标专家评分的算术平均值计算每个投标人的最终得分，并以投标人的最终得分高低顺序推荐 3 名中标候选人。若投标人的综合评分相等，则以投标报价低的优先；若投标报价也相等，则由招标人自行确定。

（三）建设工程监理的投标工作内容

一般包括投标决策、投标策划、投标文件编制、参加开标及答辩、投标后评估等内容。

1. 建设工程监理投标决策

建设工程监理投标决策包括决定是否参与竞标：如果参加投标，应采取什么样的投标策略。常用的投标决策定量分析方法有综合评价法和决策树分析法两种。

（1）综合评价法是指决策者决定是否参加某建设工程监理投标时，将影响其投标决策的主客观因素用某些具体指标表示出来，并定量地进行综合评价，以此作为投标决策依据。其计算方法为各投标考虑的因素得分乘以权重，然后汇总计算得到总分（表1-2）。

综合评价法的计算方法

表1-2

投标考虑的因素	权重W_i	等级u					指标得分$W_i \times u$
		好	较好	一般	较差	差	
总监理工程师能力	0.10	—	—	0.6	—	—	0.06
监理团队配置	0.10	1.0	—	—	—	—	0.10
技术水平	0.10	1.0	—	—	—	—	0.10
合同支付条件	0.10	1.0	—	—	—	—	0.10
同类工程经验	0.10	—	—	—	0.4	—	0.04
可支配的资源条件	0.10	—	—	—	0.4	—	0.04
竞争对手数量和实力	0.10	—	0.8	—	—	—	0.08
竞争对手投标积极性	0.05	—	—	0.6	—	—	0.03
项目利润	0.10	1.0	—	—	—	—	0.10
社会影响	0.05	—	0.8	—	—	—	0.04
风险情况	0.05	1.0	—	—	—	—	0.05
其他	0.05	1.0	—	—	—	—	0.05
总计							0.79

（2）决策树分析法是适用于风险型决策分析的一种简便易行的实用方法。其特点是用一种树状图表示决策过程，通过事件出现的概率和损益期望值的计算比较，帮助决策者对行动方案作出抉择。

【例1-2】　如图1-1所示，工程监理单位可以作出决策：如投A工程，宜投高价

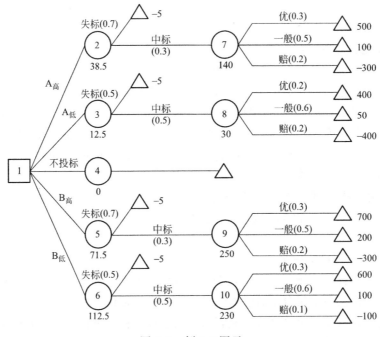

图1-1　例1-2图示

标；如投 B 工程，宜投低价标，而且从损益期望值角度看，选定 B 工程投低价标更为有利。

2. 建设工程监理投标策划

建设工程监理投标策划是指从总体上规划建设工程监理投标活动的目标、组织、任务分工等，通过严格的管理过程，提高投标效率和效果。

主要包括：（1）明确投标目标，决定资源投入；（2）成立投标小组并确定任务分工。

3. 建设工程监理投标文件编制

建设工程监理投标文件的核心是监理大纲，应包括以下主要内容：

（1）工程概述；

（2）监理依据和监理工作内容；

（3）建设工程监理实施方案；

（4）建设工程监理难点、重点及合理化建议。

4. 参加开标及答辩

参加开标是工程监理单位需要认真准备的投标活动，应按时参加开标，避免废标情况发生。

招标项目要求现场答辩的，工程监理单位要充分做好答辩前准备工作，强化工程监理人员答辩能力，提高答辩信心，积累相关经验，提升监理队伍的整体实力，包括仪表、自信心、表达力、知识储备等。平时要有计划地培训学习，逐步提高整体实战能力，并形成一整套可复制的模拟实战方案。

5. 投标后评估

投标后评估是对投标全过程的分析和总结，对一个成熟的工程监理企业，无论建设工程监理投标成功与否，投标后评估不可缺少。

（四）建设工程监理投标策略

（1）深入分析影响监理投标的因素。包括：建设单位（买方）、投标人（卖方）自身、竞争对手、环境和条件。

（2）把握和深刻理解招标文件精神。工程监理单位必须详细研究招标文件，吃透其精神才能在编制投标文件时全面、最大程度、实质性地响应招标文件的要求。

（3）选择有针对性的监理投标策略。包括：以信誉和口碑取胜；以缩短工期等承诺取胜；以附加服务取胜；适应长远发展的策略。

（4）充分重视项目监理机构的合理设置。工程监理单位必须选派与工程要求相适应的总监理工程师，配备专业齐全、结构合理的现场监理人员。

（5）重视提出合理化建议。重视提出合理化建议是促进投标策略实现的有力措施。

（6）有效地组织项目监理团队答辩。有效地组织总监理工程师及项目监理团队答辩是促进投标策略实现的有力措施，可以大大提升工程监理单位的中标率。

（五）建设工程监理费用计取方法

建设工程监理费用计取方法：按费率计费、按人工工时计费、按服务内容计费。

国内工程监理费用一般参考国家以往收费标准或以人工成本加酬金等方式计取。

知识点二　建设工程监理合同管理

考题类型：

1. 挑错题：（1）程序挑错；（2）内容挑错。

2. 记忆类的题目，如补充问答。

（一）建设工程监理合同的订立

《建设工程监理合同（示范文本）》GF—2012—0202，该合同示范文本由"协议书""通用条件""专用条件"、附录 A 相关服务的范围和内容以及附录 B 委托人派遣的人员和提供的房屋、资料、设备组成。

（二）建设工程监理合同的履行

1. 监理人义务

监理人需要完成的基本工作如下：

（1）收到工程设计文件后编制监理规划，并在第一次工地会议 7 天前报委托人。根据有关规定和监理工作需要，编制监理实施细则。

（2）熟悉工程设计文件，并参加由委托人主持的图纸会审和设计交底会议。

（3）参加由委托人主持的第一次工地会议，主持监理例会并根据工程需要主持或参加专题会议。

（4）审查施工承包人提交的施工组织设计，重点审查其中的质量安全技术措施、专项施工方案与工程建设强制性标准的符合性。

（5）检查施工承包人工程质量、安全生产管理制度及组织机构和人员资格。

（6）检查施工承包人专职安全生产管理人员的配备情况。

（7）审查施工承包人提交的施工进度计划，核查施工承包人对施工进度计划的调整。

（8）检查施工承包人的试验室。

（9）审核施工分包人的资质条件。

（10）查验施工承包人的施工测量放线成果。

（11）审查工程开工条件，对条件具备的签发开工令。

（12）审查施工承包人报送的工程材料、构（配）件、设备的质量证明资料，抽检进场的工程材料、构（配）件的质量。

（13）审核施工承包人提交的工程款支付申请，签发或出具工程款支付证书，并报委托人审核、批准。

（14）在巡视、旁站和检验的过程中，发现工程质量、施工安全存在事故隐患的，要求施工承包人整改并报委托人。

（15）经委托人同意，签发工程暂停令和复工令。

（16）审查施工承包人提交的采用新材料、新工艺、新技术、新设备的论证材料及相关验收标准。

（17）验收隐蔽工程、分部分项工程。

（18）审查施工承包人提交的工程变更申请，协调处理施工进度调整、费用索赔、合同争议等事项。

（19）审查施工承包人提交的竣工验收申请，编写工程质量评估报告。

（20）参加工程竣工验收，签署竣工验收意见。

（21）审查施工承包人提交的竣工结算申请并报委托人。

（22）编制、整理建设工程监理归档文件并报委托人。

【例1-3】 某工程，建设单位与某监理单位签订了委托监理合同，合同条款中约定了监理人的以下监理工作：

（1）主持第一次工地会议。

（2）审核施工分包人的资质条件。

（3）验收隐蔽工程、分部分项工程。

（4）组织工程竣工验收。

（5）审查工程质量评估报告。

【问题】 请判断以上约定的监理工作是否妥当？如不妥，请指正。

【参考答案】

（1）不妥。正确：参加由委托人主持的第一次工地会议。

（2）妥当。

（3）妥当。

（4）不妥。正确：参加工程竣工验收。

（5）不妥。正确：编写工程质量评估报告。

2. 监理人应履行的职责

监理人应遵循职业道德准则和行为规范，严格按照法律法规、工程建设有关标准及监理合同履行职责。包括处置委托人、施工承包人及有关各方意见和要求；提供证明材料；处理合同变更；调换承包人人员等。此外，还包括提交报告、文件资料管理、使用委托人的财产。

3. 委托人义务

委托人义务包括告知、提供资料、提供工作条件、授权委托人代表、提出意见或要求、答复、支付酬金。

（三）监理合同文件的组成

如表1-3所示。

监理合同文件的组成（按优先解释顺序排列） 表1-3

《建设工程监理合同(示范文本)》GF—2012—0202	《中华人民共和国标准监理招标文件》(2017年版)
①协议书； ②中标通知书或委托书； ③专用条件及附录A和附录B； ④通用条件； ⑤投标文件或监理与相关服务建议书	合同协议书与下列文件一起构成合同文件： ①中标通知书； ②投标函及投标函附录； ③专用合同条款； ④通用合同条款； ⑤委托人要求； ⑥监理报酬清单； ⑦监理大纲； ⑧其他合同文件

【例1-4】 某监理合同，合同协议书与①通用合同条款；②专用合同条款；③中标通知书；④监理大纲；⑤监理报酬清单；⑥委托人要求；⑦投标函及投标函附录等文件一起构成了合同文件。

【问题】 监理合同条款由哪两部分构成？同时还以合同格式明确了哪些格式？把上述①~⑦的文件按优先解释顺序排列。

【参考答案】 监理合同条款由通用合同条款和专用合同条款两部分构成。同时还以合同格式明确了合同协议书和履约保证金格式。①~⑦的文件按优先解释顺序为③⑦②①⑥⑤④。

（四）项目监理机构人员的更换及其他规定

（1）工程监理单位调换总监理工程师时，应征得建设单位书面同意（应提前7天向委托人书面报告监理合同示范文本规定）（应提前14天向委托人书面报告标准监理招标文件规定）；调换专业监理工程师时，总监理工程师应书面通知建设单位。委托人可要求监理人更换不能胜任本职工作的项目监理机构人员。项目监理机构有权要求施工承包人及其他合同当事人调换不能胜任本职工作的人员。

（2）总监理工程师两天内不能履行职责的，应事先征得委托人同意，并委派代表代行其职责。

（3）一名总监理工程师可担任一项建设工程监理合同的总监理工程师。当需要同时担任多项建设工程监理合同的总监理工程师时，应经建设单位书面同意，且最多不得超过三项。

（4）施工现场监理工作全部完成或建设工程监理合同终止时，项目监理机构可撤离施工现场。

（5）总监理工程师应按合同约定以及委托人要求，负责组织合同工作的实施。在情况紧急且无法与委托人取得联系时，可采取保证工程和人员生命财产安全的紧急措施，并在采取措施后24小时内向委托人提交书面报告。

（6）按照专用合同条款约定，总监理工程师可以授权其下属人员履行其某项职责，但事先应将这些人员的姓名和授权范围书面通知委托人和承包人。

（7）监理人应在接到开始监理通知之日起7天内，向委托人提交监理项目机构以及人员安排的报告，其内容应包括项目机构设置、主要监理人员和作业人员的名单及资格条件。主要监理人员应相对稳定，更换主要监理人员的，应取得委托人的同意，并向委托人提交继任人员的资格、管理经验等资料。

知识点三 建设工程监理组织

考题类型：

1. 挑错题：内容挑错。

2. 连线记忆类的题目。

（一）建设工程监理委托方式

在不同的建设工程组织管理模式下，可选择不同的建设工程监理委托方式（表1-4）。

建设工程监理委托方式   表 1-4

承包模式	优点	缺点	监理方式	备注
平行承包	有利于缩短工期、控制质量,也有利于建设单位在更广范围内选择施工单位	合同数量多,会造成合同管理困难;工程造价控制难度大,表现为:一是工程总价不易确定,影响工程造价控制的实施;二是工程招标任务量大,需控制多项合同价格,增加了工程造价控制难度;三是在施工过程中设计变更和修改较多,导致工程造价增加	1)委托一家;2)委托多家工程监理	
施工总承包	全部施工任务发包给一家施工单位作为总承包单位,总承包单位可以将其部分任务分包给其他施工单位,形成一个施工总包合同及若干个分包合同的工程建设组织实施方式		通常应委托一家工程监理单位	统筹考虑工程质量、造价、进度控制,合理进行总体规划协调
工程总承包	将工程设计、材料设备采购、施工(EPC)或设计、施工(DB)等工作全部发包给一家单位,由该承包单位对工程质量、安全、工期和造价等全面负责的工程建设组织实施方式		一般应委托一家工程监理单位	监理工程师需具备较全面的知识,做好合同管理工作

【例 1-5】 某工程采用平行承包模式,建设单位通过招标委托了一家工程监理单位实施监理。

【问题】 这种委托方式要求被委托的工程监理单位应具有哪些较强的能力?总监理工程师的工作重点是什么?建设单位在平行承包模式下是否可以委托多家工程监理单位实施监理?

【参考答案】 这种委托方式要求被委托的工程监理单位应具有较强的合同管理与组织协调能力。总监理工程师应重点做好总体协调工作,加强横向联系,保证建设工程监理工作的有效运行。可以委托多家工程监理单位实施监理。

(二)建设工程监理实施程序

建设工程监理实施程序包括组建项目监理机构、收集工程监理有关资料、编制监理规划及监理实施细则、规范化地开展监理工作、参与工程竣工验收、向建设单位提交建设工程监理文件资料、进行监理工作总结。

【例 1-6】 某工程,监理合同签订后,监理单位按照步骤组建项目监理机构:①确定项目监理机构目标;②确定监理工作内容;③制定监理工作流程和信息流程;④进行项目监理机构组织设计。

【问题】 指出项目监理机构组建步骤的不妥之处,写出正确做法。

【参考答案】 项目监理机构组建步骤的不妥之处是步骤③和步骤④顺序颠倒,正确的步骤是①②④③。

(三)项目监理机构

可根据建设工程监理合同约定的服务内容、服务期限以及工程特点、规模、技术复杂程度、环境等因素确定项目监理机构的组织结构模式和规模。在施工现场监理工作全部完成或建设工程监理合同终止时,项目监理机构可撤离施工现场。在撤离施工现场前,应由监理单位书面通知建设单位，并办理相关移交手续。

1. 项目监理机构的设立

项目监理机构的监理人员应由一名总监理工程师、若干名专业监理工程师和监理员组成，必要时可设总监理工程师代表。

2. 项目监理机构组织形式

项目监理机构的组织形式及其特点、优缺点如表 1-5 所示。

项目监理机构的组织形式及其特点、优缺点　　　　　表 1-5

组织形式	特点	优点	缺点
直线制	任一下级只受唯一上级命令，不另设职能部门	机构简单；命令统一、权力集中；职责分明、隶属关系明确；决策及信息传递迅速	实行无职能部门的"个人领导"；对总监要求全能；专业人员分散使用
职能制	设立专业性职能部门；各职能部门在职能范围内有权指挥下级	加强了目标控制的职能化分工；能发挥职能部门专业管理作用，高效管理；减轻总监负担	下级受多头领导；直接指挥部门与职能部门双重指令易产生矛盾，使下级无所适从
直线职能制	直线指挥部门拥有对下级指挥权，对部门工作负责；职能部门是直线指挥部门的参谋，只对下级业务指导	直线领导、统一指挥；职责清楚；目标管理专业性强	职能部门与指挥部门易产生矛盾，不利于互通信息；信息传递路线长
矩阵制	纵向管理系统为职能系统；横向为子项目系统	加强了各职能部门横向联系；有较大机动性（职能人员调动）；将上下左右、集权与分权最佳结合；有利于解决复杂难题及人员培养问题	纵横向的协调工作量大；处理不当易产生矛盾、扯皮

3. 组织形式图

如图 1-2 所示。

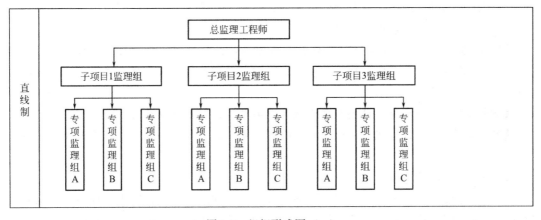

图 1-2　组织形式图（一）

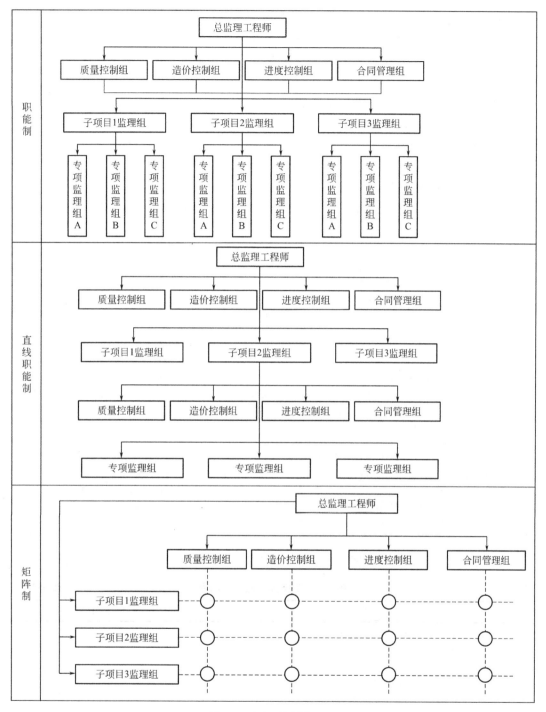

图 1-2 组织形式图（二）

【例 1-7】 某工程，为保证总监理工程师的统一指挥，同时又能发挥职能部门业务指导作用，监理单位根据工程特点和服务内容等因素，在组建的项目监理机构中设置了若干子项目监理组，此外，还设有目标控制、合同管理等部门作为总监理工程师的工作参谋。

【问题】 指出项目监理机构采用的是什么组织形式？该组织形式有哪些优缺点？

【参考答案】 采用的是直线职能制组织形式。

直线职能制组织形式既保持了直线制组织实行直线领导、统一指挥、职责分明的优点，又保持了职能制组织目标管理专业化的优点。缺点是职能部门与指挥部门易产生矛盾，信息传递路线长，不利于互通信息。

(四) 项目监理机构人员的配备及职责分工

1. 项目监理机构人员配备

确定项目监理机构人员配备要考虑工程建设强度、建设工程复杂程度、工程监理单位的业务水平、项目监理机构的组织结构和任务职能分工等因素。

2. 项目监理机构各类人员基本职责

(1) 总监理工程师职责和不得委托给总监理工程师代表的职责 (表1-6)

总监理工程师职责和不得委托给总监理工程师代表的职责　　　　表1-6

总监理工程师应履行下列职责	不得委托给总监理工程师代表的职责
①确定项目监理机构人员及其岗位职责； ②组织编制监理规划，审批监理实施细则； ③根据工程进展及监理工作情况调配监理人员，检查监理人员工作； ④组织召开监理例会； ⑤组织审核分包单位资格； ⑥组织审查施工组织设计、(专项)施工方案； ⑦审查开(复)工报审表，签发工程开工令、暂停令和复工令； ⑧组织检查施工单位现场质量、安全生产管理体系的建立及运行情况； ⑨组织审核施工单位的付款申请，签发工程款支付证书，组织审核竣工结算； ⑩组织审查和处理工程变更； ⑪调解建设单位与施工单位的合同争议，处理工程索赔； ⑫组织验收分部工程，组织审查单位工程质量检验资料； ⑬审查施工单位的竣工申请，组织工程竣工预验收，组织编写工程质量评估报告，参与工程竣工验收； ⑭参与或配合工程质量安全事故的调查和处理； ⑮组织编写监理月报、监理工作总结，组织质量监理文件资料	①组织编制监理规划，审批监理实施细则； ②根据工程进展及监理工作情况调配监理人员； ③组织审查施工组织设计、(专项)施工方案； ④签发工程开工令、暂停令和复工令； ⑤签发工程款支付证书，组织审核竣工结算； ⑥调解建设单位与施工单位的合同争议，处理工程索赔； ⑦审查施工单位的竣工申请，组织工程竣工预验收，组织编写工程质量评估报告，参与工程竣工验收； ⑧参与或配合工程质量安全事故的调查和处理

(2) 专业监理工程师和监理员的职责 (表1-7)

专业监理工程师和监理员职责　　　　表1-7

专业监理工程师的职责	监理员的职责
①参与编制监理规划，负责编制监理实施细则； ②审查施工单位提交的涉及本专业的报审文件，并向总监理工程师报告； ③参与审核分包单位资格； ④指导、检查监理员工作，定期向总监理工程师报告本专业监理工作实施情况； ⑤检查进场的工程材料、构(配)件、设备的质量； ⑥验收检验批、隐蔽工程、分项工程，参与验收分部工程； ⑦处置发现的质量问题和安全事故隐患； ⑧进行工程计量； ⑨参与工程变更的审查和处理； ⑩组织编写监理日志，参与编写监理月报； ⑪收集、汇总、参与整理监理文件资料； ⑫参与工程竣工预验收和竣工验收	①检查施工单位投入工程的人力、主要设备的使用及运行状况； ②进行见证取样； ③复核工程计量有关数据； ④检查工序施工结果； ⑤发现施工作业中的问题，及时指出并向专业监理工程师报告

【例1-8】 某工程，建设单位通过招标方式选择监理单位。总监理工程师委托总监理工程师代表负责如下工作：①组织编制项目监理规划；②审批项目监理实施细则；③审查和处理工程变更；④调解合同争议；⑤调换不称职监理人员。

【问题】 指出不妥之处，说明理由。

【参考答案】 不妥之处包括：组织编制项目监理规划、审批项目监理实施细则、调解合同争议、调换不称职监理人员。

【理由】 这四项工作不能委托总监理工程师代表负责，应由总监理工程师负责。

(五) 项目监理机构人员任职条件

项目监理机构人员任职条件见表1-8。

项目监理机构人员任职条件 表1-8

总监	总监代表	专业监理	监理员
由工程监理单位法定代表人书面任命，负责履行建设工程监理合同、主持项目监理机构工作的注册监理工程师	经工程监理单位法定代表人同意，由总监理工程师书面授权，代表总监理工程师行使其部分职责和权力，具有工程类注册执业资格或具有中级及以上专业技术职称、3年及以上工程实践经验并经监理业务培训的人员	由总监理工程师授权，负责实施某一专业或某一岗位的监理工作，有相应监理文件签发权，具有工程类注册执业资格或具有中级及以上专业技术职称、2年及以上工程实践经验并经监理业务培训的人员	从事具体监理工作。具有中专及以上学历并经过监理业务培训的人员

知识点四 监理规划与监理实施细则

考题类型：

1. 挑错题：程序、内容挑错。
2. 记忆类的题目。

监理规划和监理实施细则（表1-9）

监理规划和监理实施细则 表1-9

项目	监理规划	监理实施细则
依据	工程建设法律法规和标准、建设工程外部环境调查研究资料、政府批准的工程建设文件、建设工程监理合同文件、建设工程合同、建设单位的合理要求、工程实施过程中输出的有关工程信息	(1)已批准的建设工程监理规划；(2)与专业工程相关的标准、设计文件和技术资料；(3)施工组织设计、(专项)施工方案
内容	(1)工程概况；(2)监理工作的范围、内容和目标；(3)监理工作依据；(4)监理组织形式、人员配备及进退场计划、监理人员岗位职责；(5)监理工作制度；(6)工程质量控制；(7)工程造价控制；(8)工程进度控制；(9)安全生产管理的监理工作；(10)合同与信息管理；(11)组织协调；(12)监理工作设施	(1)专业工程特点；(2)监理工作流程；(3)监理工作要点；(4)监理工作方法及措施

续表

项目	监理规划	监理实施细则
编审程序	在签订建设工程监理合同及收到工程设计文件后编制,在召开第一次工地会议前报送建设单位。总监理工程师组织专业监理工程师编制,总监理工程师签字后由工程监理单位技术负责人审批	相应工程施工开始前由专业监理工程师编制,并应报总监理工程师审批
审查内容	(1)监理范围、工作内容及监理目标的审核; (2)项目监理机构的审核; (3)工作计划的审核; (4)工程质量、造价、进度控制方法的审核; (5)对安全生产管理监理工作内容的审核; (6)监理工作制度的审核	(1)编制依据、内容的审核; (2)项目监理人员的审核; (3)监理工作流程、监理工作要点的审核; (4)监理工作方法和措施的审核; (5)监理工作制度的审核

知识点五　建设工程目标控制的内容和主要方式

考题类型:

1. 挑错题:(1)程序挑错;(2)内容挑错。

2. 记忆类的题目,如补充问答。

(一)建设工程监理的工作内容

1. 建设工程三大目标控制的任务(表 1-10)

需要从不同角度将建设工程总目标分解成若干分目标、子目标及可执行目标,从而形成"自上而下层层展开、自下而上层层保证"的目标体系,为建设工程三大目标动态控制奠定基础。

建设工程三大目标控制的任务　　　　　　　　　　　　　　　　表 1-10

质量控制任务	投资控制任务	进度控制任务
通过对施工投入、施工和安装过程、施工产出品(分项工程、分部工程、单位工程、单项工程等)进行全过程控制,以及对施工单位及其人员的资格、材料和设备、施工机械和机具、施工方案和方法、施工环境实施全面控制,以期按标准实现预定的施工质量目标	通过工程计量、工程付款控制、工程变更费用控制、预防并处理好费用索赔、挖掘降低工程造价潜力等使工程实际费用支出不超过计划投资	通过完善建设工程控制性进度计划、审查施工单位提交的进度计划、做好施工进度动态控制工作、协调各相关单位之间的关系、预防并处理好工期索赔,力求实际施工进度满足计划施工进度的要求

【例 1-9】　在监理招标文件中,列出的监理目标控制工作如下:

(1)投资控制:①组织协调设计方案优化;②处理费用索赔;③审查工程概算;④处理工程价款变更;⑤进行工程计量。

(2)进度控制:①审查施工进度计划;②主持召开进度协调会;③跟踪检查施工进度;④检查工程投入物的质量;⑤审批工程延期。

(3)质量控制:①审查分包单位资质;②原材料见证取样;③确定设计质量标准;④审查施工组织设计;⑤审核工程结算书。

【问题】　请指出监理目标控制工作中的不妥之处,并说明理由。

【参考答案】　【例 1-9】中所列监理目标控制工作中的不妥之处及理由:

(1)投资控制中的"组织协调设计方案优化"不妥。理由:属于质量控制的任务。

（2）进度控制中的"检查工程投入物的质量"不妥。理由：属于质量控制的任务。

（3）质量控制中的"审核工程结算书"不妥。理由：属于投资控制的任务。

2. 三大目标控制的措施（表 1-11）

三大目标控制的措施 表 1-11

组织措施	技术措施	经济措施	合同措施
建立健全实施动态控制的组织机构、规章制度和人员，明确各级目标控制人员的任务和职责分工，改善建设工程目标控制的工作流程；建立建设工程目标控制工作考评机制，加强各单位（部门）之间的沟通协作；加强动态控制过程中的激励措施，调动和发挥员工实现建设工程目标的积极性和创造性	对多个可能的建设方案、施工方案等进行技术可行性分析。对各种技术数据进行审核、比较，需要对施工组织设计、施工方案等进行审查、论证等。此外，在整个建设工程实施过程中，还需要采用工程网络计划技术、信息化技术等实施动态控制	审核工程量、工程款支付申请及工程结算报告，还需要编制和实施资金使用计划，对工程变更方案进行技术经济分析	选择合理的承发包模式和合同计价方式，选定满意的施工单位及材料设备供应单位，拟订完善的合同条款，并动态跟踪合同执行情况及处理好工程索赔等

【例 1-10】 某工程，为有效控制建设工程质量目标、进度目标、投资目标，项目监理机构拟采取下列措施开展工作：

（1）明确施工单位及材料设备供应单位的权利和义务；

（2）拟定合理的承（发）包模式和合同计价方式；

（3）建立健全实施动态控制的监理工作制度；

（4）审查施工组织设计；

（5）对工程变更进行技术经济分析；

（6）编制资金使用计划；

（7）采用工程网络计划技术实施动态控制；

（8）明确各级监理人员职责分工；

（9）优化建设工程目标控制工作流程；

（10）加强各单位（部门）之间的沟通协作。

【问题】 逐项指出各项措施分别属于组织措施、技术措施、经济措施和合同措施中的哪一项。

【参考答案】 组织措施：（3）、（8）、（9）、（10）。

技术措施：（4）、（7）。

经济措施：（5）、（6）。

合同措施：（1）、（2）。

3. 合同管理

完整的建设工程施工合同管理应包括施工招标的策划与实施；合同计价方式及合同文本的选择；合同谈判及合同条件的确定；合同协议书的签订；合同履行检查；合同变更、违约及纠纷的处理；合同订立和履行的总结评价等。

4. 信息管理

建设工程信息管理是指对建设工程信息的收集、加工、整理、存储、传递、应用等一系列工作的总称。

5. 组织协调

系统外部协调又分为系统近外层协调和系统远外层协调。近外层和远外层的主要区别是，建设单位与近外层关联单位之间有合同关系，与远外层关联单位之间没有合同关系。

（二）建设工程监理的主要方式

建设工程监理的主要方式包括巡视、平行检验、旁站和见证取样。

1. 巡视

监理人员应按照监理规划及监理实施细则的要求开展巡视检查工作。在监理巡视检查记录表中及时、准确、真实地记录巡视检查情况；监理文件资料管理人员应及时将巡视检查记录表归档，同时，注意巡视检查记录与监理日志、监理通知单等其他监理资料的呼应关系。

2. 平行检验

项目监理机构首先应依据建设工程监理合同编制符合工程特点的平行检验方案，明确平行检验的方法、范围、内容、频率等，监理文件资料管理人员应将平行检验方面的文件资料等单独整理、归档。平行检验的资料是竣工验收资料的重要组成部分。

3. 旁站

项目监理机构在编制监理规划时，应制订旁站方案，明确旁站的范围、内容、程序和旁站人员职责等。旁站记录是监理工程师或者总监理工程师依法行使有关签字权的重要依据。对于需要旁站的关键部位、关键工序施工，凡没有实施旁站或者没有旁站记录的，专业监理工程师或者总监理工程师不得在相应文件上签字。在工程竣工验收后，工程监理单位应当将旁站记录存档备查。

4. 见证取样

监理人员应根据见证取样实施细则要求，按程序实施见证取样工作。包括：在现场进行见证，监督施工单位取样人员按随机取样方法和试件制作方法进行取样；对试样进行监护、封样加锁；在检验委托单上签字，并出示《见证人员证书》；协助建立包括见证取样送检计划、台账等在内的见证取样档案等。

（三）见证取样的工作程序

（1）授权。建设单位或工程监理单位应向施工单位、工程质监站和工程检测单位递交"见证单位和见证人员授权书"。授权书应写明本工程见证人单位及见证人姓名、证号，见证人不得少于2人。

（2）取样。施工单位取样人员在现场抽取和制作试样时，见证人必须在旁见证，且应对试样进行监护，并和委托送检的送检人员一起采取有效的封样措施或将试样送至检测单位。

（3）送检。检测单位在接受委托检验任务时，须由送检单位填写委托单，见证人应出示《见证人员证书》，并在检验委托单上签名。检测单位均须实施密码管理制度。

（4）试验报告。检测单位应在检验报告上加盖有"见证检验"章。若发生试样不合格的情况，则应在24小时内报送工程质量监督机构，并建立不合格项目台账。

应注意的是，对检验报告有五点要求：应打印；采用统一用表；签名要手签；应盖有统一格式的"见证检验专用章"；注明检验人的姓名。

见证人员必须取得《见证人员证书》，且通过建设单位授权。授权后只能承担所授权工程的见证工作。对进入施工现场的所有建筑材料，必须按规范要求实行见证取样和送检试验，试验报告纳入质保资料。

（四）旁站工作程序

（1）开工前，项目监理机构应根据工程特点和施工单位报送的施工组织设计，确定旁站的关键部位、关键工序，并书面通知施工单位。

（2）施工单位在需要实施旁站的关键部位、关键工序进行施工前书面通知项目监理机构。

（3）接到施工单位书面通知后，项目监理机构应安排旁站人员实施旁站。

（五）其他

（1）监理人员应熟悉工程设计文件，并应参加建设单位主持的图纸会审和设计交底会议，会议纪要应由总监理工程师签认。

（2）工程开工前，监理人员应参加由建设单位主持召开的第一次工地会议，会议纪要应由项目监理机构负责整理，与会各方代表应会签。

（3）项目监理机构应定期召开监理例会，并组织有关单位研究解决与监理相关的问题。项目监理机构可根据工程需要，主持或参加专题会议，解决监理工作范围内工程的专项问题。

（4）监理例会以及由项目监理机构主持召开的专题会议的会议纪要，应由项目监理机构负责整理，与会各方代表应会签。

（5）监理人的指示。监理人应按照发包人的授权发出监理指示。监理人的指示应采用书面形式，并经其授权的监理人员签字。在紧急情况下，为了保证施工人员的安全或避免工程受损，监理人员可以口头形式发出指示，该指示与书面形式的指示具有同等法律效力，但必须在发出口头指示后 24 小时内补发书面监理指示，补发的书面监理指示应与口头指示一致。

承包人对监理人发出的指示有疑问的，应向监理人提出书面异议，监理人应在 48 小时内对该指示予以确认、更改或撤销，监理人逾期未回复的，承包人有权拒绝执行上述指示。

监理人对承包人的任何工作、工程或其采用的材料和工程设备未在约定的或合理期限内提出意见的，视为批准，但不免除或减轻承包人对该工作、工程、材料、工程设备等应承担的责任和义务。

（6）项目监理机构组织协调的方法。

① 会议协调法。该方法包括第一次工地会议、监理例会、专题会议等。

a. 第一次工地会议。第一次工地会议是建设工程尚未全面展开、总监理工程师下达开工令前，建设单位、工程监理单位和施工单位对各自人员及分工、开工准备、监理例会的要求等情况进行沟通和协调的会议，也是检查开工前各项准备工作是否就绪并明确监理程序的会议。第一次工地会议应由建设单位主持，监理单位、总承包单位授权代表参加，也可邀请分包单位代表参加，必要时可邀请有关设计单位人员参加。第一次工地会议上，总监理工程师应介绍监理工作的目标、范围和内容、项目监理机构及人员职责分工、监理工作程序、方法和措施等。

b. 监理例会。监理例会是项目监理机构定期组织有关单位研究解决与监理相关问题的会议。监理例会应由总监理工程师或其授权的专业监理工程师主持召开，宜每周召开一次。参加人员包括项目总监理工程师或总监理工程师代表、其他有关监理人员、施工项目经理、施工单位其他有关人员。需要时，也可邀请其他有关单位代表参加。

c. 专题会议。专题会议是由总监理工程师或其授权的专业监理工程师主持或参加的，为解决建设工程监理过程中的工程专项问题而不定期召开的会议。

② 交谈协调法。在建设工程监理实践中，并不是所有的问题都需要开会来解决，有时可采用"交谈"的方法进行协调。交谈包括面对面的交谈和电话、电子邮件等形式交谈。

无论是内部协调还是外部协调，交谈协调法的使用频率是相当高的。由于交谈本身没有合同效力，而且具有方便、及时等特性，因此，工程参建各方之间及项目监理机构内部都愿意采用这一方法进行协调。此外，相对于书面寻求协作而言，人们更难于拒绝面对面的请求。因此，采用交谈方式请求协作和帮助比采用书面方法实现的可能性要大。

③ 书面协调法。当会议或者交谈不方便或不需要时，或者需要精确地表达自己的意见时，就会采用书面协调的方法。书面协调法的特点是具有合同效力。一般常用于以下方面：

a. 不需双方直接交流的书面报告、报表、指令和通知等；

b. 需要以书面形式向各方提供详细信息和情况通报的报告、信函和备忘录等；

c. 事后对会议记录、交谈内容或口头指令的书面确认。

知识点六　建设工程安全生产管理的监理工作

考题类型：

1. 挑错题。

2. 记忆类题目，如补充问答。

（一）安全生产管理的监理工作内容

（1）编制工程监理实施细则，落实相关监理人员。

（2）审查施工单位现场安全生产规章制度的建立和实施情况。

（3）审查施工单位安全生产许可证及施工单位项目经理、专职安全生产管理人员和特种作业人员的资格，核查施工机械和设施的安全许可验收手续。

（4）审查施工承包人提交的施工组织设计。重点审查其中的质量安全技术措施、专项施工方案与工程建设强制性标准的符合性。

（5）审查包括施工起重机械和整体提升脚手架、模板等自升式架设设施等在内的施工机械和设施的安全许可验收手续情况。

（6）巡视检查危险性较大的分部分项工程专项施工方案实施情况。

（7）对施工单位拒不整改或不停止施工时，应及时向有关主管部门报送监理报告。

（二）施工单位安全生产管理体系的审查

1. 审查施工单位的管理制度、人员资格及验收手续

项目监理机构应审查施工单位现场安全生产规章制度的建立和实施情况；审查施工单位安全生产许可证的符合性和有效性；审查施工单位项目经理、专职安全生产管理人员和特种作业人员的资格；核查施工机械和设施的安全许可验收手续。

施工单位在使用施工起重机械和整体提升脚手架、模板等自升式架设设施前，应当组织有关单位进行验收，也可以委托具有相应资质的检验检测机构进行验收；使用承租的机械设备和施工机具及配件的，由施工总承包单位、分包单位、出租单位和安装单位共同进行验收，验收合格后方可使用。

2. 审查专项施工方案

项目监理机构应审查施工单位报审的专项施工方案，符合要求的，应由总监理工程师签认后报建设单位。超过一定规模的危险性较大的分部分项工程的专项施工方案，应检查施工单位组织专家进行论证、审查的情况，以及是否附具安全验算结果。

专项施工方案审查的基本内容包括：

（1）编审程序应符合相关规定。专项施工方案由施工项目经理组织编制，经施工单位技术负责人签字后，才能报送项目监理机构审查。

（2）安全技术措施应符合工程建设强制性标准。

（三）专项施工方案的监督实施及安全事故隐患的处理

1. 专项施工方案的监督实施

项目监理机构应要求施工单位按已批准的专项施工方案组织施工。专项施工方案需要调整时，施工单位应按程序重新提交项目监理机构审查。

项目监理机构应巡视检查危险性较大的分部分项工程专项施工方案实施情况。若发现未按专项施工方案实施的，则应签发监理通知单，要求施工单位按专项施工方案实施。

2. 安全事故隐患的处理

项目监理机构在实施监理过程中，若发现工程存在安全事故隐患，则应签发监理通知单，要求施工单位整改；情况严重的，应签发工程暂停令，并及时报告建设单位。若施工单位拒不整改或不停止施工，项目监理机构应及时向有关主管部门报送监理报告。在紧急的情况下，项目监理机构可通过电话、传真或者电子邮件向有关主管部门报告，事后应形成监理报告。

（四）安全责任划分

（1）总承包单位依法将建设工程分包给其他单位，在分包合同中应当明确各自的安全生产方面的权利和义务。

（2）总承包单位和分包单位对分包工程的安全生产承担连带责任。

（3）分包单位应当服从总承包单位的安全生产管理。若因分包单位不服从管理导致生产安全事故的，则由分包单位承担主要责任。

（五）专项施工方案

（1）对下列达到一定规模的危险性较大的分部分项工程编制专项施工方案，并附具安全验算结果，经施工单位技术负责人[①]和总监理工程师签字后实施，由专职安全生产管理人员进行以下现场监督：①基坑支护与降水工程；②土方开挖工程；③模板工程；④起重吊装工程；⑤脚手架工程；⑥拆除、爆破工程；⑦国务院建设行政主管部门或者其他有关部门规定的其他危险性较大的工程。

对以上所列工程中涉及：①深基坑；②地下暗挖工程；③高大模板工程的专项施工方

[①]单位技术负责人是指施工企业的总工，不包括项目负责人（项目经理）、项目总工。

案，施工单位还应当组织专家进行论证、审查。

（2）编制单位实行总包的，由总包单位组织编制。其中，起重机械的安装或拆卸工程、深基坑工程、附着式升降脚手架等专业工程实行分包的可由分包单位编制。

（六）生产安全事故的等级划分标准（表1-12）

生产安全事故的等级划分标准

表1-12

事故类别	死亡人数 x（人）	重伤人数 y（人）	直接经济损失 z（元）
特别重大事故	$x \geqslant 30$	$y \geqslant 100$	$z \geqslant 1$ 亿
重大事故	$10 \leqslant x < 30$	$50 \leqslant y < 100$	5000 万 $\leqslant z < 1$ 亿
较大事故	$3 \leqslant x < 10$	$10 \leqslant y < 50$	1000 万 $\leqslant z < 5000$ 万
一般事故	$x < 3$	$y < 10$	$z < 1000$ 万

（七）施工现场卫生、环境与消防安全管理

施工单位应当将施工现场的办公、生活区与作业区分开设置，并保持安全距离；办公、生活区的选址应当符合安全性要求。职工的膳食、饮水、休息场所等应当符合卫生标准。施工单位不得在尚未竣工的建筑物内设置员工集体宿舍。施工现场临时搭建的建筑物应当符合安全使用要求。施工现场使用的装配式活动房屋应当具有产品合格证。

（八）危险性较大的分部分项工程安全管理规定（摘要）

（1）施工单位应当在危大工程施工前组织工程技术人员编制专项施工方案。

① 对于实行施工总承包的，专项施工方案应当由施工总承包单位组织编制。

② 对于危大工程实行分包的，专项施工方案可以由相关专业分包单位组织编制。

（2）对于超过一定规模的危大工程，施工单位应当组织召开专家论证会对专项施工方案进行论证。实行施工总承包的，由施工总承包单位组织召开专家论证会。专家论证前专项施工方案应当通过施工单位审核和总监理工程师审查。

专家应当从地方人民政府住房和城乡建设主管部门建立的专家库中选取，符合专业要求且人数不得少于5名。与本工程有利害关系的人员不得以专家身份参加专家论证会。

（3）专项施工方案经论证不通过的，施工单位修改后应当按照本规定的要求重新组织专家论证。

（4）对于按照规定需要进行第三方监测的危大工程，建设单位应当委托具有相应勘察资质的单位进行监测。监测方案由监测单位技术负责人审核签字并加盖单位公章，报送监理单位后方可实施。

（5）对于按照规定需要验收的危大工程，施工单位、监理单位应当组织相关人员进行验收。验收合格的，经施工单位项目技术负责人及总监理工程师签字确认后，方可进入下一道工序。在危大工程验收合格后，施工单位应当在施工现场明显位置设置验收标识牌，公示验收时间及责任人员。

（6）若危大工程发生险情或者事故，施工单位应当立即采取应急处置措施，并报告工程所在地的住房和城乡建设主管部门。建设、勘察、设计、监理等单位应当配合施工单位开展应急抢险工作。

（7）施工、监理单位应当建立危大工程安全管理档案。施工单位应当将专项施工方案

及审核、专家论证、交底、现场检查、验收及整改等相关资料纳入档案管理。

监理单位应当将监理实施细则、专项施工方案审查、专项巡视检查、验收及整改等相关资料纳入档案管理。

【例1-11】 甲施工单位依据施工合同将深基坑开挖工程分包给乙施工单位，乙施工单位将其编制的深基坑支护专项施工方案报送项目监理机构，专业监理工程师接收并审核批准了该方案。

【问题】 指出专业监理工程师做法的不妥之处，写出正确做法。

【参考答案】 专业监理工程师做法的不妥之处及正确做法：

（1）不妥之处：专业监理工程师接收乙施工单位提交的深基坑支护专项施工方案。

正确做法：乙施工单位作为分包单位，其编制的深基坑支护专项施工方案应经甲施工单位（施工总承包单位）报送项目监理机构。因此，专业监理工程师应接收甲施工单位提交的专项施工方案。

（2）不妥之处：专业监理工程师接收并审核批准了深基坑支护专项施工方案。

正确做法：专项施工方案由总监理工程师组织专业监理工程师审核批准。

（8）危大方案和超过一定规模危大方案（专家论证），见表1-13。

危大方案和超过一定规模危大方案　　　表1-13

危险性较大的分部分项工程范围	超过一定规模的危险性较大的分部分项工程范围
一、基坑工程	一、深基坑工程
（一）开挖深度超过3m（含3m）的基坑（槽）的土方开挖、支护、降水工程	开挖深度超过5m（含5m）的基坑（槽）的土方开挖、支护、降水工程
（二）开挖深度虽未超过3m，但地质条件、周围环境和地下管线复杂，或影响毗邻建、构筑物安全的基坑（槽）的土方开挖、支护、降水工程	
二、模板工程及支撑体系	二、模板工程及支撑体系
（一）各类工具式模板工程：包括滑模、爬模、飞模、隧道模等工程	（一）各类工具式模板工程：包括滑模、爬模、飞模、隧道模等工程
（二）混凝土模板支撑工程：搭设高度5m及以上，或搭设跨度10m及以上，或施工总荷载（荷载效应基本组合的设计值，以下简称设计值）10kN/m²及以上，或集中线荷载（设计值）15kN/m及以上，或高度大于支撑水平投影宽度且相对独立无联系构件的混凝土模板支撑工程	（二）混凝土模板支撑工程：搭设高度8m及以上，或搭设跨度18m及以上，或施工总荷载（设计值）15kN/m²及以上，或集中线荷载（设计值）20kN/m及以上
（三）承重支撑体系：用于钢结构安装等满堂支撑体系	（三）承重支撑体系：用于钢结构安装等满堂支撑体系，承受单点集中荷载7kN及以上
三、起重吊装及起重机械安装拆卸工程	三、起重吊装及起重机械安装拆卸工程
（一）采用非常规起重设备、方法，且单件起吊重量在10kN及以上的起重吊装工程	（一）采用非常规起重设备、方法，且单件起吊重量在100kN及以上的起重吊装工程
（二）采用起重机械进行安装的工程	（二）起重量300kN及以上，或搭设总高度200m及以上，或搭设基础标高在200m及以上的起重机械安装和拆卸工程
（三）起重机械安装和拆卸工程	
四、脚手架工程	四、脚手架工程
（一）搭设高度24m及以上的落地式钢管脚手架工程（包括采光井、电梯井脚手架）	（一）搭设高度50m及以上的落地式钢管脚手架工程

危险性较大的分部分项工程范围	超过一定规模的危险性较大的分部分项工程范围
(二)附着式升降脚手架工程	(二)提升高度在150m及以上的附着式升降脚手架工程或附着式升降操作平台工程
(三)悬挑式脚手架工程	(三)分段架体搭设高度20m及以上的悬挑式脚手架工程
(四)高处作业吊篮	—
(五)卸料平台、操作平台工程	—
(六)异型脚手架工程	—
五、拆除工程	五、拆除工程
可能影响行人、交通、电力设施、通信设施或其他建、构筑物安全的拆除工程	(一)码头、桥梁、高架、烟囱、水塔或拆除中容易引起有毒有害气(液)体或粉尘扩散、易燃易爆事故发生的特殊建、构筑物的拆除工程
	(二)文物保护建筑、优秀历史建筑或历史文化风貌区影响范围内的拆除工程
六、暗挖工程	六、暗挖工程
采用矿山法、盾构法、顶管法施工的隧道、洞室工程	采用矿山法、盾构法、顶管法施工的隧道、洞室工程
七、其他	七、其他
(一)建筑幕墙安装工程	(一)施工高度50m及以上的建筑幕墙安装工程
(二)钢结构、网架和索膜结构安装工程	(二)跨度36m及以上的钢结构安装工程,或跨度60m及以上的网架和索膜结构安装工程
(三)人工挖孔桩工程	(三)开挖深度16m及以上的人工挖孔桩工程
(四)水下作业工程	(四)水下作业工程
(五)装配式建筑混凝土预制构件安装工程	(五)重量1000kN及以上的大型结构整体顶升、平移、转体等施工工艺
(六)采用新技术、新工艺、新材料、新设备可能影响工程施工安全,尚无国家、行业及地方技术标准的分部分项工程	(六)采用新技术、新工艺、新材料、新设备可能影响工程施工安全,尚无国家、行业及地方技术标准的分部分项工程

知识点七　建设工程监理文件资料管理

考题类型:

1. 记忆类问答题。

2. 挑错题。

(一) 工程监理基本表式及其应用说明

1. 基本表式

工程监理基本表式分为三大类,即 A 类表——工程监理单位用表(共 8 个);B 类表——施工单位报审、报验用表(共 14 个);C 类表——通用表(共 3 个)。

(1) 工程监理单位用表(A 类表)

包括:总监理工程师任命书(表 A.0.1);工程开工令(表 A.0.2);监理通知单(表 A.0.3);监理报告(表 A.0.4);工程暂停令(表 A.0.5);旁站记录(表 A.0.6);工程复工令(表 A.0.7);工程款支付证书(表 A.0.8)。

(2) 施工单位报审、报验用表(B 类表)

包括:施工组织设计或(专项)施工方案报审表(项目经理、专监、总监);工程开工报审表(项目经理、总监);工程复工报审表(项目经理、总监);分包单位资格报审表

（项目经理、专监、总监）；施工控制测量成果报验表（项目技术负责人、专监）；工程材料、构配件、设备报审表（项目经理、专监）；隐蔽工程、检验批、分项工程报验、报审表（项目经理或项目技术负责人、专监）；分部工程报验表（项目技术负责人、专监、总监）；监理通知回复单（项目经理、专监/总监）；单位工程竣工验收报审表（项目经理、总监）；工程款支付报审表（项目经理、专监、总监）；施工进度计划报审表（项目经理、专监、总监）；费用索赔报审表（项目经理、总监）；工程临时或最终延期报审表（项目经理、专监、总监）。

（3）通用表（C类表）

包括：工作联系单（C.0.1）；工程变更单（C.0.2）；索赔意向通知书（C.0.3）。

2. 基本表式应用说明

（1）总监理工程师签字并加盖执业印章的10个表：

①工程开工令；②工程暂停令；③工程复工令；④工程款支付证书；⑤施工组织设计或（专项）施工方案报审表；⑥工程开工报审表；⑦单位工程竣工验收报审表；⑧工程款支付报审表；⑨费用索赔报审表；⑩工程临时或最终延期报审表。

（2）需要建设单位审批同意的表式：

①施工组织设计或（专项）施工方案报审表（仅对超过一定规模的危险性较大的分部分项工程专项施工方案）；②工程开工报审表；③工程复工报审表；④工程款支付报审表；⑤费用索赔报审表；⑥工程临时或最终延期报审表。

（3）需要工程监理单位法定代表人签字并加盖工程监理单位公章的表式：总监理工程师任命书。

（4）必须由施工项目经理签字并加盖施工单位公章的表式：工程开工报审表、单位工程竣工验收报审表。

（二）建设工程监理文件资料管理职责

（1）应建立和完善监理文件资料管理制度，宜设专人管理监理文件资料。

（2）应及时、准确、完整地收集、整理、编制、传递监理文件资料，宜采用信息技术进行监理文件资料管理。

（3）应及时整理、分类汇总监理文件资料，并按规定组卷，形成监理档案。

（4）应根据工程特点和有关规定，保存监理档案，并向有关单位、部门移交需要存档的监理文件资料。

（三）监理日志和监理月报的主要内容：

1. 监理日志应包括下列主要内容：

（1）天气和施工环境情况；

（2）当日施工进展情况；

（3）当日监理工作情况，包括旁站、巡视、见证取样、平行检验等情况；

（4）当日存在的问题及处理情况；

（5）其他有关事项。

2. 监理月报的主要内容：

（1）本月工程实施情况；

（2）本月监理工作情况；

(3) 本月施工中存在的问题及处理情况；

(4) 下月监理工作重点。

(四) 监理工作总结的主要内容

监理工作总结的主要内容如下：

(1) 工程概况；

(2) 项目监理机构；

(3) 建设工程监理合同履行情况；

(4) 监理工作成效；

(5) 监理工作中发现的问题及其处理情况；

(6) 说明和建议。

(五)《房屋建筑工程和市政基础设施工程竣工验收备案管理暂行办法》

第四条 建设单位应当自工程竣工验收合格之日起 15 日内，依照本办法规定，向工程所在地的县级以上地方人民政府建设行政主管部门（以下简称"备案机关"）备案。

第五条 建设单位办理工程竣工验收备案应当提交下列文件：

(1) 工程竣工验收备案表。

(2) 工程竣工验收报告。竣工验收报告应当包括工程报建日期，施工许可证号，施工图设计文件审查意见，勘察、设计、施工、工程监理等单位分别签署的质量合格文件及验收人员签署的竣工验收原始文件，市政基础设施的有关质量检测和功能性试验资料以及备案机关认为需要提供的有关资料。

(3) 法律、行政法规规定应当由规划、公安消防、环保等部门出具的认可文件或者准许使用文件。

(4) 施工单位签署的工程质量保修书。

(5) 法规、规章规定必须提供的其他文件。

商品住宅还应当提交《住宅质量保证书》和《住宅使用说明书》。

第六条 备案机关收到建设单位报送的竣工验收备案文件，验证文件齐全后，应当在工程竣工验收备案表上签署文件收讫。工程竣工验收备案表一式二份，一份由建设单位保存，另一份留备案机关存档。

第七条 工程质量监督机构应当在工程竣工验收之日起 5 日内，向备案机关提交工程质量监督报告。

(六)《城市建设档案管理规定（修正）》

第六条 建设单位应当在工程竣工验收后三个月内，向城建档案馆报送一套符合规定的建设工程档案。凡建设工程档案不齐全的，应当限期补充。停建、缓建工程的档案，暂由建设单位保管。

撤销单位的建设工程档案，应当向上级主管机关或者城建档案馆移交。

第七条 对改建、扩建和重要部位维修的工程，建设单位应当组织设计、施工单位据实修改、补充和完善原建设工程档案。凡结构和平面布置等改变的，应当重新编制建设工程档案，并在工程竣工后三个月内向城建档案馆报送。

第八条 列入城建档案馆档案接收范围的工程，城建档案管理机构按照建设工程竣工联合验收的规定对工程档案进行验收。

【例 1-12】 项目监理机构在整理归档监理文件资料时，总监理工程师要求将需要归档的监理文件直接移交本监理单位和城建档案管理机构保存。

【问题】 指出总监理工程师对监理文件归档要求的不妥之处，写出正确做法。

【参考答案】 总监理工程师对监理文件归档要求的不妥之处及正确做法：

不妥之处：将需要归档的监理文件直接移交城建档案管理机构保存。

正确做法：项目监理机构向监理单位移交归档，监理单位将归档的监理文件移交建设单位，由建设单位收集和汇总后，移交城建档案管理机构保存。

知识点八 建设工程风险管理

考题类型：

1. 记忆类问答题。

2. 分析型题目。

（一）建设工程风险及其管理过程

风险管理包括风险识别、风险分析与评价、风险对策的决策、风险对策的实施和风险对策实施的监控五个主要环节。

（二）建设工程风险的识别、分析与评价

1. 建设工程风险的识别

风险识别的主要内容包括识别引起风险的主要因素、识别风险的性质、识别风险可能引起的后果。

识别建设工程风险的方法有专家调查法、财务报表法、流程图法、初始清单法、经验数据法、风险调查法等。

2. 建设工程风险的分析与评价

将风险事件发生概率（P）的等级和风险后果（O）的等级分别划分为大（H）、中（M）、小（L）三个区间，即可形成 9 个不同区域。在这 9 个不同区域中，有些区域的风险量是大致相等的，因此，可以将风险量的大小分为 5 个等级：①VL（很小）；②L（小）；③M（中等）；④H（大）；⑤VH（很大）。如图 1-3 所示为建设工程风险等级示意。

M	H	VH
L	M	H
VL	L	M

图 1-3 建设工程风险等级示意

风险可接受性评定：根据风险重要性评定结果，可以进行风险可接受性评定。风险等级为大、很大的风险因素表示风险重要性较高，是不可接受的风险，需要给予重点关注；风险等级为中等的风险因素是不希望有的风险；风险等级为小的风险因素是可接受的风险；风险等级为很小的风险因素是可忽略的风险。

建设工程风险分析与评价的方法：调查打分法、蒙特卡洛模拟法、计划评审技术法和敏感性分析法。

(三) 建设工程风险对策

建设工程风险对策包括风险回避、损失控制、风险转移和风险自留（表 1-14）。

建设工程风险对策

表 1-14

风险回避	损失控制	风险转移	风险自留
在完成建设工程风险分析与评价后，如果发现风险发生的概率很高，而且可能的损失也很大，又没有其他有效的对策来降低风险时，应采取放弃项目、放弃原有计划或改变目标等方法，使其不发生或不再发展，从而避免可能产生的潜在损失	损失控制是一种主动、积极的风险对策。其可分为预防损失和减少损失两个方面。预防损失措施的主要作用在于降低或消除(通常只能做到降低)损失发生的概率，而减少损失措施的作用在于降低损失的严重性或遏制损失的进一步发展，使损失最小化。一般来说，损失控制方案都应当是预防损失措施和减少损失措施的有机结合	风险转移是建设工程风险管理中十分重要且广泛应用的一项对策。当有些风险无法回避，必须直接面对，而以自身的承受能力又无法有效承担时，风险转移就是一种十分有效的选择。风险转移可分为非保险转移和保险转移两大类	风险自留是指将建设工程风险保留在风险管理主体内部，通过采取内部控制措施等来化解风险。其可分为非计划性风险自留和计划性风险自留两种

(四) 建设工程风险进行分析依据

项目监理机构宜根据工程特点、施工合同、工程设计文件及经过批准的施工组织设计对工程风险进行分析，并宜提出工程质量、造价、进度目标控制及安全生产管理的防范性对策。

【例 1-13】 某工程，项目监理机构预测分析工程实施过程中可能出现的风险因素，并提出风险应对建议：

（1）拟订货的某品牌设备故障率较高，建议更换生产厂家。

（2）工程紧邻学校，建议采取降噪措施减小噪声对学生的影响。

（3）施工单位拟选择的分包单位无类似工程施工经验，建议更换分包单位。

（4）某专业工程施工难度大、技术要求高，建议选择有经验的专业分包单位。

（5）恶劣气候条件可能会严重影响工程，建议购买工程保险。

（6）由于工期紧、质量要求高，建议要求施工单位提供履约担保。

【问题】 指出上述风险应对建议分别属于风险回避、损失控制、风险转移和风险自留应对策略中的哪一种？

【参考答案】

（1）属于风险回避。

（2）属于损失控制。

（3）属于风险回避。

（4）属于风险回避。

（5）属于风险转移。

（6）属于风险转移。

第二章　建设工程合同管理

建设工程施工招标

考题类型：

1. 挑错题：（1）程序挑错；（2）做法挑错；（3）时间挑错。

2. 时间记忆类的题目。

（一）标准施工招标文件

1.《标准施工招标文件》的组成

《标准施工招标文件》适用于一定规模以上，且设计和施工不是由同一承包商承担的工程施工招标。

2.《简明标准施工招标文件》

《简明标准施工招标文件》适用于工期不超过 12 个月、技术相对简单且设计和施工不是由同一承包人承担的小型项目施工招标。

各行业编制的标准施工合同应不加修改地引用《标准施工招标文件》中的"通用合同条款"，即标准施工合同和简明施工合同的通用条款广泛适用于各类建设工程。各行业编制的标准施工招标文件中的"专用合同条款"可结合施工项目的具体特点，对标准的"通用合同条款"进行补充、细化。除"通用合同条款"明确"专用合同条款"可作出不同约定外，补充和细化的内容不得与"通用合同条款"的规定相抵触；否则，抵触内容无效。

（二）施工招标程序

施工招标程序：(1)招标准备；(2)组织资格审查；(3)发售招标文件；(4)现场踏勘；(5)投标预备会；(6)投标文件的接收；(7)组建评标委员会；(8)开标；(9)评标；(10)签订合同。

（三）投标人资格审查

1. 标准资格预审文件的组成

文件各章规定的内容：(1)资格预审公告；(2)申请人须知；(3)资格审查方法；(4)资格审查办法；(5)资格预审申请文件。

2. 资格审查办法

资格审查办法包括合格制和有限数量制。

（四）施工评标办法

常用的评标方法可分为经评审的最低投标价法和综合评估法两种。

1. 最低投标价法

一般适用于具有通用技术、性能标准或者招标人对其技术、性能标准没有特殊要求的招标项目。

初步评审标准：形式评审、资格评审、响应性评审、施工组织设计和项目管理机构评审标准等方面。

详细评审标准：评审因素一般包括单价遗漏和付款条件等。

评标程序：初步评审，详细评审，投标文件的澄清和补正，评标结果。

2. 综合评估法

一般适用于招标人对招标项目的技术、性能有专门要求的招标项目。

初步评审标准：综合评估法与最低投标价法的初步评审标准的参考因素和评审标准等方面基本相同，只是综合评估法的初步评审标准包含形式评审标准、资格评审标准和响应性评审标准三部分。

分值构成与评分标准：

（1）分值构成

将施工组织设计、项目管理机构、投标报价及其他评分因素分配一定的权重或分值及区间。

（2）评标基准价计算

招标人可依据招标项目的特点、行业管理规定给出评标基准价的计算方法。

（3）投标报价的偏差率计算

投标报价的偏差率计算公式：

$$偏差率＝100\%×（投标人报价－评标基准价）/评标基准价$$

（4）评分标准

招标人应当明确施工组织设计、项目管理机构、投标报价和其他因素的评分因素、评分标准，以及各评分因素的权重。

招标人还可以依据项目特点及行业、地方管理规定，增加一些标准招标文件中已经明确的施工组织设计、项目管理机构及投标报价外的其他评审因素及评分标准，作为补充内容。

（五）相关招标投标法规

按照国家有关规定需要履行项目审批、核准手续的依法必须进行招标的项目，其招标范围、招标方式、招标组织形式应当报项目审批、核准部门审批、核准。项目审批、核准部门应当及时将审批、核准确定的招标范围、招标方式、招标组织形式通报有关行政监督部门。

国有资金占控股或者主导地位的依法必须进行招标的项目，应当公开招标；但有下列情形之一的，可以邀请招标：

（1）技术复杂、有特殊要求或者受自然环境限制，只有少量潜在投标人可供选择；

（2）采用公开招标方式的费用占项目合同金额的比例过大。

公开招标的项目，应当依照招标投标法和本条例的规定发布招标公告、编制招标文件。招标人采用资格预审办法对潜在投标人进行资格审查的，应当发布资格预审公告、编制资格预审文件。依法必须进行招标的项目的资格预审公告和招标公告，应当在国务院发展改革部门依法指定的媒介发布。在不同媒介发布的同一招标项目的资格预审公告或者招标公告的内容应当一致。指定媒介发布依法必须进行招标的项目的境内资格预审公告、招标公告，不得收取费用。

招标人应当按照资格预审公告、招标公告或者投标邀请书规定的时间、地点发售资格预审文件或者招标文件。资格预审文件或者招标文件的发售期不得少于 5 日。招标人发售资格预审文件、招标文件收取的费用应当限于补偿印刷、邮寄的成本支出，不得以营利为目的。

招标人应当合理确定提交资格预审申请文件的时间。依法必须进行招标的项目提交资格预审申请文件的时间，自资格预审文件停止发售之日起不得少于 5 日。

资格预审应当按照资格预审文件载明的标准和方法进行。国有资金占控股或者主导地位的依法必须进行招标的项目，招标人应当组建资格审查委员会审查资格预审申请文件。资格审查委员会及其成员应当遵守招标投标法和本条例有关评标委员会及其成员的规定。

资格预审结束后，招标人应当及时向资格预审申请人发出资格预审结果通知书。未通过资格预审的申请人不具有投标资格。通过资格预审的申请人少于 3 个的，应当重新招标。

招标人采用资格后审办法对投标人进行资格审查的，应当在开标后由评标委员会按照招标文件规定的标准和方法对投标人的资格进行审查。

招标人可以对已发出的资格预审文件或者招标文件进行必要的澄清或者修改。澄清或者修改的内容可能影响资格预审申请文件或者投标文件编制的，招标人应当在提交资格预审申请文件截止时间至少 3 日前，或者投标截止时间至少 15 日前，以书面形式通知所有获取资格预审文件或者招标文件的潜在投标人；不足 3 日或者 15 日的，招标人应当顺延提交资格预审申请文件或者投标文件的截止时间。

潜在投标人或者其他利害关系人对资格预审文件有异议的，应当在提交资格预审申请文件截止时间 2 日前提出；对招标文件有异议的，应当在投标截止时间 10 日前提出。招标人应当自收到异议之日起 3 日内作出答复；作出答复前，应当暂停招标投标活动。

招标人对招标项目划分标段的，应当遵守《中华人民共和国招标投标法》（以下简称《招标投标法》）的有关规定，不得利用划分标段限制或者排斥潜在投标人。依法必须进行招标的项目的招标人不得利用划分标段规避招标。

招标人应当在招标文件中载明投标有效期。投标有效期从提交投标文件的截止之日起算。

招标人在招标文件中要求投标人提交投标保证金的，投标保证金不得超过招标项目估算价的 2%。投标保证金有效期应当与投标有效期一致。依法必须进行招标的项目的境内投标单位，以现金或者支票形式提交的投标保证金应当从其基本账户转出。

招标人可以自行决定是否编制标底。一个招标项目只能有一个标底。标底必须保密。接受委托编制标底的中介机构不得参加受托编制标底项目的投标，也不得为该项目的投标人编制投标文件或者提供咨询。招标人设有最高投标限价的，应当在招标文件中明确最高投标限价或者最高投标限价的计算方法。招标人不得规定最低投标限价。

招标人不得组织单个或者部分潜在投标人踏勘项目现场。

招标人可以依法对工程以及与工程建设有关的货物、服务全部或者部分实行总承包招标。以暂估价形式包括在总承包范围内的工程、货物、服务属于依法必须进行招标的项目范围且达到国家规定规模标准的，应当依法进行招标。

对技术复杂或者无法精确拟定技术规格的项目，招标人可以分两阶段进行招标。第一阶段，投标人按照招标公告或者投标邀请书的要求提交不带报价的技术建议，招标人根据投标人提交的技术建议确定技术标准和要求，编制招标文件。第二阶段，招标人向在第一阶段提交技术建议的投标人提供招标文件，投标人按照招标文件的要求提交包括最终技术方案和投标报价的投标文件。招标人要求投标人提交投标保证金的，应当在第二阶段提出。

招标人终止招标的，应当及时发布公告，或者以书面形式通知被邀请的或者已经获取资格预审文件、招标文件的潜在投标人。已经发售资格预审文件、招标文件或者已经收取投标保证金的，招标人应当及时退还所收取的资格预审文件、招标文件的费用，以及所收取的投标保证金及银行同期存款利息。

招标人不得以不合理的条件限制、排斥潜在投标人或者投标人。招标人有下列行为之一的，属于以不合理条件限制、排斥潜在投标人或者投标人：

（1）就同一招标项目向潜在投标人或者投标人提供有差别的项目信息；

（2）设定的资格、技术、商务条件与招标项目的具体特点和实际需要不相适应或者与合同履行无关；

（3）依法必须进行招标的项目以特定行政区域或者特定行业的业绩、奖项作为加分条件或者中标条件；

（4）对潜在投标人或者投标人采取不同的资格审查或者评标标准；

（5）限定或者指定特定的专利、商标、品牌、原产地或者供应商；

（6）依法必须进行招标的项目非法限定潜在投标人或者投标人的所有制形式或者组织形式；

（7）以其他不合理条件限制、排斥潜在投标人或者投标人。

与招标人存在利害关系可能影响招标公正性的法人、其他组织或者个人，不得参加投标。单位负责人为同一人或者存在控股、管理关系的不同单位，不得参加同一标段投标或者未划分标段的同一招标项目投标。违反前述规定的，相关投标均无效。

投标人撤回已提交的投标文件，应当在投标截止时间前书面通知招标人。招标人已收取投标保证金的，应当自收到投标人书面撤回通知之日起5日内退还。投标截止后，投标人撤销投标文件的，招标人可以不退还投标保证金。

未通过资格预审的申请人提交的投标文件，以及逾期送达或者不按照招标文件要求密封的投标文件，招标人应当拒收。招标人应当如实记载投标文件的送达时间和密封情况，并存档备查。

招标人应当在资格预审公告、招标公告或者投标邀请书中载明是否接受联合体投标。招标人接受联合体投标并进行资格预审的，联合体应当在提交资格预审申请文件前组成。资格预审后联合体增减、更换成员的，其投标无效。联合体各方在同一招标项目中以自己名义单独投标或者参加其他联合体投标的，相关投标均无效。

禁止投标人相互串通投标。有下列情形之一的，属于投标人相互串通投标：

（1）投标人之间协商投标报价等投标文件的实质性内容；

（2）投标人之间约定中标人；

（3）投标人之间约定部分投标人放弃投标或者中标；

（4）属于同一集团、协会、商会等组织成员的投标人按照该组织要求协同投标；

（5）投标人之间为谋取中标或者排斥特定投标人而采取的其他联合行动。

有下列情形之一的，视为投标人相互串通投标：

（1）不同投标人的投标文件由同一单位或者个人编制；

（2）不同投标人委托同一单位或者个人办理投标事宜；

（3）不同投标人的投标文件载明的项目管理成员为同一人；

（4）不同投标人的投标文件异常一致或者投标报价呈规律性差异；

（5）不同投标人的投标文件相互混装；

（6）不同投标人的投标保证金从同一单位或者个人的账户转出。

禁止招标人与投标人串通投标。有下列情形之一的，属于招标人与投标人串通投标：

（1）招标人在开标前开启投标文件并将有关信息泄露给其他投标人；

（2）招标人直接或者间接向投标人泄露标底、评标委员会成员等信息；

（3）招标人明示或者暗示投标人压低或者抬高投标报价；

（4）招标人授意投标人撤换、修改投标文件；

（5）招标人明示或者暗示投标人为特定投标人中标提供方便；

（6）招标人与投标人为谋求特定投标人中标而采取的其他串通行为。

使用通过受让或者租借等方式获取的资格、资质证书投标的，属于《招标投标法》第三十三条规定的以他人名义投标。投标人有下列情形之一的，属于《招标投标法》第三十三条规定的以其他方式弄虚作假的行为：

（1）使用伪造、变造的许可证件；

（2）提供虚假的财务状况或者业绩；

（3）提供虚假的项目负责人或者主要技术人员简历、劳动关系证明；

（4）提供虚假的信用状况；

（5）其他弄虚作假的行为。

招标人应当按照招标文件规定的时间、地点开标。投标人少于3个的，不得开标；招标人应当重新招标。投标人对开标有异议的，应当在开标现场提出，招标人应当当场作出答复，并制作记录。

除《招标投标法》第三十七条第三款规定的特殊招标项目外，依法必须进行招标的项目，其评标委员会的专家成员应当从评标专家库内相关专业的专家名单中以随机抽取方式确定。任何单位和个人不得以明示、暗示等任何方式指定或者变相指定参加评标委员会的专家成员。依法必须进行招标的项目的招标人非因招标投标法和本条例规定的事由，不得更换依法确定的评标委员会成员。更换评标委员会的专家成员应当依照前款规定进行。评标委员会成员与投标人有利害关系的，应当主动回避。有关行政监督部门应当按照规定的职责分工，对评标委员会成员的确定方式、评标专家的抽取和评标活动进行监督。行政监督部门的工作人员不得担任本部门负责监督项目的评标委员会成员。

招标人应当向评标委员会提供评标所必需的信息，但不得明示或者暗示其倾向或者排斥特定投标人。招标人应当根据项目规模和技术复杂程度等因素合理确定评标时间。超过三分之一的评标委员会成员认为评标时间不够的，招标人应当适当延长。评标过程中，评标委员会成员有回避事由、擅离职守或者因健康等原因不能继续评标的，应当及时更换。被更换的评标委员会成员作出的评审结论无效，由更换后的评标委员会成员重新进行评审。

招标文件没有规定的评标标准和方法不得作为评标的依据。

招标项目设有标底的，招标人应当在开标时公布。标底只能作为评标的参考，不得以投标报价是否接近标底作为中标条件，也不得以投标报价超过标底上下浮动范围作为否决投标的条件。

有下列情形之一的，评标委员会应当否决其投标：

（1）投标文件未经投标单位盖章和单位负责人签字；

（2）投标联合体没有提交共同投标协议；

（3）投标人不符合国家或者招标文件规定的资格条件；

（4）同一投标人提交两个以上不同的投标文件或者投标报价，但招标文件要求提交备选投标的除外；

（5）投标报价低于成本或者高于招标文件设定的最高投标限价；

（6）投标文件没有对招标文件的实质性要求和条件作出响应；

（7）投标人有串通投标、弄虚作假、行贿等违法行为。

投标文件中有含义不明确的内容、明显文字或者计算错误，评标委员会认为需要投标人作出必要澄清、说明的，应当书面通知该投标人。投标人的澄清、说明应当采用书面形式，并不得超出投标文件的范围或者改变投标文件的实质性内容。评标委员会不得暗示或者诱导投标人作出澄清、说明，不得接受投标人主动提出的澄清、说明。

评标完成后，评标委员会应当向招标人提交书面评标报告和中标候选人名单。中标候选人应当不超过3个，并标明排序。评标报告应当由评标委员会全体成员签字。对评标结果有不同意见的评标委员会成员应当以书面形式说明其不同意见和理由，评标报告应当注明该不同意见。评标委员会成员拒绝在评标报告上签字又不书面说明其不同意见和理由的，视为同意评标结果。

依法必须进行招标的项目，招标人应当自收到评标报告之日起3日内公示中标候选人，公示期不得少于3日。投标人或者其他利害关系人对依法必须进行招标的项目的评标结果有异议的，应当在中标候选人公示期间提出。招标人应当自收到异议之日起3日内作出答复；作出答复前，应当暂停招标投标活动。

国有资金占控股或者主导地位的依法必须进行招标的项目，招标人应当确定排名第一的中标候选人为中标人。排名第一的中标候选人放弃中标、因不可抗力不能履行合同、不按照招标文件要求提交履约保证金，或者被查实存在影响中标结果的违法行为等情形，不符合中标条件的，招标人可以按照评标委员会提出的中标候选人名单排序依次确定其他中标候选人为中标人，也可以重新招标。

中标候选人的经营、财务状况发生较大变化或者存在违法行为，招标人认为可能影响其履约能力的，应当在发出中标通知书前由原评标委员会按照招标文件规定的标准和方法审查确认。

招标人和中标人应当依照《招标投标法》的规定签订书面合同，合同的标的、价款、质量、履行期限等主要条款应当与招标文件和中标人的投标文件的内容一致。招标人和中标人不得再行订立背离合同实质性内容的其他协议。招标人最迟应当在书面合同签订后5日内向中标人和未中标的投标人退还投标保证金及银行同期存款利息。

　　招标文件要求中标人提交履约保证金的，中标人应当按照招标文件的要求提交。履约保证金不得超过中标合同金额的10%。

　　中标人应当按照合同约定履行义务，完成中标项目。中标人不得向他人转让中标项目，也不得将中标项目肢解后分别向他人转让。中标人按照合同约定或者经招标人同意，可以将中标项目的部分非主体、非关键性工作分包给他人完成。接受分包的人应当具备相应的资格条件，并不得再次分包。中标人应当就分包项目向招标人负责，接受分包的人就分包项目承担连带责任。

《评标委员会和评标方法暂行规定》（2013修改后）（摘选）

　　第七条　评标委员会依法组建，负责评标活动，向招标人推荐中标候选人或者根据招标人的授权直接确定中标人。

　　第八条　评标委员会由招标人负责组建。评标委员会成员名单一般应于开标前确定。评标委员会成员名单在中标结果确定前应当保密。

　　第九条　评标委员会由招标人或其委托的招标代理机构熟悉相关业务的代表，以及有关技术、经济等方面的专家组成，成员人数为五人以上单数，其中技术、经济等方面的专家不得少于成员总数的三分之二。

　　评标委员会设负责人的，评标委员会负责人由评标委员会成员推举产生或者由招标人确定。评标委员会负责人与评标委员会的其他成员有同等的表决权。

　　第十条　评标委员会的专家成员应当从依法组建的专家库内的相关专家名单中确定。

　　按前款规定确定评标专家，可以采取随机抽取或者直接确定的方式。一般项目，可以采取随机抽取的方式；技术复杂、专业性强或者国家有特殊要求的招标项目，采取随机抽取方式确定的专家难以保证胜任的，可以由招标人直接确定。

　　第十一条　评标专家应符合下列条件：

　　（一）从事相关专业领域工作满八年并具有高级职称或者同等专业水平；

　　（二）熟悉有关招标投标的法律法规，并具有与招标项目相关的实践经验；

　　（三）能够认真、公正、诚实、廉洁地履行职责。

　　第十二条　有下列情形之一的，不得担任评标委员会成员：

　　（一）投标人或者投标人主要负责人的近亲属；

　　（二）项目主管部门或者行政监督部门的人员；

　　（三）与投标人有经济利益关系，可能影响对投标公正评审的；

　　（四）曾因在招标、评标以及其他与招标投标有关活动中从事违法行为而受过行政处罚或刑事处罚的。

　　评标委员会成员有前款规定情形之一的，应当主动提出回避。

　　第十三条　评标委员会成员应当客观、公正地履行职责，遵守职业道德，对所提出的评审意见承担个人责任。

　　评标委员会成员不得与任何投标人或者与招标结果有利害关系的人进行私下接触，不得收受投标人、中介人、其他利害关系人的财物或者其他好处，不得向招标人征询其确定中标人的意向，不得接受任何单位或者个人明示或者暗示提出的倾向或者排斥特定投标人的要求，不得有其他不客观、不公正履行职务的行为。

　　第十四条　评标委员会成员和与评标活动有关的工作人员不得透露对投标文件的评审

和比较、中标候选人的推荐情况以及与评标有关的其他情况。

前款所称与评标活动有关的工作人员，是指评标委员会成员以外的因参与评标监督工作或者事务性工作而知悉有关评标情况的所有人员。

第十六条 招标人或者其委托的招标代理机构应当向评标委员会提供评标所需的重要信息和数据，但不得带有明示或者暗示倾向或者排斥特定投标人的信息。

招标人设有标底的，标底在开标前应当保密，并在评标时作为参考。

第十七条 评标委员会应当根据招标文件规定的评标标准和方法，对投标文件进行系统的评审和比较。招标文件中没有规定的标准和方法不得作为评标的依据。

招标文件中规定的评标标准和评标方法应当合理，不得含有倾向或者排斥潜在投标人的内容，不得妨碍或者限制投标人之间的竞争。

第十九条 评标委员会可以书面方式要求投标人对投标文件中含义不明确、对同类问题表述不一致或者有明显文字和计算错误的内容作必要的澄清、说明或者补正。澄清、说明或者补正应以书面方式进行并不得超出投标文件的范围或者改变投标文件的实质性内容。

投标文件中的大写金额和小写金额不一致的，以大写金额为准；总价金额与单价金额不一致的，以单价金额为准，但单价金额小数点有明显错误的除外；对不同文字文本投标文件的解释发生异议的，以中文文本为准。

第二十一条 在评标过程中，评标委员会发现投标人的报价明显低于其他投标报价或者在设有标底时明显低于标底，使得其投标报价可能低于其个别成本的，应当要求该投标人作出书面说明并提供相关证明材料。投标人不能合理说明或者不能提供相关证明材料的，由评标委员会认定该投标人以低于成本报价竞标，应当否决其投标。

第二十二条 投标人资格条件不符合国家有关规定和招标文件要求的，或者拒不按照要求对投标文件进行澄清、说明或者补正的，评标委员会可以否决其投标。

第二十三条 评标委员会应当审查每一投标文件是否对招标文件提出的所有实质性要求和条件作出响应。未能在实质上响应的投标，应当予以否决。

第二十四条 评标委员会应当根据招标文件，审查并逐项列出投标文件的全部投标偏差。投标偏差分为重大偏差和细微偏差。

第二十五条 下列情况属于重大偏差：

（一）没有按照招标文件要求提供投标担保或者所提供的投标担保有瑕疵；

（二）投标文件没有投标人授权代表签字和加盖公章；

（三）投标文件载明的招标项目完成期限超过招标文件规定的期限；

（四）明显不符合技术规格、技术标准的要求；

（五）投标文件载明的货物包装方式、检验标准和方法等不符合招标文件的要求；

（六）投标文件附有招标人不能接受的条件；

（七）不符合招标文件中规定的其他实质性要求。

投标文件有上述情形之一的，为未能对招标文件作出实质性响应，并按本规定第二十三条规定作否决投标处理。招标文件对重大偏差另有规定的，从其规定。

第二十六条 细微偏差是指投标文件在实质上响应招标文件要求，但在个别地方存在漏项或者提供了不完整的技术信息和数据等情况，并且补正这些遗漏或者不完整不会对其他投标人造成不公平的结果。细微偏差不影响投标文件的有效性。

评标委员会应当书面要求存在细微偏差的投标人在评标结束前予以补正。拒不补正的，在详细评审时可以对细微偏差作不利于该投标人的量化，量化标准应当在招标文件中规定。

第二十七条 因有效投标不足三个使得投标明显缺乏竞争的，评标委员会可以否决全部投标。投标人少于三个或者所有投标被否决的，招标人在分析招标失败的原因并采取相应措施后，应当依法重新招标。

第二十八条 经初步评审合格的投标文件，评标委员会应当根据招标文件确定的评标标准和方法，对其技术部分和商务部分作进一步评审、比较。

第二十九条 评标方法包括经评审的最低投标价法、综合评估法或者法律、行政法规允许的其他评标方法。

第三十条 经评审的最低投标价法一般适用于具有通用技术、性能标准或者招标人对其技术、性能没有特殊要求的招标项目。

第三十一条 根据经评审的最低投标价法，能够满足招标文件的实质性要求，并且经评审的最低投标价的投标，应当推荐为中标候选人。

第三十二条 采用经评审的最低投标价法的，评标委员会应当根据招标文件中规定的评标价格调整方法，以所有投标人的投标报价以及投标文件的商务部分作必要的价格调整。

采用经评审的最低投标价法的，中标人的投标应当符合招标文件规定的技术要求和标准，但评标委员会无须对投标文件的技术部分进行价格折算。

第三十三条 根据经评审的最低投标价法完成详细评审后，评标委员会应当拟定一份"标价比较表"，连同书面评标报告提交招标人。"标价比较表"应当载明投标人的投标报价、对商务偏差的价格调整和说明以及经评审的最终投标价。

第三十四条 不宜采用经评审的最低投标价法的招标项目，一般应当采取综合评估法进行评审。

第三十五条 根据综合评估法，最大限度地满足招标文件中规定的各项综合评价标准的投标，应当推荐为中标候选人。

衡量投标文件是否最大限度地满足招标文件中规定的各项评价标准，可以采取折算为货币的方法、打分的方法或者其他方法。需量化的因素及其权重应当在招标文件中明确规定。

第三十六条 评标委员会对各个评审因素进行量化时，应当将量化指标建立在同一基础或者同一标准上，使各投标文件具有可比性。

对技术部分和商务部分进行量化后，评标委员会应当对这两部分的量化结果进行加权，计算出每一投标的综合评估价或者综合评估分。

第三十七条 根据综合评估法完成评标后，评标委员会应当拟定一份"综合评估比较表"，连同书面评标报告提交招标人。"综合评估比较表"应当载明投标人的投标报价、所作的任何修正、对商务偏差的调整、对技术偏差的调整、对各评审因素的评估以及对每一投标的最终评审结果。

第三十八条 根据招标文件的规定，允许投标人投备选标的，评标委员会可以对中标人所投的备选标进行评审，以决定是否采纳备选标。不符合中标条件的投标人的备选标不予考虑。

第三十九条　对于划分有多个单项合同的招标项目，招标文件允许投标人为获得整个项目合同而提出优惠的，评标委员会可以对投标人提出的优惠进行审查，以决定是否将招标项目作为一个整体合同授予中标人。将招标项目作为一个整体合同授予的，整体合同中标人的投标应当最有利于招标人。

第四十条　评标和定标应当在投标有效期内完成。不能在投标有效期内完成评标和定标的，招标人应当通知所有投标人延长投标有效期。拒绝延长投标有效期的投标人有权收回投标保证金。同意延长投标有效期的投标人应当相应延长其投标担保的有效期，但不得修改投标文件的实质性内容。因延长投标有效期造成投标人损失的，招标人应当给予补偿，但因不可抗力需延长投标有效期的除外。

招标文件应当载明投标有效期。投标有效期从提交投标文件截止日起计算。

第四十一条　评标委员会在评标过程中发现的问题，应当及时作出处理或者向招标人提出处理建议，并作书面记录。

第四十二条　评标委员会完成评标后，应当向招标人提出书面评标报告，并抄送有关行政监督部门。评标报告应当如实记载以下内容：

（一）基本情况和数据表；

（二）评标委员会成员名单；

（三）开标记录；

（四）符合要求的投标一览表；

（五）否决投标的情况说明；

（六）评标标准、评标方法或者评标因素一览表；

（七）经评审的价格或者评分比较一览表；

（八）经评审的投标人排序；

（九）推荐的中标候选人名单与签订合同前要处理的事宜；

（十）澄清、说明、补正事项纪要。

第四十三条　评标报告由评标委员会全体成员签字。对评标结论持有异议的评标委员会成员可以书面方式阐述其不同意见和理由。评标委员会成员拒绝在评标报告上签字且不陈述其不同意见和理由的，视为同意评标结论。评标委员会应当对此作出书面说明并记录在案。

第四十四条　向招标人提交书面评标报告后，评标委员会应将评标过程中使用的文件、表格以及其他资料及时归还招标人。

第四十五条　评标委员会推荐的中标候选人应当限定在一至三人，并标明排列顺序。

第四十六条　中标人的投标应当符合下列条件之一：

（一）能够最大限度满足招标文件中规定的各项综合评价标准；

（二）能够满足招标文件的实质性要求，并且经评审的投标价格最低；但是投标价格低于成本的除外。

第四十七条　招标人不得与投标人就投标价格、投标方案等实质性内容进行谈判。

第四十八条　国有资金占控股或者主导地位的项目，招标人应当确定排名第一的中标候选人为中标人。排名第一的中标候选人放弃中标、因不可抗力提出不能履行合同，或者招标文件规定应当提交履约保证金而在规定的期限内未能提交，或者被查实存在影响中标结果的违法行为等情形，不符合中标条件的，招标人可以按照评标委员会提出的中标候选人名单排序依次确定其他中标候选人为中标人。依次确定其他中标候选人与招标人预期差距较大，或者对招标人明显不利的，招标人可以重新招标。

招标人可以授权评标委员会直接确定中标人。

第四十九条　中标人确定后，招标人应当向中标人发出中标通知书，同时通知未中标人，并与中标人在投标有效期内以及中标通知书发出之日起 30 日之内签订合同。

第五十条　中标通知书对招标人和中标人具有法律约束力。中标通知书发出后，招标人改变中标结果或者中标人放弃中标的，应当承担法律责任。

第五十一条　招标人应当与中标人按照招标文件和中标人的投标文件订立书面合同。招标人与中标人不得再行订立背离合同实质性内容的其他协议。

第五十二条　招标人与中标人签订合同后 5 日内，应当向中标人和未中标的投标人退还投标保证金。

知识点十　建设工程施工合同订立

考题类型：

1. 挑错题。

2. 分析处理索赔问题。

（一）合同文件的组成

标准施工合同的通用条款中规定，合同的组成文件包括：合同协议书；中标通知书；投标函及投标函附录；专用合同条款；通用合同条款；技术标准和要求；图纸；已标价的工程量清单；其他合同文件——经合同当事人双方确认构成合同的其他文件。

（二）合同文件的优先解释次序

组成合同的各文件中出现含义或内容相矛盾时，如果专用条款没有另行的约定，以下合同文件序号为优先解释的顺序：

（1）合同协议书；（2）中标通知书；（3）投标函及投标函附录；（4）专用合同条款；（5）通用合同条款；（6）技术标准和要求；（7）图纸；（8）已标价的工程量清单；（9）其他合同文件——经合同当事人双方确认构成合同的其他文件。

标准施工合同条款中未明确由谁来解释文件之间的歧义，但可以结合监理工程师职责中的规定，总监理工程师应与发包人和承包人进行协商，尽量达成一致。不能达成一致时，总监理工程师应认真研究后审慎确定。

【例 2-1】　某工程，现摘录了部分合同的组成文件：通用合同条款、合同协议书、专用合同条款、投标函及投标函附录、已标价的工程量清单。

【问题】　请将以上合同的组成文件按优先解释次序排列，并补充其他合同的组成文件。

【参考答案】　以上合同的组成文件按优先解释次序：合同协议书、投标函及投标函附录、专用合同条款、通用合同条款、已标价的工程量清单。

其他合同的组成文件包括：中标通知书、技术标准和要求、图纸、其他合同文件。

（三）订立合同时需要明确的内容

（1）施工现场范围和施工临时占地。

（2）发包人提供图纸的期限和数量。

（3）发包人提供的材料和工程设备。

（4）异常恶劣的气候条件范围：对于"异常恶劣的气候条件"，承包人因采取合理措施而增加的费用和（或）延误的工期由发包人承担。"不利气候条件"对施工的影响则属于承包人应承担的风险。

（5）物价浮动的合同价格调整：

通用条款规定的基准日期指投标截止时间前 28 天的日期。

承包人以基准日期前的市场价格编制工程报价，长期合同（简明施工合同不考虑）中调价公式中的可调因素价格指数来源于基准日的价格。

基准日期后，因法律法规、规范标准等的变化，导致承包人在合同履行中所需要的工程成本发生约定以外的增减时，相应调整合同价款。

（四）发包人的义务

（1）提供施工场地：施工现场、地下管线和地下设施的相关资料、现场外的道路通行权。

（2）组织设计交底。

（3）约定开工时间。

（五）承包人的义务

（1）现场查勘：在全部合同施工过程中，应视为承包人已充分估计了应承担的责任和风险，不得再以不了解现场情况为理由而推脱合同责任。

（2）编制施工实施计划。

（3）施工现场内的交通道路和临时工程。

（4）施工控制网。

（5）提出开工申请。

（六）监理人的职责

（1）审查承包人的实施方案。

（2）开工通知。

如果约定的开工已届至但发包人应完成的开工配合义务尚未完成（如现场移交延误），由于监理人不能按时发出开工通知，则要顺延合同工期并赔偿承包人的相应损失。

如果发包人开工前的配合工作已完成且约定的开工日期已届至，但承包人的开工准备还不满足开工条件，监理人仍应按时发出开工的指示，合同工期不予顺延。

监理人征得发包人同意后，应在开工日期 7 天前向承包人发出开工通知，合同工期自开工通知中载明的开工日起计算。

【例 2-2】 某工程，建设单位委托监理单位承担施工招标代理和施工监理任务，建设单位与中标施工单位按照《建设工程施工合同（示范文本）》GF—2017—0201 进行合同洽谈时，双方对下列工作的责任归属产生分歧，包括：①办理工程质量、安全监督手续；②建设单位采购的工程材料使用前的检验；③建立工程质量保证体系；④组织无负荷联动试车；⑤缺陷责任期届满后主体结构工程合理使用年限内的质量保修。

【问题】　逐项指出各项工作的责任归属。

【参考答案】　事件中各项工作的责任归属如下：

（1）办理工程质量、安全监督手续属于建设单位的责任。

（2）建设单位采购的工程材料使用前的检验属于施工单位的责任。

（3）建立工程质量保证体系属于施工单位的责任。

（4）组织无负荷联动试车属于建设单位的责任。

（5）缺陷责任期届满后主体结构工程合理使用年限内的质量保修属于施工单位的责任。

知识点十一　建设工程施工合同履行管理

考题类型：

1. 分析挑错。

2. 索赔处理问题。

（一）施工进度管理

1. 合同进度计划的动态管理

承包人可以主动向监理人提交修订合同进度计划的申请报告，并附有关措施和相关资料，报监理人审批；监理人也可以向承包人发出修订合同进度计划的指示，承包人应按该指示修订合同进度计划后报监理人审批。

2. 可以顺延合同工期的情况

增加合同工作内容、改变合同中任何一项工作的质量要求或其他特性；发包人迟延提供材料、工程设备或变更交货地点；因发包人原因导致的暂停施工（不可抗力、行政管理部门的指令等）；提供图纸延误；未按合同约定及时支付预付款、进度款；发包人造成工期延误的其他原因；异常恶劣的气候条件。

（二）施工质量管理

（1）质量责任：质量不合格的承担。

（2）承包人的管理：当监理人要求撤换不能胜任本职工作、行为不端或玩忽职守的承包人项目经理和其他人员时，承包人应予以撤换。

（3）监理人的质量检查和试验：理解隐蔽工程检验要求。

（4）对发包人提供的材料和工程设备管理：

发包人应按照监理人与合同双方当事人商定的交货日期，向承包人提交材料和工程设备，并在到货7天前通知承包人。承包人会同监理人在约定的时间内，在交货地点共同进行验收。发包人提供的材料和工程设备验收后，由承包人负责接收、保管和施工现场内的二次搬运所发生的费用。

发包人供应的材料和工程设备，承包人清点后由承包人妥善保管，保管费用由发包人承担，但已标价工程量清单或预算书已经列支或专用合同条款另有约定的除外。因承包人原因发生丢失毁损的，由承包人负责赔偿；监理人未通知承包人清点的，承包人不负责材料和工程设备的保管，由此导致丢失毁损的由发包人负责。

发包人供应的材料和工程设备使用前，由承包人负责检验，检验费用由发包人承担，不合格的不得使用。

（三）工程款支付管理

（1）项目监理机构应按下列程序进行工程计量和付款签证：

专业监理工程师对施工单位在工程款支付报审表中提交的工程量和支付金额进行复核，确定实际完成的工程量，提出到期应支付给施工单位的金额，并提出相应的支持性材料。总监理工程师对专业监理工程师的审查意见进行审核，签认后报建设单位审批。总监理工程师根据建设单位的审批意见，向施工单位签发工程款支付证书。

（2）项目监理机构应按下列程序进行竣工结算款审核：

专业监理工程师审查施工单位提交的竣工结算款支付申请，提出审查意见。总监理工程师对专业监理工程师的审查意见进行审核，签认后报建设单位审批，同时抄送施工单位，并就工程竣工结算事宜与建设单位、施工单位协商；达成一致意见的，根据建设单位审批意见向施工单位签发竣工结算款支付证书；不能达成一致意见的，应按施工合同约定处理。

（四）施工安全管理

安全事故处理程序：工程施工过程中发生事故的，承包人应立即通知监理人，监理人应立即通知发包人。发包人和承包人应立即组织人员和设备进行紧急抢救和抢修，减少人员伤亡和财产损失，防止事故扩大，并保护事故现场。需要移动现场物品时，应做出标记和书面记录，妥善保管有关证据。发包人和承包人应按国家有关规定，及时、如实地向有关部门报告事故发生的情况，以及正在采取的紧急措施等。

（五）施工变更管理

1. 项目监理机构处理施工单位提出的工程变更的程序

（1）总监理工程师组织专业监理工程师审查施工单位提出的工程变更申请，提出审查意见。对涉及工程设计文件修改的工程变更，应由建设单位转交原设计单位修改工程设计文件。必要时，项目监理机构应建议建设单位组织设计、施工等单位召开论证工程设计文件修改方案的专题会议。

（2）总监理工程师组织专业监理工程师对工程变更费用及工期影响作出评估。

（3）总监理工程师组织建设单位、施工单位等共同协商确定工程变更费用及工期变化，会签工程变更单。

（4）项目监理机构根据批准的工程变更文件监督施工单位实施工程变更。

2. 不利物质条件的影响

承包人遇到不利物质条件时，应采取克服不利物质条件的合理措施继续施工，并及时通知发包人和监理人。通知应载明不利物质条件的内容以及承包人认为不可预见的理由。监理人经发包人同意后应当及时发出指示，指示构成变更的，按变更约定执行。承包人因采取合理措施而增加的费用和（或）延误的工期由发包人承担。

（六）不可抗力

参见知识点二十一（九）的内容。

（七）索赔管理

1. 项目监理机构处理施工单位提出的费用索赔的程序

受理施工单位在施工合同约定的期限内提交的费用索赔意向通知书；收集与索赔有关的资料；受理施工单位在施工合同约定的期限内提交的费用索赔报审表；审查费用索赔报审表；需要施工单位进一步提交详细资料时，应在施工合同约定的期限内发出通知；与建设单位和施工单位协商一致后，在施工合同约定的期限内签发费用索赔报审表，并报建设单位。

2. 项目监理机构批准施工单位费用索赔应同时满足的条件

（1）施工单位在施工合同约定的期限内提出费用索赔。

（2）索赔事件是因非施工单位原因造成的，且符合施工合同约定。

（3）索赔事件造成施工单位直接经济损失。

（八）隐蔽管理

（1）承包人覆盖工程隐蔽部位后，发包人或监理人对质量有疑问的，可要求承包人对已覆盖的部位进行钻孔探测或揭开重新检查，承包人应遵照执行，并在检查后重新覆盖恢复原状。经检查证明工程质量符合合同要求的，由发包人承担由此增加的费用和（或）延误的工期，并支付承包人合理的利润；经检查证明工程质量不符合合同要求的，由此增加的费用和（或）延误的工期由承包人承担。

（2）承包人未通知监理人到场检查，私自将工程隐蔽部位覆盖的，监理人有权指示承包人钻孔探测或揭开检查，无论工程隐蔽部位质量是否合格，由此增加的费用和（或）延误的工期均由承包人承担。

【例 2-3】 某依法必须招标的工程，管道工程隐蔽后，项目监理机构对施工质量提出质疑，要求进行剥离复验。施工单位以该隐蔽工程已通过项目监理机构检验为由拒绝复验。项目监理机构坚持要求施工单位进行剥离复验，经复验该隐蔽工程质量合格。

【问题】 施工单位、项目监理机构的做法是否妥当？说明理由。该隐蔽工程剥离所发生的费用由谁承担？

【参考答案】 （1）施工单位拒绝复验不妥当，监理机构做法妥当。

理由：监理人对已覆盖的隐蔽工程部位质量有疑问时，可要求承包人对已覆盖部位进行钻孔探测或揭开重新检验，承包人应遵照执行，并在检验后重新覆盖恢复原状。

（2）该隐蔽工程经检验证明工程质量符合合同要求，因此，由发包人承担由此增加的费用和（或）工期延误，并支付承包人合理利润。

知识点十二　工程变更和索赔管理

考题类型：

分析处理索赔问题。

（一）工程变更管理

1. 标准施工合同通用条款规定的变更范围

（1）取消合同中任何一项工作，但被取消的工作不能转由发包人或其他人实施；

（2）改变合同中任何一项工作的质量或其他特性；

（3）改变合同工程的基线、标高、位置或尺寸；

（4）改变合同中任何一项工作的施工时间或改变已批准的施工工艺或顺序；

（5）为完成工程需要追加的额外工作。

2. 监理人指示变更

监理人根据工程施工的实际需要或发包人要求实施的变更，可以进一步划分为直接指示的变更和通过与承包人协商后确定的变更两种情况。

（1）直接指示的变更属于必须实施的变更，如按照发包人的要求提高质量标准、设计错误需要进行的设计修改、协调施工中的交叉干扰等情况。此时不需征求承包人意见，监理人经过发包人同意后发出变更指示要求承包人完成变更工作。

（2）通过与承包人协商后确定的变更属于可能发生的变更，通过与承包人协商后再确定是否实施变更，如增加承包范围外的某项新增工作或改变合同文件中的要求等。

3. 承包人申请变更

承包人提出的变更可能涉及建议变更和要求变更两类。

（1）承包人建议的变更。承包人对发包人提供的图纸、技术要求以及其他方面，提出了可能降低合同价格、缩短工期或者提高工程经济效益的合理化建议，均应以书面形式提交监理人。合理化建议书的内容应包括建议工作的详细说明、进度计划和效益以及与其他工作的协调等，并附必要的设计文件。

监理人与发包人协商是否采纳承包人提出的建议。建议被采纳并构成变更的，监理人向承包人发出变更指示。

（2）承包人要求的变更。承包人收到监理人按合同约定发出的图纸和文件，经检查，认为其中存在属于变更范围的情形，如提高了工程质量标准、增加工作内容、工程的位置或尺寸发生变化等，可向监理人提出书面变更建议。变更建议应阐明要求变更的依据，并附必要的图纸和说明。

监理人收到承包人的书面建议后，应与发包人共同研究，确认存在变更的，应在收到承包人书面建议后的 14 天内作出变更指示。经研究后不同意作为变更的，由监理人书面答复承包人。

4. 工程变更估价

（1）工程变更估价的程序。承包人应在收到变更指示或变更意向书后的 14 天内，向监理人提交变更报价书，详细开列变更工作的价格组成及其依据，并附必要的施工方法说明和有关图纸。变更工作如果影响工期，承包人应提出调整工期的具体细节。

监理人收到承包人变更报价书后的 14 天内，根据合同约定的估价原则，商定或确定变更价格。

（2）变更的估价原则

依据《建设工程施工合同（示范文本）》GF—2017—0201 规定除专用合同条款另有约定外，变更估价按照本款约定处理：

① 已标价工程量清单或预算书有相同项目的，按照相同项目单价认定；

② 已标价工程量清单或预算书中无相同项目，但有类似项目的，参照类似项目的单价认定；

③ 变更导致实际完成的变更工程量与已标价工程量清单或预算书中列明的该项目工程量的变化幅度超过 15％的，或已标价工程量清单或预算书中无相同项目及类似项目单价的，按照合理的成本与利润构成的原则，由合同当事人确定变更工作的单价。

5. 不利物质条件的影响

不利物质条件属于发包人应承担的风险，指承包人在施工场地遇到的不可预见的自然物质条件、非自然的物质障碍和污染物，包括地下和水文条件，但不包括气候条件。

（二）索赔管理

1. 承包人的索赔

（1）承包人提出索赔要求：

承包人根据合同认为有权得到追加付款和（或）延长工期时，应按规定程序向发包人提出索赔。

承包人应在引起索赔事件发生的后 28 天内，向监理人递交索赔意向通知书，并说明发生索赔事件的事由。若承包人未在前述 28 天内发出索赔意向通知书，则丧失要求追加付款和（或）延长工期的权利。

承包人应在发出索赔意向通知书后 28 天内，向监理人递交正式的索赔通知书，详细说明索赔理由以及要求追加的付款金额和（或）延长的工期，并附必要的记录和证明材料。

（2）监理人处理索赔：监理人收到承包人提交的索赔通知书后，应及时审查索赔通知书的内容、查验承包人的记录和证明材料，必要时监理人可要求承包人提交全部原始记录副本。

（3）承包人提出索赔的期限：竣工阶段发包人接受了承包人提交并经监理人签认的竣工付款证书后，承包人不能再对施工阶段、竣工阶段的事项提出索赔要求。

缺陷责任期满，在承包人提交的最终结清申请单中，只限于提出工程接收证书颁发后发生的索赔。提出索赔的期限至发包人接受最终结清证书时止，即合同终止后承包人就失去了索赔的权利。

2. 发包人的索赔

（1）发包人提出索赔：发包人的索赔包括承包人应承担责任的赔偿扣款和缺陷责任期的延长。发生索赔事件后，监理人应及时书面通知承包人，详细说明发包人有权得到的索赔金额和（或）延长缺陷责任期的细节和依据。发包人提出索赔的期限对承包人的要求相同，即颁发工程接收证书后，不能再对施工期间的事件索赔；最终结清证书生效后，不能再就缺陷责任期内的事件索赔，因此延长缺陷责任期的通知应在缺陷责任期届满前提出。

（2）监理人处理索赔：监理人也应首先通过与当事人双方协商，争取达成一致，若分歧较大，在协商的基础上确定索赔的金额和缺陷责任期延长的时间。承包人应付给发包人的赔偿款从应支付给承包人的合同价款或质量保证金内扣除，也可以由承包人以其他方式支付。

3. 施工分包合同的索赔管理

在分包合同履行的过程中，无论何种原因，监理人不应受理分包人直接提交的索赔报告，分包人只能向承包人提出索赔要求，分包人对发包人的索赔应通过承包人的索赔来完成。监理人审查承包人提交的分包工程索赔报告时，应按照总承包合同的约定区分合同责任，以便确定工期顺延的天数和补偿金额。

4. 工期索赔的计算

一般通过网络分析法计算，即通过干扰事件发生前后的网络计划，对比两种工期计算结果，计算出工期索赔值，适合于各种干扰事件的索赔。在关键线路上，工程活动持续时间的拖延，必然造成总工期的拖延，可提出工期索赔，而非关键线路上的工程活动在时差范围内的拖延如果不影响工期，就不应批准工期索赔的要求。

5. 费用索赔的计算

（1）索赔费用的组成。索赔费用包括分部分项工程量清单费用（人工费、材料费、施工机具使用费、管理费、利润等）、措施项目费用、其他项目费、规费与税金及其他应包含的内容。

（2）索赔费用的计算方法：

① 人工费。注意区分增加用工和窝工处理。

② 材料费。材料费的索赔包括由于索赔事件的发生造成材料实际用量超过计划用量而增加的材料费；由于发包人原因导致工程延期期间的材料价格上涨和超期储存费用。材料费中应包括运输费，仓储费，以及合理的损耗费用。如果由于承包商管理不善，造成材料损坏失效的，就不能列入索赔款项内。

（3）施工机具使用费。注意区分增加用工和窝工处理。

（4）管理费。按照合同约定计算。

（5）利润。按照合同约定计算。

（6）规费。按照省级以上政府文件执行。

（7）税金。按照增值税规定执行。前6项费用如果含有可抵扣进项税的，需要扣除可抵扣进项税，然后计算税金。

6. 不可抗力后果的承担

（1）永久工程、已运至施工现场的材料和工程设备的损坏，以及因工程损坏造成的第三人人员伤亡和财产损失由发包人承担；

（2）承包人施工设备的损坏由承包人承担；

（3）发包人和承包人承担各自人员伤亡和财产的损失；

（4）因不可抗力影响承包人履行合同约定的义务，已经引起或将引起工期延误的，应当顺延工期，由此导致承包人停工的费用损失由发包人和承包人合理分担，停工期间必须支付的工人工资由发包人承担；

（5）因不可抗力引起或将引起工期延误，发包人要求赶工的，由此增加的赶工费用由发包人承担；

（6）承包人在停工期间按照发包人要求照管、清理和修复工程的费用由发包人承担。

不可抗力发生后，合同当事人均应采取措施尽量避免和减少损失的扩大，任何一方当事人没有采取有效措施导致损失扩大的，应对扩大的损失承担责任。

因合同一方迟延履行合同义务，在迟延履行期间遭遇不可抗力的，不免除其违约责任。

【例 2-4】 某工程，在施工中突遇合同中约定属不可抗力的事件，造成经济损失（表 2-1）和工地全面停工 15 天。由于合同双方均未投保，建安工程施工单位在合同约定的有效期内，向项目监理机构提出了费用补偿和工程延期申请。

经济损失表　　　　　　　　　　　　　　　　　　　　　表 2-1

序号	项目	金额（万元）
1	建安工程施工单位采购的已运至现场待安装的设备修理费	5.0
2	现场施工人员受伤医疗补偿费	2.0

序号	项目	金额(万元)
3	已通过工程验收的供水管爆裂修复费	0.5
4	建设单位采购的已运至现场的水泥损失费	3.5
5	建安工程施工单位配备的停电时间用于应急的发电机修复费	0.2
6	停工期间施工作业人员窝工费	8.0
7	停工期间必要的留守管理人员工资	1.5
8	现场清理费	0.3
合计		21.0

【问题】　发生的经济损失分别由谁承担？建安工程施工单位总共可获得费用补偿为多少？工程延期要求是否成立？

【参考答案】　建设单位承担的是：建安工程施工单位采购的已运至现场待安装的设备修理费 5.0 万元；已通过工程验收的供水管爆裂修复费 0.5 万元；建设单位采购的已运至现场的水泥损失费 3.5 万元；停工期间必要的留守管理人员工资 1.5 万元；现场清理费 0.3 万元。

施工单位承担的是：现场施工人员受伤医疗补偿费 2.0 万元；建安工程施工单位配备的停电时间用于应急的发电机修复费 0.2 万元；停工期间施工作业人员窝工费 8.0 万元。

建安工程施工单位总共可获得费用补偿为 5.0＋0.5＋1.5＋0.3＝7.3（万元）。

工程延期要求成立。

知识点十三　设备采购合同履行管理

考题类型：

挑错题目。

（一）合同价格与支付

1. 合同价格

合同协议书中载明的签约合同价包括卖方为完成合同全部义务应承担的一切成本、费用和支出以及卖方的合理利润。

2. 买方扣款的权利

当卖方应向买方支付合同项下的违约金或赔偿金时，买方有权从上述任何一笔应付款中予以直接扣除和（或）兑付履约保证金。

（二）监造及交货前检验

1. 监造

在合同设备制造的过程中，买方可派出监造人员，对合同设备的生产制造进行监造，监督合同设备制造、检验等情况。

买方监造人员在监造中如发现合同设备及其关键部件不符合合同约定的标准，则有权提出意见和建议。卖方应采取必要措施消除合同设备的不符，由此增加的费用和（或）造成的延误由卖方负责。

买方监造人员对合同设备的监造，不视为对合同设备质量的确认，不影响卖方交货后买方依照合同约定对合同设备提出质量异议和（或）退货的权利，也不免除卖方依照合同约定对合同设备所应承担的任何义务或责任。

2. 交货前检验

专用合同条款约定买方参与交货前检验的，合同设备交货前，卖方应会同买方代表根据合同约定对合同设备进行交货前检验并出具交货前检验记录，有关费用由卖方承担。卖方应免费为买方代表提供工作条件及便利，包括但不限于必要的办公场所、技术资料、检测工具及出入许可等。除专用合同条款另有约定外，买方代表的交通、食宿费用由买方承担。

（三）《建设工程施工合同（示范文本）》GF—2017—0201 规定

8.3.1　发包人应按《发包人供应材料设备一览表》约定的内容提供材料和工程设备，并向承包人提供产品合格证明及出厂证明，对其质量负责。发包人应提前 24 小时以书面形式通知承包人、监理人材料和工程设备到货时间，承包人负责材料和工程设备的清点、检验和接收。

发包人提供的材料和工程设备的规格、数量或质量不符合合同约定的，或因发包人原因导致交货日期延误或交货地点变更等情况的，按照第 16.1 款〔发包人违约〕约定办理。

8.3.2　承包人采购的材料和工程设备，应保证产品质量合格，承包人应在材料和工程设备到货前 24 小时通知监理人检验。承包人进行永久设备、材料的制造和生产的，应符合相关质量标准，并向监理人提交材料的样本以及有关资料，并应在使用该材料或工程设备之前获得监理人同意。

承包人采购的材料和工程设备不符合设计或有关标准要求时，承包人应在监理人要求的合理期限内将不符合设计或有关标准要求的材料、工程设备运出施工现场，并重新采购符合要求的材料、工程设备，由此增加的费用和（或）延误的工期，由承包人承担。

8.4.2　承包人采购的材料和工程设备由承包人妥善保管，保管费用由承包人承担。法律规定材料和工程设备使用前必须进行检验或试验的，承包人应按监理人的要求进行检验或试验，检验或试验费用由承包人承担，不合格的不得使用。

发包人或监理人发现承包人使用不符合设计或有关标准要求的材料和工程设备时，有权要求承包人进行修复、拆除或重新采购，由此增加的费用和（或）延误的工期，由承包人承担。

【例 2-5】　建设单位负责采购的一批工程材料提前运抵现场后，临时放置在现场备用仓库。该批材料使用前，按合同约定进行了清点和检验，发现部分材料损毁。为此，施工单位向项目监理机构提出申请，要求建设单位重新购置损毁的工程材料，并支付该批工程材料检验费。

【问题】　逐项回答施工单位的要求是否合理，说明理由。

【参考答案】　（1）施工单位要求建设单位重新购置损毁的工程材料合理。

理由：代为保管期间，不是因保管不善而使部分材料损毁的，仍由建设单位负责。

（2）施工单位要求建设单位支付该批工程材料检验费合理。

理由：建设单位重新采购的工程材料，材料检验费应由建设单位承担。

（四）《建设工程监理规范》GB/T 50319—2013 相关规定

8.1.1　项目监理机构应根据建设工程监理合同约定的设备采购与设备监造工作内容

配备监理人员，并明确岗位职责。

8.1.2　项目监理机构应编制设备采购与设备监造工作计划，并应协助建设单位编制设备采购与设备监造方案。

8.2.1　采用招标方式进行设备采购时，项目监理机构应协助建设单位按有关规定组织设备采购招标。采用其他方式进行设备采购时，项目监理机构应协助建设单位进行询价。

8.2.2　项目监理机构应协助建设单位进行设备采购合同谈判，并应协助签订设备采购合同。

8.3.1　项目监理机构应检查设备制造单位的质量管理体系，并应审查设备制造单位报送的设备制造生产计划和工艺方案。

8.3.2　项目监理机构应审查设备制造的检验计划和检验要求，并应确认各阶段的检验时间、内容、方法、标准，以及检测手段、检测设备和仪器。

第三章 建设工程质量控制

知识点十四 工程参建各方的质量责任和义务

考题类型：

挑错题（质量责任归属挑错）。

(一) 建设单位的质量责任和义务

(1) 应当将工程发包给具有相应资质等级的单位，不得将建设工程肢解发包。

(2) 应当依法对工程建设项目的勘察、设计、施工、监理以及与工程建设有关的重要设备、材料等的采购进行招标。

(3) 必须向有关的勘察、设计、施工、工程监理等单位提供与建设工程有关的原始资料。原始资料必须真实、准确、齐全。

(4) 建设工程发包时，不得迫使承包方以低于成本的价格竞标，不得任意压缩合理工期。不得明示或者暗示设计单位或者施工单位违反工程建设强制性标准，降低建设工程质量。

(5) 施工图设计文件未经审查批准的，不得使用。施工图设计文件审查的具体办法，由国务院建设行政主管部门、国务院其他有关部门制定。

(6) 实行监理的建设工程，应当委托具有相应资质等级的工程监理单位进行监理，也可以委托具有工程监理相应资质等级并与被监理工程的施工承包单位没有隶属关系或者其他利害关系的该工程的设计单位进行监理。下列建设工程必须实行监理：

① 国家重点建设工程。

② 大中型公用事业工程。总投资额在 3000 万元以上。

③ 成片开发建设的住宅小区工程；5 万 m^2 以上；高层住宅及地基、结构复杂的多层住宅应当实行监理。

④ 利用外国政府或者国际组织贷款、援助资金的工程。

⑤ 国家规定必须实行监理的其他工程。

项目总投资额在 3000 万元以上关系社会公共利益、公众安全的基础设施项目；学校、影剧院、体育场馆项目。

(7) 在建设工程开工前，应当按照国家有关规定办理工程质量监督手续，工程质量监督手续可以与施工许可证或者开工报告合并办理。

申请领取施工许可证，应具备下列条件：

① 已经办理建筑工程用地批准手续；

② 依法应当办理建设工程规划许可证的，已经取得建设工程规划许可证；

③ 需要拆迁的，其拆迁进度符合施工要求；

④ 已经确定建筑施工企业；

⑤ 有满足施工需要的资金安排、施工图纸及技术资料；

⑥ 有保证工程质量和安全的具体措施。

（8）按照合同约定采购建筑材料、建筑构（配）件和设备的，应当保证建筑材料、建筑构（配）件和设备符合设计文件和合同要求。不得明示或者暗示施工单位使用不合格的建筑材料、建筑构（配）件和设备。

（9）涉及建筑主体和承重结构变动的装修工程，应当在施工前委托原设计单位或者具有相应资质等级的设计单位提出设计方案；没有设计方案的，不得施工。房屋建筑使用者在装修过程中，不得擅自变动房屋建筑主体和承重结构。

（10）收到建设工程竣工报告后，应当组织设计、施工、工程监理等有关单位进行竣工验收。

建设工程竣工验收应当具备下列条件：

① 完成建设工程设计和合同约定的各项内容；

② 有完整的技术档案和施工管理资料；

③ 有工程使用的主要建筑材料、建筑构（配）件和设备的进场试验报告；

④ 有勘察、设计、施工、工程监理等单位分别签署的质量合格文件；

⑤ 有施工单位签署的工程保修书。

建设工程经验收合格的，方可交付使用。

（11）应当严格按照国家有关档案管理的规定，及时收集、整理建设项目各环节的文件资料，建立、健全建设项目档案，并在建设工程竣工验收后，及时向建设行政主管部门或者其他有关部门移交建设项目档案。

（二）勘察单位的质量责任和义务

（1）应当依法取得相应等级的资质证书，并在其资质等级许可的范围内承揽工程。禁止超越其资质等级许可的范围或者以其他勘察单位的名义承揽工程。禁止允许其他单位或者个人以本单位的名义承揽工程。不得转包或者违法分包所承揽的工程。

（2）必须按照工程建设强制性标准进行勘察，并对其勘察的质量负责。

（3）提供的地质、测量、水文等勘察成果必须真实、准确。

（4）应当对勘察后期服务工作负责。

组织相关勘察人员及时解决工程设计和施工中与勘察工作有关的问题；组织参与施工验槽；组织勘察人员参加工程竣工验收，验收合格后在相关验收文件上签字。对于城市轨道交通工程，还应参加单位工程、项目工程验收并在验收文件上签字；组织勘察人员参与相关工程质量安全事故分析，并对因勘察原因造成的质量安全事故提出与勘察工作有关的技术处理措施。

（三）设计单位的质量责任和义务

（1）应当依法取得相应等级的资质证书，并在其资质等级许可的范围内承揽工程。禁止超越其资质等级许可的范围或者以其他设计单位的名义承揽工程。禁止允许其他单位或者个人以本单位的名义承揽工程。不得转包或者违法分包所承揽的工程。

（2）必须按照工程建设强制性标准进行设计，并对其设计的质量负责。注册建筑师、注册结构工程师等注册执业人员应当在设计文件上签字，对设计文件负责。

应当依据有关法律法规、项目批准文件、城乡规划、设计合同（包括设计任务书）组织开展工程设计工作。

（3）应当根据勘察成果文件进行建设工程设计。设计文件应当符合国家规定的设计深度要求，注明工程合理使用年限。

（4）在设计文件中选用的建筑材料、建筑构（配）件和设备，应当注明规格、型号、性能等技术指标，其质量要求必须符合国家规定的标准。除有特殊要求的建筑材料、专用设备、工艺生产线等外，不得指定生产厂、供应商。

（5）应当就审查合格的施工图设计文件向施工单位作出详细说明。

应当在施工前就审查合格的施工图设计文件，组织设计人员向施工及监理单位作出详细说明；组织设计人员解决施工中出现的设计问题。不得在违反强制性标准或不满足设计要求的变更文件上签字。应当组织设计人员参加建筑工程竣工验收，验收合格后在相关验收文件上签字。

（6）应当参与建设工程质量事故分析，并对因设计造成的质量事故，提出相应的技术处理方案。

（四）施工单位的质量责任和义务

（1）应当依法取得相应等级的资质证书，并在其资质等级许可的范围内承揽工程。禁止超越本单位资质等级许可的业务范围或者以其他施工单位的名义承揽工程。禁止允许其他单位或者个人以本单位的名义承揽工程。不得转包或者违法分包工程。

（2）对建设工程的施工质量负责。应当建立质量责任制，确定工程项目的项目经理、技术负责人和施工管理负责人。建设工程实行总承包的，总承包单位应当对全部建设工程质量负责；建设工程勘察、设计、施工、设备采购的一项或者多项实行总承包的，总承包单位应当对其承包的建设工程或者采购的设备的质量负责。

（3）总承包单位依法将建设工程分包给其他单位的，分包单位应当按照分包合同的约定对其分包工程的质量向总承包单位负责，总承包单位与分包单位对分包工程的质量承担连带责任。

（4）必须按照工程设计图纸和施工技术标准施工，不得擅自修改工程设计，不得偷工减料。在施工过程中发现设计文件和图纸有差错的，应当及时提出意见和建议。

（5）必须按照工程设计要求、施工技术标准和合同约定，对建筑材料、建筑构（配）件、设备和商品混凝土进行检验，检验应当有书面记录和专人签字；未经检验或者检验不合格的，不得使用。

（6）必须建立、健全施工质量的检验制度，严格工序管理，做好隐蔽工程的质量检查和记录。隐蔽工程在隐蔽前，应当通知建设单位和建设工程质量监督机构。

（7）施工人员对涉及结构安全的试块、试件以及有关材料，应当在建设单位或者工程监理单位监督下现场取样，并送具有相应资质等级的质量检测单位进行检测。

（8）对施工中出现质量问题的建设工程或者竣工验收不合格的建设工程，应当负责返修。

（9）应当建立、健全教育培训制度，加强对职工的教育培训；未经教育培训或者考核不合格的人员，不得上岗作业。

（五）工程监理单位的质量责任和义务

（1）应当依法取得相应等级的资质证书，并在其资质等级许可的范围内承担工程监理业务。禁止超越本单位资质等级许可的范围或者以其他工程监理单位的名义承担工程监理业务，禁止允许其他单位或者个人以本单位的名义承担工程监理业务，不得转让工程监理业务。

（2）与被监理工程的施工承包单位以及建筑材料、建筑构（配）件和设备供应单位有隶属关系或者其他利害关系的，不得承担该项建设工程的监理业务。

（3）应当依照法律、法规以及有关技术标准、设计文件和建设工程承包合同，代表建设单位对施工质量实施监理，并对施工质量承担监理责任。

（4）应当选派具备相应资格的总监理工程师和监理工程师进驻施工现场。未经监理工程师签字，建筑材料、建筑构（配）件和设备不得在工程上使用或者安装，施工单位不得进行下一道工序的施工。未经总监理工程师签字，建设单位不拨付工程款，不进行竣工验收。

（5）监理工程师应当按照工程监理规范的要求，采取旁站、巡视和平行检验等形式，对建设工程实施监理。

（六）工程质量检测单位的质量责任和义务

工程质量检测单位应履行下列质量责任和义务：

（1）质量检测试样的取样应当严格执行有关工程建设标准和国家有关规定，在建设单位或者工程监理单位监督下现场取样。提供质量检测试样的单位和个人，应当对试样的真实性负责。

（2）完成检测业务后，应当及时出具检测报告。检测报告经检测人员签字、检测机构法定代表人或者其授权的签字人签署，并加盖检测机构公章或者检测专用章后方可生效。检测报告经建设单位或者工程监理单位确认后，由施工单位归档。见证取样检测的检测报告中应当注明见证人单位及姓名。

（3）任何单位和个人不得明示或者暗示检测机构出具虚假检测报告，不得篡改或者伪造检测报告。

（4）不得转包检测业务。检测人员不得同时受聘于两个或者两个以上的检测机构。检测机构和检测人员不得推荐或者监制建筑材料、构（配）件和设备。检测机构不得与行政机关，法律、法规授权的具有管理公共事务职能的组织以及与所检测工程项目相关的设计单位、施工单位、监理单位有隶属关系或者其他利害关系。

（5）应当对其检测数据和检测报告的真实性和准确性负责。检测机构违反法律、法规和工程建设强制性标准，给他人造成损失的，应当依法承担相应的赔偿责任。

（6）应当将检测过程中发现的建设单位、监理单位、施工单位违反有关法律、法规和工程建设强制性标准的情况，以及涉及结构安全检测结果的不合格情况，及时报告工程所在地建设主管部门。

（7）应当建立档案管理制度。检测合同、委托单、原始记录、检测报告应当按年度统一编号，编号应当连续，不得随意抽撤、涂改。应当单独建立检测结果不合格项目台账。

（七）在正常使用条件下，建设工程的最低保修期限

（1）基础设施工程、房屋建筑的地基基础工程和主体结构工程，为设计文件规定的该工程的合理使用年限；

（2）屋面防水工程、有防水要求的卫生间、房间和外墙面的防渗漏，为5年；

（3）供热与供冷系统，为2个采暖期、供冷期；

（4）电气管线、给水排水管道、设备安装和装修工程，为2年。

其他项目的保修期限由发包方与承包方约定。

建设工程的保修期，自竣工验收合格之日起计算。

（八）备案及其他规定

（1）依法批准开工报告的建设工程，建设单位应当自开工报告批准之日起15日内，将保证安全施工的措施报送建设工程所在地的县级以上地方人民政府建设行政主管部门或者其他有关部门备案。

（2）建设单位应当自建设工程竣工验收合格之日起15日内，将建设工程竣工验收报告和规划、公安消防、环保等部门出具的认可文件或者准许使用文件报建设行政主管部门或者其他有关部门备案。

知识点十五　施工阶段质量控制

考题类型：

1. 挑错题：（1）程序挑错；（2）做法挑错。

2. 记忆类的题目。

（一）施工质量控制的依据和工作程序

1. 施工质量控制的依据

项目监理机构施工质量控制的依据，大体上有四类：工程合同文件；工程勘察设计文件；有关质量管理方面的法律法规、部门规章与规范性文件；质量标准与技术规范（规程）。

2. 施工质量控制的工作程序

在工程开始前，施工单位须做好施工准备工作，待开工条件具备时，应向项目监理机构报送工程开工报审表及相关资料。专业监理工程师重点审查施工单位的施工组织设计是否已由总监理工程师签认，是否已建立相应的现场质量、安全生产管理体系，管理及施工人员是否已到位，主要施工机械是否已具备使用条件，主要工程材料是否已落实到位。设计交底和图纸会审是否已完成；进场道路及水、电、通信等是否满足开工要求。审查合格后，则由总监理工程师签署审核意见，并报建设单位批准后，总监理工程师签发开工令；否则，施工单位应进一步做好施工准备，待条件具备时，再次报送工程开工报审表。

在施工过程中，项目监理机构应督促施工单位加强内部质量管理，严格质量控制。施工作业过程均应按规定工艺和技术要求进行。在每道工序完成后，施工单位应进行自检，只有上一道工序被确认质量合格后，方能准许下道工序施工。当隐蔽工程、检验批、分项工程完成后，施工单位应自检合格，填写相应的隐蔽工程或检验批或分项工程报审、报验表，并附有相应工序和部位的工程质量检查记录，报送项目监理机构。经专业监理工程师现场检查及对相关资料审核后，符合要求予以签认；反之，则指令施工单位进行整改或返工处理。

施工单位按照施工进度计划完成分部工程施工，且分部工程所包含的分项工程全部检验合格后，应填写相应分部工程报验表，并附有分部工程质量控制资料，报送项目监理机构验收。由总监理工程师组织相关人员对分部工程进行验收，并签署验收意见。

（二）施工准备阶段的质量控制

1. 图纸会审与设计交底

（1）图纸会审。监理人员应熟悉工程设计文件，并应参加建设单位主持的图纸会审会议，建设单位应及时主持召开图纸会审会议，组织项目监理机构、施工单位等相关人员进行图纸会审，并整理成会审问题清单，由建设单位在设计交底前约定的时间内提交设计单位。图纸会审由施工单位整理会议纪要，与会各方会签。

（2）设计交底。建设单位应在收到施工图设计文件后1～3个月内组织并主持召开工程施工图设计交底会。除建设单位、设计单位、监理单位、施工单位及相关部门（如质量监督机构）参加外，还可根据需要邀请特殊机械、非标设备和电气仪器制造厂商代表参加。

设计方会同建设单位形成会议纪要，与会负责人讨论确认后，在会上宣读，建设单位将会议纪要发送相关单位。

2. 施工组织设计和施工方案的审查（表3-1）

施工组织设计和施工方案的审查 表 3-1

施工组织设计	施工方案	专项施工方案（安全中的要求）
(1)编审程序应符合相关规定； (2)施工组织设计的基本内容是否完整，应包括编制依据、工程概况、施工部署、施工进度计划、施工准备与资源配置计划、主要施工方法、施工现场平面布置及主要施工管理计划等； (3)工程进度、质量、安全、环境保护、造价等方面应符合施工合同要求； (4)资金、劳动力、材料、设备等资源供应计划应满足工程施工需要，施工方法及技术措施应可行与可靠； (5)施工总平面布置科学合理	(1)审查程序应符合相关规定； (2)工程质量保证措施应符合有关标准	(1)审查程序应符合相关规定； (2)安全技术措施应符合工程建设强制性标准。 注：附安全验算结果，危险性较大工程专家论证，实施过程中专职安全管理人员现场监督

3. 现场施工准备的质量控制

（1）施工现场质量管理检查。在工程开工前，项目监理机构应审查施工单位现场的质量管理组织机构、管理制度及专职管理人员和特种作业人员的资格等。

（2）分包单位资质的审核确认。在分包工程开工前，项目监理机构应审核施工单位报送的分包单位资格报审表及有关资料，专业监理工程师进行审核并提出审查意见，符合要求后，应由总监理工程师审批并签署意见。分包单位资格审核应包括的基本内容：①营业执照、企业资质等级证书；②安全生产许可文件；③类似工程业绩；④专职管理人员和特种作业人员的资格。

（3）查验施工控制测量成果。专业监理工程师应检查、复核施工单位报送的施工控制测量成果及保护措施，签署意见，并应对施工单位在施工过程中报送的施工测量放线成果进行查验。施工控制测量成果及保护措施的检查、复核应包括：①施工单位测量人员的资格证书及测量设备检定证书；②施工平面控制网、高程控制网和临时水准点的测量成果及控制桩的保护措施。

（4）施工试验室的检查。专业监理工程师应检查施工单位为本工程提供服务的试验室（包括施工单位自有试验室或委托的试验室）。试验室的检查内容应包括：①试验室的资质等级及试验范围；②法定计量部门对试验设备出具的计量检定证明；③试验室管理制度；④试验人员资格证书。

（5）工程材料、构（配）件、设备的质量控制。

① 对于工程的主要材料，在材料进场时专业监理工程师应核查厂家生产许可证、出厂合格证、材质化验单及性能检测报告。对审查不合格者，一律不准用于工程。专业监理工程师应参与建设单位组织的对施工单位负责采购的原材料、半成品、构（配）件的考察，并提出考察意见。对于半成品、构配件和设备，应按经过审批认可的设计文件和图纸要求采购订货，质量应满足有关标准和设计的要求。

用于工程的材料、构（配）件、设备的质量证明文件包括出厂合格证、质量检验报告、性能检测报告以及施工单位的质量抽检报告等。对于工程设备应同时附有设备出厂合格证、技术说明书、质量检验证明、有关图纸、配件清单及技术资料等。对已进场经检验不合格的工程材料、构（配）件、设备，应要求施工单位限期将其撤出施工现场。

② 在现场配制的材料，施工单位应进行级配设计与配合比试验，经试验合格后才能使用。

（6）工程开工条件审查与开工令的签发。总监理工程师应组织专业监理工程师审查施工单位报送的工程开工报审表及相关资料，同时具备开工条件时，应由总监理工程师签署审查意见，并应报建设单位批准后，总监理工程师签发工程开工令。

（三）施工过程的质量控制

1. 巡视与旁站

（1）巡视。项目监理机构应安排监理人员对工程施工质量进行巡视。巡视应包括下列主要内容：

① 施工单位是否按工程设计文件、工程建设标准和批准的施工组织设计、（专项）施工方案施工。

② 使用的工程材料、构（配）件和设备是否合格。

③ 施工现场管理人员，特别是施工质量管理人员是否到位。

④ 特种作业人员是否持证上岗。

（2）旁站。项目监理机构应根据工程特点和施工单位报送的施工组织设计，将影响工程主体结构安全的、完工后无法检测其质量的或返工会造成较大损失的部位及其施工过程作为旁站的关键部位、关键工序，安排监理人员进行旁站，并应及时记录旁站情况。

房屋建筑工程旁站的关键部位、关键工序如下：

① 基础工程方面包括土方回填，混凝土灌注桩浇筑，地下连续墙、土钉墙、后浇带及其他结构混凝土、防水混凝土浇筑，卷材防水层细部构造处理，钢结构安装；

② 主体结构工程方面包括梁柱节点钢筋隐蔽工程、混凝土浇筑、预应力张拉、装配式结构安装、钢结构安装、网架结构安装、索膜安装；

③ 其他工程的关键部位、关键工序，应根据工程类别、特点及有关规定和施工单位报送的施工组织设计确定。

2. 见证取样与平行检验

（1）见证取样。

① 工程项目施工前，由施工单位和项目监理机构共同对见证取样的检测机构进行考

察确定。

② 项目监理机构要将选定的试验室报送负责本项目的质量监督机构备案，同时要将项目监理机构中负责见证取样的监理人员在该质量监督机构备案。

③ 施工单位应按照规定制定检测试验计划，配备取样人员，负责施工现场的取样工作，并将检测试验计划报送项目监理机构。

④ 施工单位在对进场材料、试块、试件、钢筋接头等实施见证取样前要通知负责见证取样的监理人员，在该监理人员现场监督下，施工单位按相关规范的要求，完成材料、试块、试件等的取样过程。

⑤ 完成取样后，施工单位取样人员应在试样或其包装上做出标识、封志。

（2）平行检验。平行检验的项目、数量、频率和费用等应符合建设工程监理合同的约定。对平行检验不合格的施工质量，项目监理机构应签发监理通知单，要求施工单位在指定的时间内整改并重新报验。

3. 工程实体质量控制

根据住房和城乡建设部颁发的《工程质量安全手册（试行）》，各分部工程实体质量的控制主要有地基基础工程、钢筋工程、混凝土工程、钢结构工程、装配式混凝土工程、砌体工程、防水工程、装饰装修工程、给水排水及采暖工程、通风与空调工程、建筑电气工程、智能建筑工程、市政工程。

4. 监理通知单、工程暂停令、复工令的签发

（1）监理通知单、工程暂停令的签发如表 3-2 所示。

监理通知单、工程暂停令的签发　　　　　　　表 3-2

监理通知单	工程暂停令
①施工不符合设计要求、工程建设标准、合同约定； ②使用不合格的工程材料、构（配）件和设备； ③施工存在质量问题或采用不适当的施工工艺或施工不当造成工程质量不合格； ④实际进度严重滞后于计划进度且影响合同工期； ⑤未按施工方案施工； ⑥存在安全事故隐患； ⑦工程质量、造价、进度等方面的其他违法违规行为	①建设单位要求暂停施工且工程需要暂停施工的； ②施工单位未经批准擅自施工或拒绝项目监理机构管理的； ③施工单位未按审查通过的工程设计文件施工的； ④施工单位违反工程建设强制性标准的； ⑤施工存在重大质量、安全事故隐患或发生质量、安全事故的

（2）工程复工令的签发。因建设单位原因或非施工单位原因引起工程暂停的，在具备复工条件时，应及时签发工程复工令，指令施工单位复工。

5. 工程变更的控制

工程变更单由提出单位填写，写明工程变更原因、工程变更内容，并附必要的附件。其包括工程变更的依据、详细内容、图纸；对工程造价、工期的影响程度分析，以及对功能、安全影响的分析报告。

6. 质量记录资料的管理

质量记录资料是施工单位进行工程施工或安装期间，实施质量控制活动的记录，以及对这些质量控制活动的意见及施工单位对这些意见的答复。它详细地记录了工程施工阶段质量控制活动的全过程。质量记录资料包括施工现场质量管理检查记录资料、工程材料质量记录、施工过程作业活动质量记录资料三个方面的内容。

知识点十六 **工程质量缺陷和事故处理**

考题类型：

挑错题：(1) 程序挑错；(2) 做法挑错。

(一) 工程质量缺陷

工程质量缺陷是指工程不符合国家或行业的有关技术标准、设计文件及合同中对质量的要求。

1. 常见工程质量缺陷的成因

常见工程质量缺陷的成因如下：

(1) 违背基本建设程序；

(2) 违反法律法规；

(3) 地质勘察数据失真；

(4) 设计差错；

(5) 施工与管理不到位；

(6) 操作工人素质差；

(7) 使用不合格的原材料、构（配）件和设备；

(8) 自然环境因素：空气的温度和湿度，暴雨，大风，洪水，雷电，日晒和浪潮等；

(9) 盲目抢工；

(10) 使用不当。

2. 工程质量缺陷处理

项目监理机构应按下列程序处理工程质量缺陷：

(1) 发生工程质量缺陷，工程监理单位安排监理人员进行检查和记录，并签发监理通知单，责成施工单位进行修复处理；

(2) 施工单位进行质量缺陷调查，分析质量缺陷产生的原因，并提出经设计等相关单位认可的处理方案；

(3) 工程监理单位审查施工单位报送的质量缺陷处理方案，并签署意见；

(4) 施工单位按审查认可的处理方案实施修复处理，并对处理过程进行跟踪检查，对处理结果进行验收；

(5) 对非施工单位原因造成的工程质量缺陷，工程监理单位核实施工单位申报的修复工程费用，签认工程款支付证书，并报建设单位；

(6) 对处理记录整理归档。

(二) 工程质量事故

工程质量事故是指由于建设、勘察、设计、施工、监理等单位违反工程质量有关法律法规和工程建设标准，使工程产生结构安全、重要使用功能等方面的质量缺陷，造成人身伤亡或者重大经济损失的事故。

1. 工程质量事故等级划分

根据工程质量事故造成的人员伤亡或者直接经济损失，工程质量事故分为如下 4 个等级（表 3-3）。

工程质量事故等级的划分 表 3-3

等级	死亡人数（人）	重伤人数（人）	直接经济损失（元）
特大	$30 \leqslant x$	$100 \leqslant x$	1亿$\leqslant x$
重大	$10 \leqslant x < 30$	$50 \leqslant x < 100$	5000万$\leqslant x <$1亿
较大	$3 \leqslant x < 10$	$10 \leqslant x < 50$	1000万$\leqslant x <$5000万
一般	$x < 3$	$x < 10$	100万$\leqslant x <$1000万

2. 工程质量事故处理

（1）工程质量事故处理的依据。进行工程质量事故处理的主要依据有四个方面：一是相关的法律法规；二是具有法律效力的工程承包合同、设计委托合同、材料或设备购销合同以及监理合同或分包合同等文件；三是质量事故的实况资料；四是有关的工程技术文件、资料和档案。

（2）工程质量事故处理的程序

在工程质量事故发生后，项目监理机构可按以下程序进行处理：

① 在工程质量事故发生后，总监理工程师应签发《工程暂停令》，要求暂停质量事故部位和与其有关联部位的施工，要求施工单位采取必要的措施，防止事故扩大并保护好现场。同时，要求质量事故发生单位迅速按类别和等级向相应的主管部门上报。

② 项目监理机构要求施工单位进行质量事故调查、分析质量事故产生的原因，并提交质量事故调查报告。对于由质量事故调查组处理的，项目监理机构应积极配合，客观地提供相应证据。

③ 根据施工单位的质量调查报告或质量事故调查组提出的处理意见，项目监理机构要求相关单位完成技术处理方案。质量事故技术处理方案一般由施工单位提出，经原设计单位同意签认，并报建设单位批准。对于涉及结构安全和加固处理等的重大技术处理方案，一般由原设计单位提出。必要时，应要求相关单位组织专家论证，以确保处理方案可靠、可行、保证结构安全和使用功能。

④ 技术处理方案经相关各方签认后，项目监理机构应要求施工单位制订详细的施工方案。对处理过程进行跟踪检查，对处理结果进行验收。必要时应组织有关单位对处理结果进行鉴定。

⑤ 质量事故处理完毕后，具备工程复工条件时，施工单位提出复工申请，项目监理机构应审查施工单位报送的工程复工报审表及有关资料，符合要求后，总监理工程师签署审核意见，报建设单位批准后，签发工程复工令。

⑥ 项目监理机构应及时向建设单位提交质量事故书面报告，并将完整的质量事故处理记录整理归档。

（3）工程质量事故处理方案类型有修补处理、返工处理和不做处理三种。

（三）质量事故书面报告的内容

质量事故书面报告应包括如下内容：

（1）工程及各参建单位名称；

（2）质量事故发生的时间、地点、工程部位；

（3）事故发生的简要经过、造成工程损伤状况、伤亡人数和直接经济损失的初步估计；

（4）事故发生原因的初步判断；

（5）事故发生后采取的措施及处理方案；

（6）事故处理的过程及结果。

（四）质量事故调查报告的内容

（1）发生的时间、地点、工程部位；

（2）发生的简要经过，造成损失状况，伤亡人数和直接经济损失的初步估计；

（3）发展变化的情况（是否继续扩大，是否已稳定）；

（4）事故原因的初步判断；

（5）质量事故调查中收集的有关数据和资料；

（6）涉及人员和主要责任者的情况。

知识点十七　工程施工质量验收

考题类型：

1. 挑错题。

2. 记忆类的题目。

（一）建筑工程施工质量验收的基本规定

（1）施工现场应具有健全的质量管理体系、相应的施工技术标准、施工质量检验制度和综合施工质量水平评定考核制度。

（2）建筑工程的施工质量控制的规定：

① 建筑工程采用的主要材料、半成品、成品、建筑构（配）件、器具和设备应进行进场检验。凡涉及安全、节能、环境保护和主要使用功能的重要材料、产品，应按各专业工程施工规范、验收规范和设计文件等规定进行复验，并应经专业监理工程师检查认可。

② 各施工工序应按施工技术标准进行质量控制，每道施工工序完成后，经施工单位自检符合规定后，才能进行下道工序施工。各专业工种之间的相关工序应进行交接检验，并记录。

③ 对于项目监理机构提出检查要求的重要工序，应经专业监理工程师检查认可，才能进行下道工序施工。

（3）符合下列条件之一时，可按相关专业验收规范的规定适当调整抽样复验、试验数量，调整后的抽样复验、试验方案应由施工单位编制，并报项目监理机构审核确认。

① 同一项目中由相同施工单位施工的多个单位工程，使用同一生产厂家的同品种、同规格、同批次的材料、构配件、设备。

② 同一施工单位在现场加工的成品、半成品、构配件用于同一项目中的多个单位工程。

③ 在同一项目中，针对同一抽样对象已有检验成果可以重复利用。

（4）当专业验收规范对工程中的验收项目未作出相应规定时，应由建设单位组织监理、设计、施工等相关单位制定专项验收要求。涉及安全、节能、环境保护等项目的专项验收要求应由建设单位组织专家论证。专项验收要求应符合设计意图，包括分项工程及检验批的划分、抽样方案、验收方法、判定指标等内容。

（5）建筑工程施工质量验收要求：

① 工程施工质量验收均应在施工单位自检合格的基础上进行。

② 参加工程施工质量验收的各方人员应具备相应的资格。

③ 检验批的质量应按主控项目和一般项目验收。

④ 对涉及结构安全、节能、环境保护和主要使用功能的试块、试件及材料，应在进场时或施工中按规定进行见证检验。

⑤ 隐蔽工程在隐蔽前应由施工单位通知项目监理机构进行验收，并应形成验收文件，验收合格后方可继续施工。

⑥ 对涉及结构安全、节能、环境保护和使用功能的重要分部工程，应在验收前按规定进行抽样检验。

⑦ 工程的观感质量应由验收人员现场检查，并应共同确认。

（6）建筑工程施工质量验收合格的规定

① 符合工程勘察、设计文件的要求。

② 符合《建筑工程施工质量验收统一标准》GB 50300—2013 和相关专业验收规范的规定。

（二）建筑工程施工质量验收标准
1. 相关验收内容（表3-4）

建筑工程施工质量验收标准的相关验收内容　　　　　　表 3-4

组织者	检验批	分项工程	分部工程	单位工程
	专业监理工程师	专业监理工程师	总监理工程师	建设单位项目负责人
参加者	施工单位项目专业质量检查员、专业工长	施工单位项目技术负责人	(1)项目负责人和项目技术、质量负责人等； (2)地基与基础分部工程勘察、设计单位项目负责人，施工单位技术、质量负责人参加； (3)设计单位项目负责人和施工单位技术、质量负责人应参加主体结构、节能分部工程的验收	设计、勘察、监理、施工等单位项目负责人
检验内容	(1)主控项目的质量检验经抽样检验均应合格； (2)一般项目的质量检验经抽样检验合格； (3)具有完整的施工操作依据,质量验收记录	(1)所含检验批的质量均应检验合格； (2)所含检验批的验收记录应完整	(1)所含分项工程均应检验合格； (2)质量控制资料应完整； (3)有关安全、节能、环境保护和主要使用功能的抽样检验结果应符合相应规定； (4)观感质量应符合要求	(1)所含分部工程质量均应验收合格； (2)质量控制资料应完整； (3)所含分部工程的安全、节能、环境保护和主要使用功能的检测资料应完整； (4)主要使用功能的抽查结果符合相关专业验收规范的规定； (5)观感质量应符合要求

注：工程质量控制资料应齐全完整，当部分资料缺失时，应委托有资质的检测单位按有关标准进行相应的实体检测或抽样试验。

2. 隐蔽工程质量验收

验收前，施工单位应对施工完成的隐蔽工程质量进行自检，对存在的问题自行整改处理，合格后填写隐蔽工程报审、报验表及检验批质量验收记录，并将相关隐蔽工程资料报送项目监理机构申请验收。

专业监理工程师对施工单位所报资料进行审查，并组织相关人员到现场进行实体检查、验收，同时宜留存检查、验收过程的照片、影像等资料。对验收不合格的隐蔽工程，专业监理工程师应要求施工单位进行整改，自检合格后予以复验；对验收合格的隐蔽工程，专业监理工程师应签认隐蔽工程报审、报验表及质量验收记录，准许进行下道工序施工。

钢筋隐蔽工程验收的主要内容包括纵向受力钢筋的品种、规格、数量和位置等；钢筋的连接方式、接头位置、接头数量、接头面积百分率等；箍筋、横向钢筋的品种、规格、数量、间距等；预埋件的规格、数量、位置等。

3. 单位工程质量验收

（1）预验收。总监理工程师应组织各专业监理工程师审查施工单位报送的相关竣工资料，并对工程质量进行竣工预验收。

竣工预验收合格后，由施工单位向建设单位提交工程竣工报告和完整的质量控制资料，申请建设单位组织工程竣工验收。

（2）验收。建设单位收到工程竣工报告后，应由建设单位项目负责人组织监理、施工、设计、勘察等单位项目负责人进行单位工程验收。

（三）工程施工质量验收时对不符合要求的处理

（1）经返工或返修的检验批，应重新进行验收。

（2）经有资质的检测机构检测鉴定能够达到设计要求的检验批，应予以验收。

（3）经有资质的检测机构检测鉴定达不到设计要求，但经原设计单位核算认可能够满足安全和使用功能的检验批，可予以验收。

（4）经返修或加固处理的分项、分部工程，满足安全及使用功能要求时，可按技术处理方案和协商文件的要求予以验收。

（5）经返修或加固处理仍不能满足安全或重要使用要求的分部工程及单位工程，严禁验收。

（6）工程质量控制资料应齐全完整，当部分资料缺失时，应委托有资质的检测机构按有关标准进行相应的实体检验或抽样试验。

知识点十八 工程质量试验检测方法

考题类型：

1. 挑错题。

2. 记忆类的题目。

（一）混凝土结构材料施工试验与检测

1. 钢筋、钢丝及钢绞线

钢材进厂时，应按国家现行标准的规定抽取试件作力学性能和重量偏差检验，检验结果应符合相应钢材试验标准的规定。检验内容：产品出厂合格证、出厂检验报告、进厂复验报告。

2. 混凝土材料

普通混凝土拌合物性能试验主要包括混凝土拌合物稠度和填充性的检验与评定、间隙通过性试验、凝结时间试验、均匀性试验、泌水试验、压力泌水试验、表观密度试验、含气量试验、抗离析性能试验、温度试验、绝热温升试验等。

普通混凝土的主要物理力学性能包括抗压强度，劈裂抗拉强度，抗折强度，疲劳强度，静力受压弹性模量、收缩、徐变等。

（二）钢结构工程材料的试验与检测

钢材材料检验符合下列要求：

（1）钢结构工程所用的材料应符合设计文件和国家现行有关标准的规定，应具有质量合格证明文件，并应经进场检验合格后使用。

（2）钢材订货合同应对材料牌号、规格尺寸、化学成分、力学性能、工艺性能、检验要求、尺寸偏差等有明确约定。定尺钢材应留有复验取样的余量；钢材的交货状态，按设计对钢材的性能要求与供货厂家商定。

（三）地基基础工程施工试验

1. 地基土的物理性质试验

其主要对地基土的含水率、密度、压实度及各种力学性能进行试验测定其物理性质。

2. 地基土承载力试验

地基土承载力试验用承压板现场试验确定地基土的承载力。

3. 桩基承载力试验

桩基承载力试验包括单桩静承载力试验和单桩动测试验。

（四）混凝土结构实体检测

1. 混凝土强度

混凝土结构或构件的抗压强度的检测，可采用回弹法、超声回弹综合法、钻芯法或后装拔出法等方法。

2. 混凝土结构或构件变形

混凝土结构或构件变形的检测可分为构件的挠度、结构的倾斜和基础不均匀沉降等项目。

3. 钢筋配置

钢筋配置的检测可分为钢筋位置、保护层厚度、直径、数量等项目。钢筋位置、保护层厚度和钢筋数量宜采用非破损的雷达法或电磁感应法进行检测，必要时可凿开混凝土验证钢筋直径或保护层厚度。

4. 现浇混凝土板厚度

现浇混凝土板厚度检测常用超声波对测法。

（五）钢结构实体检测

钢结构的连接质量与性能的检测可分为焊接连接、焊钉（栓钉）连接、螺栓连接、高强度螺栓连接等项目。

（六）砌体结构实体检测

1. 砌体结构的强度检测

砌体结构的强度检测可分为砌筑块材强度、砌筑砂浆强度、砌体强度等项目。各项目的检测方法操作应遵守相关检测技术标准。

2. 砌体结构的变形检测

砌体结构的变形可分为倾斜和基础不均匀沉降。

3. 砌体结构的构造连接

砌体结构的构造检测可分为砌筑构件的高厚比、梁垫、壁柱、预制构件的搁置长度、大型构件端部的锚固措施、圈梁、构造柱或芯柱、砌体局部尺寸及钢筋网片和拉结筋等项目。

知识点十九 工程质量统计分析方法与应用

考题类型：

1. 挑错题。

2. 记忆类的题目。

（一）排列图的绘制、分析与判断及其应用

排列图也称帕累托图或主次因素分析图，用于找出影响工程或产品质量的主要问题，帮助人们确定需要改进的关键项目。

排列图上有一个横坐标，两个纵坐标，一条折线和若干条形方块。横坐标上排着影响质量的各种因素，根据影响程度的大小，从左到右顺序排列。左边的一个纵坐标表示对应某种质量因素的不合格品的频数或件数等；右边的一个纵坐标表示某种质量因素造成不合格品的累计频率；一条折线称累计频率曲线，也称帕累托曲线。

排列图的应用：排列图可以形象、直观地反映主次因素，其主要应用有：

（1）按不合格点的内容分类，可以分析出造成质量问题的薄弱环节。

（2）按生产作业分类，可以找出生产不合格品最多的关键过程。

（3）按生产班组或单位分类，可以分析比较各单位技术水平和质量管理水平。

（4）将采取提高质量措施前后的排列图对比，可以分析措施是否有效。

（5）此外还可以用于成本费用分析、安全问题分析等。

【例3-1】 A施工企业承担某大学教学楼工程项目的装饰工程施工任务，教学楼工程为7层框架结构，外墙设计为陶瓷面砖。在进行一层外墙饰面砖质量检查中，检查6个项目中超出允许偏差的项目检查点数共50个，见表3-5。

一层外墙砖检验批检查不合格点数据表 表3-5

序号	检查项目	不合格点数	序号	检查项目	不合格点数
1	立面垂直度	5	4	接缝直线度	3
2	表面平整度	24	5	接缝高低差	1
3	阴阳角方正	16	6	接缝宽度	1

【问题】

1. 简述排列图的应用过程。

2. 为提高外墙饰面砖的施工质量，试依据检测数据进行分析，通过排列图法确定饰面砖施工质量的薄弱环节。

【参考答案】

1. 排列图法的应用过程：

（1）数据的收集、整理；

（2）绘制排列图；

（3）排列图的分析与结论。

2. 通过排列图法确定饰面砖施工质量的薄弱环节。

（1）根据所检查的质量数据进行数据整理（按频数从大到小的顺序重制表格），结果见表 3-6。

不合格点数项目频数统计表 表 3-6

序号	检查项目	频数	频率	累计频率
1	表面平整度	24	48%	48%
2	阴阳角方正	16	32%	80%
3	立面垂直度	5	10%	90%
4	接缝直线度	3	6%	96%
5	其他因素	2	4%	100%
合计		50	100%	—

（2）绘制排列图（图 3-1）。根据整理数据，绘制排列图。其中，频数和累计频率应根据数据一一对应。每个影响因素中的频数上部绘出直方形，并与频数大小一致。首先，在坐标轴上绘制好纵横坐标；然后，按项目内容的顺序依次绘制各自的矩形，其矩形底边均相等，高度表示对应项目的频数；最后，在各矩形的右边或右边的延长线上打点，各点的纵坐标值表示对应项目处的累计频率，并以原点为起点，依次连接上述各点，即得帕累托曲线。

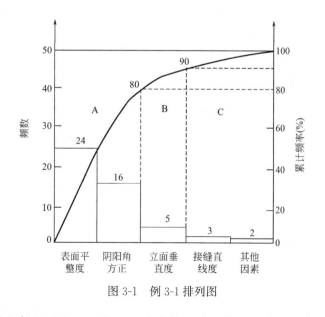

图 3-1 例 3-1 排列图

（3）排列图的分析与结论。从本工程外墙饰面砖的排列图中可以得出，在影响饰面砖的质量影响因素中，表面平整度、阴阳角方正、立面垂直度、接缝直线度、其他因素的频数分别为 24、16、5、3、2，其频率分别为 48%、32%、10%、6%、4%。

根据累计频率的 ABC 分类管理法可划分为 A、B、C 三个区。

A 区：累计频率 0～80%，主要因素（A 类因素）。

B 区：累计频率 80%～90%，次要因素（B 类因素）。

C 区：累计频率 90%～100%，一般因素（C 类因素）。

从排列图中可观察出以下结论：对于外墙饰面工程施工质量的控制中，表面平整度、阴阳角方正处于 A 区，为 A 类因素，即需要重点控制；立面垂直度处于 B 区，属于次要因素，应作为次重点管理；接缝直线度和其他因素处于 C 区，属于一般问题，可按照常规适当加强管理。

（二）因果分析图的绘制、分析与判断及其应用

1. 因果分析图法的概念

因果分析图也称鱼刺图，是用来表示因果关系的。它是针对某一质量问题，将对其有影响的因素加以分析和分类，并在同一图上用简明线将其关系表示出来。通过整理、归纳、分析和查找原因，将因果关系搞清楚，然后采取措施，解决质量问题（图 3-2）。

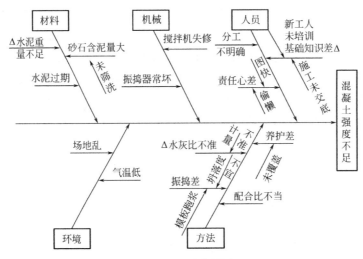

图 3-2　因果分析图

【例 3-2】　主体工程施工过程中，专业监理工程师发现已浇筑的钢筋混凝土工程出现质量问题，经分析，有以下原因：

（1）现场施工人员未经培训；

（2）浇筑顺序不当；

（3）振捣器性能不稳定；

（4）雨天进行钢筋焊接；

（5）施工现场狭窄；

（6）钢筋锈蚀严重。

【问题】　项目监理机构针对①～⑥项原因分别归入影响工程质量的五大要因（人员、机械、材料、方法、环境）之中，并绘制因果分析图（图 3-3）。

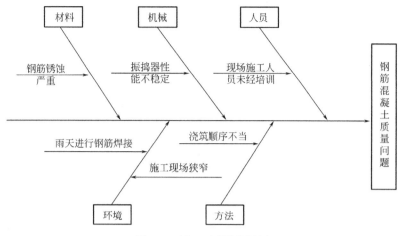

图 3-3　例 3-2 因果分析图

【参考答案】

（1）现场施工人员未经培训→人员；

（2）浇筑顺序不当→方法；

（3）振捣器性能不稳定→机械；

（4）雨天进行钢筋焊接→环境；

（5）施工现场狭窄→环境；

（6）钢筋锈蚀严重→材料。

2. 因果分析图的制作步骤

（1）确定待分析的质量问题，并将其列入因果分析图右侧方框内。

（2）确定影响质量特性大的原因，即确定图中"大枝"的内容。一般来说，多在人员、机械、材料、方法和环境五个方面寻找原因，即把它们作为"大枝"。

（3）确定中原因和小原因。针对其中的每一个要因，再分析具体中、小原因，并将其分别标在"中枝"和"小枝"上。

（4）检查图中的所列原因是否齐全，如有遗漏应进行补充。

（5）找出影响大的关键因素，并将其标出记号，作为质量改进的重点。

（三）直方图的概念、作用、观察与分析

1. 直方图的基本知识（表 3-7）

直方图的用途及绘制方法　　　　　　　　　　　　　　　表 3-7

（一）直方图的用途	直方图法即频数分布直方图法，它是将收集到的质量数据进行分组整理，绘制成频数分布直方图，用以描述质量分布状态的一种分析方法，所以又称质量分布图法	
（二）直方图的绘制方法	1. 收集整理数据	用随机抽样的方法抽取数据，一般要求数据在 50 个以上
	2. 计算极差 R	极差 R 是数据中最大值和最小值之差
	3. 对数据分组	包括确定组数、组距和组限
	4. 编制数据频数统计表	统计各组频数，频数总和应等于全部数据个数

续表

（二）直方图的绘制方法	5.绘制频数分布直方图。在频数分布直方图中，横坐标表示质量特性值，本例中为混凝土强度，并标出各组的组限值	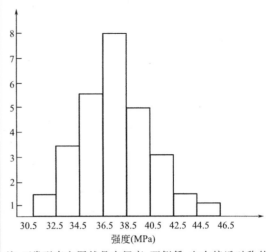注:正常型直方图就是中间高，两侧低，左右接近对称的图形

2. 直方图的观察与分析（表3-8）

直方图的观察与分析　　　　　　　　　　　　　　　表3-8

（1）观察直方图的形状、判断质量分布状态	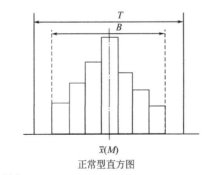正常型直方图 图中: T—表示质量标准要求界限; B—表示实际质量特性分布范围	绘制直方图后，除了观察直方图形状，分析质量分布状态外，再将正常型直方图与质量标准比较，从而判断实际生产过程能力。如左图所示的实际质量分析与标准比较
（2）非正常型直方图	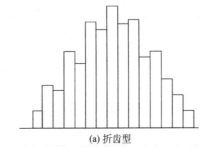(a)折齿型	该型直方图是由于分组组数不当或者组距确定不当出现的直方图

续表

（2）非正常型直方图	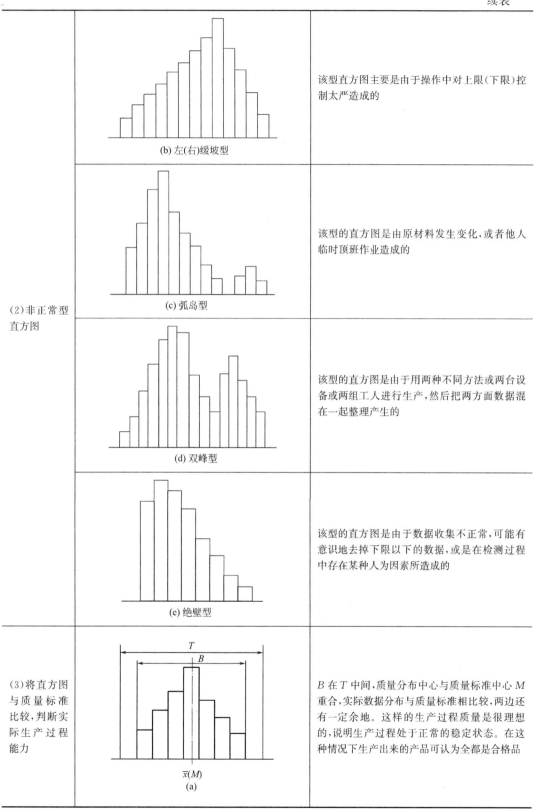 (b) 左(右)缓坡型	该型直方图主要是由于操作中对上限（下限）控制太严造成的
	(c) 弧岛型	该型的直方图是由原材料发生变化，或者他人临时顶班作业造成的
	(d) 双峰型	该型的直方图是由于用两种不同方法或两台设备或两组工人进行生产，然后把两方面数据混在一起整理产生的
	(e) 绝壁型	该型的直方图是由于数据收集不正常，可能有意识地去掉下限以下的数据，或是在检测过程中存在某种人为因素所造成的
（3）将直方图与质量标准比较，判断实际生产过程能力	(a)	B 在 T 中间，质量分布中心与质量标准中心 M 重合，实际数据分布与质量标准相比较，两边还有一定余地。这样的生产过程质量是很理想的，说明生产过程处于正常的稳定状态。在这种情况下生产出来的产品可认为全都是合格品

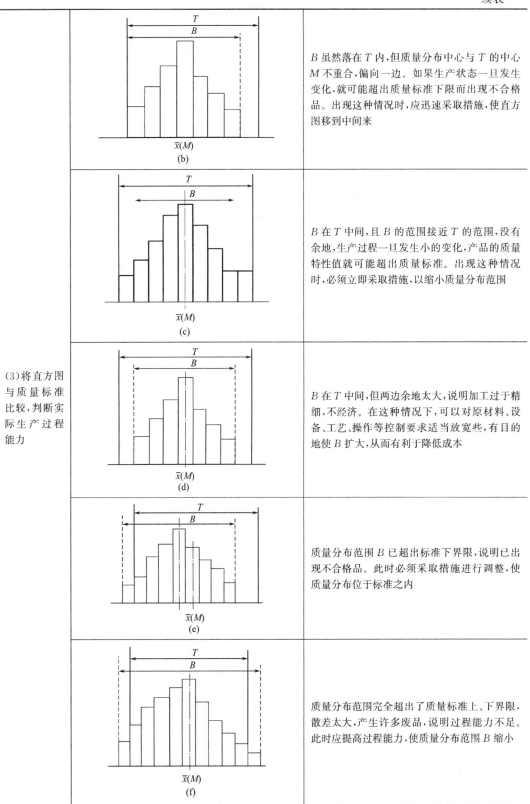

	（b）	B 虽然落在 T 内，但质量分布中心与 T 的中心 M 不重合，偏向一边。如果生产状态一旦发生变化，就可能超出质量标准下限而出现不合格品。出现这种情况时，应迅速采取措施，使直方图移到中间来
	（c）	B 在 T 中间，且 B 的范围接近 T 的范围，没有余地，生产过程一旦发生小的变化，产品的质量特性值就可能超出质量标准。出现这种情况时，必须立即采取措施，以缩小质量分布范围
（3）将直方图与质量标准比较，判断实际生产过程能力	（d）	B 在 T 中间，但两边余地太大，说明加工过于精细，不经济。在这种情况下，可以对原材料、设备、工艺、操作等控制要求适当放宽些，有目的地使 B 扩大，从而有利于降低成本
	（e）	质量分布范围 B 已超出标准下界限，说明已出现不合格品。此时必须采取措施进行调整，使质量分布位于标准之内
	（f）	质量分布范围完全超出了质量标准上、下界限，散差太大，产生许多废品，说明过程能力不足。此时应提高过程能力，使质量分布范围 B 缩小

【例3-3】 某一大型基础设施项目，由某基础工程公司承包护坡桩工程。护坡桩工程开工前，总监理工程师批准了基础工程公司上报的施工组织设计。开工后，在第一次工地会议上，总监理工程师特别强调了质量控制的主要手段。护坡桩的混凝土设计强度为C30。在混凝土护坡桩开始浇筑后，基础工程公司按规定预留了40组混凝土试块，根据其抗压强度试验结果绘制出频数分布表（表3-9）和频数直方图。

例3-3的频数分布表 表3-9

组号	分组区间	频数	频率
1	25.15～26.95	2	0.05
2	26.95～28.75	4	0.10
3	28.75～30.55	8	0.20
4	30.55～32.35	11	0.275
5	32.35～34.15	7	0.175
6	34.15～35.95	5	0.125
7	35.95～37.75	3	0.075

【问题】 如已知C30混凝土强度质量控制范围取值：上限 T_U=38.2MPa，下限 T_L=24.8MPa，请在直方图上绘出上限、下限，并对混凝土浇筑质量给予全面评价。

【参考答案】

上限、下限的图线如图3-4所示（或在横坐标线上标出上限、下限的坐标点）。

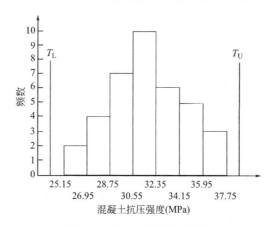

图3-4 例3-3的频数直方图

直方图的制作步骤如下：

（1）确定分析研究或控制的工序。

（2）收集工序，计算级差。

（3）适当分组，计算组距和组限及组数。

（4）统计各组数据频数和频率。

（5）绘制直方图。

直方图基本（大致）呈正态分布。

数据分布在控制范围内，两侧略有余地，生产过程正常，质量基本稳定。

（四）控制图的基本形式、用途、观察与分析

1. 控制图的基本形式及用途

控制图又称管理图。它是在直角坐标系内画有控制界限，描述生产过程中产品质量波动状态的图形。利用控制图区分质量波动原因，判明生产过程是否处于稳定状态的方法称为控制图法。

控制图的基本形式如图 3-5 所示。横坐标为样本（子样）序号或抽样时间，纵坐标为被控制对象，即被控制的质量特性值。控制图上一般有三条线：在上面的一条虚线称为上控制界限；在下面的一条虚线称为下控制界限；中间的一条实线称为中心线。中心线标志着质量特性值分布的中心位置，上、下控制界限标志着质量特性值允许的波动范围。

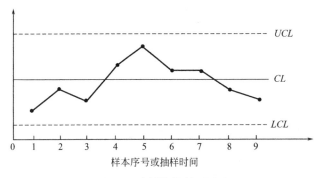

图 3-5　绘制的控制图图示

在生产过程中，通过抽样取得数据，把样本统计量描在图上来分析判断生产过程状态。如果点子随机地落在上、下控制界限内，则表明生产过程正常且处于稳定状态，不会产生不合格品；如果点子超出控制界限，或点子排列有缺陷，则表明生产条件发生了异常变化，生产过程处于失控状态。

前述排列图、直方图是质量控制的静态分析法，反映的是质量在某一段时间里的静止状态；而控制图就是典型的动态分析法。

2. 控制图的观察与分析

绘制控制图的目的是分析判断生产过程是否处于稳定状态。这主要是通过对控制图上点子的分布情况的观察与分析。因为控制图上点子作为随机抽样的样本，可以反映出生产过程（总体）的质量分布状态。

当控制图同时满足以下两个条件：一是点子几乎全部落在控制界限之内；二是控制界限内的点子排列没有缺陷。我们就可以认为生产过程基本上处于稳定状态。如果点子的分布不满足其中任何一条，都应判断生产过程为异常。

（1）点子几乎全部落在控制界线内，是指应符合下述三个要求：

① 连续 25 点以上处于控制界限内；

② 连续 35 点中仅有一点超出控制界限；

③ 连续 100 点中不多于两点超出控制界限。

（2）点子排列没有缺陷，是指点子的排列是随机的，而没有出现异常现象。这里的异常现象是指点子排列出现了"链""多次同侧""趋势或倾向""周期性变动""接近控制界

限"等情况。

① 链是指点子连续出现在中心线一侧的现象。若出现五点链，则应注意生产过程发展状况；若出现六点链，则应开始调查原因；若出现七点链，则应判定工序异常，需采取处理措施，如图 3-6（a）所示。

② 多次同侧是指点子在中心线一侧多次出现的现象，或称偏离。下列情况说明生产过程已出现异常：在连续 11 点中有 10 点在同侧，如图 3-6（b）所示；在连续 14 点中有 12 点在同侧；在连续 17 点中有 14 点在同侧。在连续 20 点中有 16 点在同侧。

③ 趋势或倾向是指点子连续上升或连续下降的现象。连续 7 点或 7 点以上上升或下降排列，就应判定生产过程有异常因素影响，要立即采取措施，如图 3-6（c）所示。

④ 周期性变动即点子的排列显示周期性变化的现象。这样即使所有点子都在控制界限内，也应认为生产过程为异常，如图 3-6（d）所示。

⑤ 接近控制界限是指点子落在 $\mu \pm 2\sigma$ 以外和 $\mu \pm 3\sigma$ 以内。如属下列情况的，判定为异常：连续 3 点至少有 2 点接近控制界限；连续 7 点至少有 3 点接近控制界限；连续 10 点至少有 4 点接近控制界限，如图 3-6（e）所示。

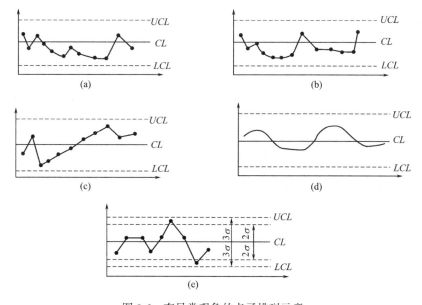

图 3-6　有异常现象的点子排列示意

以上是分析用控制图判断生产过程是否正常的准则。如果生产过程处于稳定状态，就把分析用控制图转为管理用控制图。分析用控制图是静态的，而管理用控制图是动态的。随着生产过程的进展，通过抽样取得质量数据把点描在图上，随时观察点子的变化，一是点子落在控制界限外或界限上，即判断生产过程异常，点子即使在控制界限内，也应随时观察其有无缺陷，以对生产过程正常与否作出判断。

3. 控制图

控制图是用样本数据来分析判断生产过程是否处于稳定状态的有效工具。它的用途主要有两个：

（1）过程分析，即分析生产过程是否稳定。为此，应随机连续收集数据，绘制控制图，观察数据点分布情况并判定生产过程状态。

（2）过程控制，即控制生产过程质量状态。为此，要定时抽样取得数据，将其变为质量点描在图上，发现并及时消除生产过程中的失调现象，预防不合格品的产生。

（五）抽样检验方法

如表 3-10 所示。

抽样检验方法

表 3-10

方法	概念	适用
简单随机 （纯随机、完全随机）	直接从包含 N 个抽样单元的总体中按不放回抽样制 n 个单元，使包含 n 个个体的所有可能的组合被抽出的概率都相等的方法	用于原材料、构配件的进货检验；分项、分部工程、单位工程完工后检验
系统随机 （机械随机）	将总体中的抽样单元按某种次序排列，在规定的范围内随机抽取一个或一组初始单元，然后按照一套规则确定其他样本单元	第一个样本随机抽取，然后每隔一定时间或空间抽取一个样本（等距）
分层随机 （特例：分层按比例抽样）	将总体分割成互不重叠的子总体（层），每层中独立的按给定的样本量进行简单随机抽样	样品在总体中分布均匀，更具代表性，适用于总体比较复杂的情况（了解）
多阶段抽样	多级抽样	总体大，很难一次抽样完成预定的目标； 多次随机抽样

注：系统随机抽样是将总体中的抽样单元按某种次序排列，在规定的范围内随机抽取一个或一组初始单元，然后按一套规则确定其他样本单元的抽样方法。如第一个样本随机抽取，然后每隔一定时间或空间抽取一个样本。因此，系统随机抽样又称为机械随机抽样。

设批量为 N，从中抽取 n 个，将 N 个产品编上号码 $1 \sim N$。用记号 $[N/n]$ 表示 N/n 的整数部分。例如，$N=100$，$n=8$，则 $[100/8]=12$。以 $[N/n]$ 为抽样间隔，依照简单随机抽样法在 1 至 $[N/n]$ 之间随机选取一个整数作为样本中第一个单位产品的号码，然后以此号码为基础，每隔 $[N/n]-1$ 个产品抽一个号码。按照这种规则抽取号码，可能抽 n 个，也可能抽 $(n+1)$ 个。后一种情况出现时，可从中任意去掉一个，以得到所需的样本个数。这种抽样方法，称为系统随机抽样。所得到的样本称为系统样本。

在上面的例子中，$[N/n]=12$，如果先抽第 1 号样品，则依次抽取的样品号码为：1、13、25、37、49、61、73、85、97。由于 $n=8$，因此，可从这 9 个号码中任意去掉一个。类似地，如果先抽第 12 号样品，则依次抽取的样品号码为：12、24、36、48、60、72、84、96。

第四章　建设工程投资控制

知识点二十 建筑安装工程费用项目的组成和计算

考题类型：

1. 挑错题：主要是费用内容挑错。

2. 分析计算：为后续的合同价款和结算计算储备知识。

（一）建筑安装工程费用项目的组成

1. 按费用构成要素划分的建筑安装工程费用项目的组成

按照费用构成要素划分，建筑安装工程费由人工费、材料费（包含工程设备）、施工机具使用费、企业管理费、利润、规费和税金组成。其中，人工费、材料费、施工机具使用费、企业管理费和利润包含在分部分项工程费、措施项目费和其他项目费中（图 4-1）。

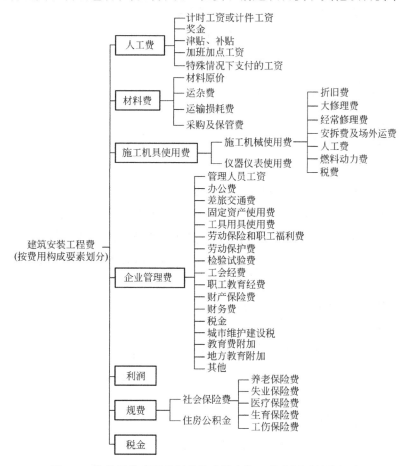

图 4-1　按费用构成要素划分的建筑安装工程费用项目的组成

73

（1）人工费。人工费包括计时工资或计件工资，奖金，津贴、补贴，加班加点工资和特殊情况下支付的工资。

（2）材料费。材料费包括材料原价、运杂费、运输损耗费和采购及保管费。

工程设备是指构成或计划构成永久工程一部分的机电设备、金属结构设备、仪器装置及其他类似的设备和装置。

（3）施工机具使用费。施工机具使用费包括：施工机械使用费（由折旧费、大修理费、经常修理费、安拆费及场外运费、人工费、燃料动力费和税费组成）与仪器仪表使用费。

（4）企业管理费。企业管理费包括管理人员工资、办公费、差旅交通费、固定资产使用费、工具用具使用费、劳动保险和职工福利费、劳动保护费、检验试验费、工会经费、职工教育经费、财产保险费、财务费、税金、城市维护建设税、教育费附加、地方教育附加等。

（5）利润。利润是指施工企业完成所承包工程获得的盈利。

（6）规费。规费包括社会保险费（由养老保险费、失业保险费、医疗保险费、生育保险费和工伤保险费组成）和住房公积金。

（7）税金。建筑安装工程费用的税金是指国家税法规定应计入建筑安装工程造价内的增值税销项税额。

2. 按造价形成划分的建筑安装工程费用项目的组成

建筑安装工程费按照工程造价形成由分部分项工程费、措施项目费、其他项目费、规费和税金组成。其中，分部分项工程费、措施项目费、其他项目费包含人工费、材料费、施工机具使用费、企业管理费和利润（图4-2）。

（二）建筑安装工程费用的计算方法

1. 各费用构成要素的计算方法

（1）人工费的计算方法：

$$公式1：人工费 = \sum （工日消耗量 \times 日工资单价）$$

该计算方法主要适用于施工企业投标报价时自主确定人工费的计算，也是工程造价管理机构编制计价定额确定定额人工单价或发布人工成本信息的参考依据。

$$公式2：人工费 = \sum （工程工日消耗量 \times 日工资单价）$$

该计算方法适用于工程造价管理机构编制计价定额时确定定额人工费的计算，是施工企业投标报价的参考依据。

（2）材料费和工程设备费的计算方法：

① 材料费的计算方法：

$$材料费 = \sum （材料消耗量 \times 材料单价）$$

其中，材料单价 = {（材料原价 + 运杂费） × [1 + 运输损耗率（%）]} × [1 + 采购保管费费率（%）]

② 工程设备费的计算方法：

$$工程设备费 = \sum （工程设备量 \times 工程设备单价）$$

其中，工程设备单价 =（设备原价 + 运杂费） × [1 + 采购保管费费率（%）]

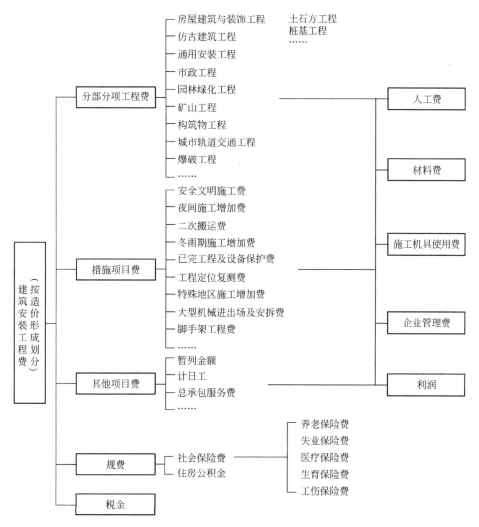

图 4-2　按造价形成划分的建筑安装工程费用项目组成

（3）施工机具使用费和仪器仪表使用费：

① 施工机械使用费的计算方法：

$$施工机械使用费 = \sum（施工机械台班消耗量 \times 机械台班单价）$$

其中，机械台班单价＝台班折旧费＋台班大修费＋台班经常修理费＋台班安拆费及场外运费＋台班人工费＋台班燃料动力费＋台班车船税费

$$租赁施工机械使用费 = \sum（施工机械台班消耗量 \times 机械台班租赁单价）$$

② 仪器仪表使用费的计算方法：

$$仪器仪表使用费 = 工程使用的仪器仪表摊销费 + 维修费$$

（4）企业管理费的计算方法：

以分部分项工程费（人工费和机械费合计）或人工费为计算基础，乘以企业管理费费率。

施工企业投标报价时自主确定管理费费率；工程造价管理机构在确定计价定额中企业

管理费时，应以定额人工费或定额人工费＋定额机械费作为计算基数，其费率根据历年工程造价积累的资料，辅以调查数据确定，列入分部分项工程和措施项目中。

（5）利润的计算方法：

① 施工企业根据企业自身需求并结合建筑市场实际自主确定，列入报价中。

② 工程造价管理机构在确定计价定额利润时，应以定额人工费或定额人工费与定额机械费之和作为计算基数，其费率根据历年工程造价积累的资料，并结合建筑市场实际确定。

（6）规费的计算方法：

规费包括社会保险费和住房公积金。

（7）税金的计算方法：

建筑安装工程费用的税金是指依据国家税法规定应计入建筑安装工程造价的增值税销项税额。

增值税的计税方法，包括一般计税方法和简易计税方法。一般纳税人发生应税行为适用一般计税方法计税。小规模纳税人发生应税行为适用简易计税方法计税。

① 一般计税方法：当采用一般计税方法时，建筑业增值税税率为 9%。计算公式为：

$$增值税销项税额＝税前造价×9\%$$

税前造价为人工费＋材料费＋施工机具使用费＋企业管理费＋利润＋规费之和，各费用项目均不包含增值税可抵扣进项税额的价格计算。

② 简易计税方法：简易计税方法的应纳税额，是指按照销售额和增值税征收率计算的增值税额，不得抵扣进项税额。

当采用简易计税方法时，建筑业增值税征收率为 3%。计算公式为：

$$增值税＝税前造价×3\%$$

税前造价为人工费＋材料费＋施工机具使用费＋企业管理费＋利润＋规费之和，各费用项目均以包含增值税进项税额的含税价格计算。

2. 建筑安装工程计价

（1）分部分项工程费：

$$分部分项工程费＝\sum（分部分项工程量×综合单价）$$

其中，综合单价包括人工费、材料费、施工机具使用费、企业管理费和利润以及一定范围的风险费用。

（2）措施项目费：

① 国家计量规范规定应予计量的措施项目。其中，措施项目费＝∑（措施项目工程量×综合单价）。

② 国家计量规范规定不宜计量的措施项目。

a. 安全文明施工费＝计算基数×安全文明施工费费率（%）

计算基数应为定额基价或定额人工费或（定额人工费＋定额机械费）。

b. 夜间施工增加费＝计算基数×夜间施工增加费费率（%）

c. 二次搬运费＝计算基数×二次搬运费费率（%）

d. 冬雨期施工增加费＝计算基数×冬雨期施工增加费费率（%）

e. 已完工程及设备保护费＝计算基数×已完工程及设备保护费费率（%）

上述 b～e 项措施项目的计费基数应为定额人工费或定额人工费＋定额机械费，a～e 的费率由工程造价管理机构确定并发布。

（3）其他项目费：

① 暂列金额由建设单位根据工程特点，按有关计价规定估算，施工过程中由建设单位掌握使用。

② 计日工由建设单位和施工企业按施工过程中的签证计价。

③ 总承包服务费由建设单位在招标控制价中根据总包服务范围和有关计价规定编制，施工企业投标时自主报价。

（4）规费和税金。建设单位和施工企业均应按照省、自治区、直辖市或行业建设主管部门发布的标准计算规费和税金，不得作为竞争性费用。

（三）建筑安装工程计价程序

（1）建设单位工程招标控制价计价程序（表 4-1）。

建设单位工程招标控制价计价程序 表 4-1

工程名称：　　　　　　　　　　标段：

序号	内容	计算方法	金额(元)
1	分部分项工程费	按计价规定计算	
1.1			
1.2			
1.3			
2	措施项目费	按计价规定计算	
2.1	其中:安全文明施工费	按规定标准计算	
3	其他项目费		
3.1	其中:暂列金额	按计价规定估算	
3.2	专业工程暂估价	按计价规定估算	
3.3	计日工	按计价规定估算	
3.4	总承包服务费	按计价规定估算	
4	规费	按规定标准计算	
5	税金(扣除不列入计税范围的工程设备金额)	(1+2+3+4)×规定税率	
招标控制价合计＝1+2+3+4+5			

（2）施工企业工程投标报价计价程序与（1）的相同，在费用计算方法中的不同做法见表 4-2。

施工企业工程投标报价计价程序 表 4-2

工程名称：　　　　　　　　　　标段：

序号	内容	计算方法	金额(元)
1	分部分项工程费	自主报价	

续表

序号	内容	计算方法	金额(元)
1.1			
1.2			
1.3			
2	措施项目费	自主报价	
2.1	其中:安全文明施工费	按规定标准计算	
3	其他项目费		
3.1	其中:暂列金额	按招标文件提供金额计列	
3.2	专业工程暂估价	按招标文件提供金额计列	
3.3	计日工	自主报价	
3.4	总承包服务费	自主报价	
4	规费	按规定标准计算	
5	税金(扣除不列入计税范围的工程设备金额)	(1+2+3+4)×规定税率	
投标报价合计=1+2+3+4+5			

（3）竣工结算计价程序与（1）的程序相同。其中，分部分项工程费按合同约定计算；除安全文明施工费按规定标准计算外，其他措施项目费按合同约定计算；其他项目费中，专业工程结算价按合同约定计算，计日工费按计日工签证计算，总承包服务费按合同约定计算，索赔与现场签证按承（发）包双方确认数额计算。

（四）补充：基于造价形成的索赔取费表（表4-3）

基于造价形成的索赔取费表　　　　　　　　　　　　　　　　　　表4-3

费用名称	管理费	利润	规费	税金	注意
增加:人工费、材料费、机械费/工料单价	取	取	取	取	注意管理费、利润基数; 窝工不取利润,管理费看约定
增加:综合单价	不取	不取	不取	取	包含管理费、利润
增加:全费用单价	不取	不取	不取	不取	包含管理费、利润、规费、税金
窝工:人工费、机械费	特殊	不取	取	取	一般不取管理费,除非考题要求取
分项工程费、措施费、其他项目费	不取	不取	取	取	按照合同约定取规费、税金
计日工综合单价/计日工费	不取	不取	取	取	包含管理费、利润
附带取措施费	不取	不取	取	取	按照合同约定,增加分项工程费、实体工程费要取措施费

知识点二十一 **合同价款的确定和调整**

考题类型：

分析计算。

（一）合同价款应当调整的事项及调整程序

1. 合同价款应当调整的事项

承（发）包双方应当按照合同约定调整合同价款的事项主要包括：①法律法规变化；②工程变更；③项目特征不符；④工程量清单缺项；⑤工程量偏差；⑥计日工；⑦物价变化；⑧暂估价；⑨不可抗力；⑩提前竣工（赶工补偿）；⑪误期赔偿；⑫索赔；⑬现场签证；⑭暂列金额；⑮承（发）包双方约定的其他调整事项。

2. 合同价款调整的程序

合同价款调整应按照以下程序进行：

出现合同价款调增事项后的 14 天内，承包人向发包人提交合同价款调增报告并附上相关资料；承包人在 14 天内未提交合同价款调增报告的，视为承包人对该事项不存在调整价款请求。

出现合同价款调减事项后的 14 天内，发包人向承包人提交合同价款调减报告并附相关资料；发包人在 14 天内未提交合同价款调减报告的，视为发包人对该事项不存在调整价款请求。

发（承）包人应在收到承（发）包人合同价款调增（减）报告及相关资料之日起 14 天内对其核实，予以确认的应书面通知承（发）包人。当有疑问时，应向承（发）包人提出协商意见。发（承）包人在收到合同价款调增（减）报告之日起 14 天内未确认也未提出协商意见的，视为承（发）包人提交的合同价款调增（减）报告已被发（承）包人认可。发（承）包人提出协商意见的，承（发）包人应在收到协商意见后的 14 天内对其核实，予以确认的应书面通知发（承）包人。承（发）包人在收到发（承）包人的协商意见后 14 天内既不确认也未提出不同意见的，视为发（承）包人提出的意见已被承（发）包人认可。

如果发包人与承包人对合同价款调整的意见不能达成一致的，只要对承发包双方履约不产生实质影响，双方应继续履行合同义务，直到其按照合同约定的争议解决方式得到处理。

（二）法律法规变化引起的合同价格调整

招标工程以投标截止日前 28 天，非招标工程以合同签订前 28 天为基准日，其后因国家的法律、法规、规章和政策发生变化引起工程造价增减变化的，发承包双方应当按照省级或行业建设主管部门或其授权的工程造价管理机构据此发布的规定调整合同价款。

因承包人原因导致工期延误的，按上述规定的调整时间，在合同工程原定竣工时间之后，合同价款调增的不予调整，合同价款调减的予以调整。

如果承（发）包双方在商议有关合同价格和工期调整时无法达成一致时，可以在合同中约定由总监理工程师承担商定与确定的组织和实施责任。

（三）项目特征不符引起的合同价格调整

（1）发包人在招标工程量清单中对项目特征的描述，应被认为是准确的和全面的，并且与实际施工要求相符合。

（2）承包人应按照发包人提供的设计图纸实施工程合同，若在合同履行期间出现设计图纸与招标工程量清单任一项目的特征描述不符，且该变化引起项目的工程造价增减变化，应按照实际施工的项目特征，按规范中工程变更相关条款的规定重新确定相应工程量清单项目的综合单价，并调整合同价款。

（四）工程量清单缺项引起的合同价格调整

合同履行期间，由于招标工程量清单中缺项，新增分部分项工程量清单项目的，应按照规范中工程变更相关条款确定单价，并调整合同价款。

新增分部分项工程量清单项目后，引起措施项目发生变化的，应按照规范中工程变更相关规定，在承包人提交的实施方案被发包人批准后调整合同价款。

由于招标工程量清单中措施项目缺项，承包人应将新增措施项目实施方案提交发包人批准后，按照规范相关规定调整合同价款。

（五）工程量偏差引起的合同价格调整

合同履行期间，当应予计算的实际工程量与招标工程量清单出现偏差，且符合下述两条规定的，应调整合同价款。

对于任一招标工程量清单项目，如果因工程量偏差和工程变更等原因导致工程量偏差超过15％时，可进行调整。当工程量增加15％以上时，增加部分的工程量的综合单价应予调低；当工程量减少15％以上时，减少后剩余部分的工程量的综合单价应予调高。

如果工程量出现超过15％的变化，且该变化引起相关措施项目相应发生变化时，按系数或单一总价方式计价的，工程量增加的措施项目费调增，工程量减少的措施项目费调减。

上述规定中，工程量偏差超过15％时的调整方法可参照如下公式：

（1）当 $Q_1 > 1.15 Q_0$ 时：

$$S = 1.15 Q_0 \times P_0 + (Q_1 - 1.15 Q_0) \times P_1$$

（2）当 $Q_1 < 0.85 Q_0$ 时：

$$S = Q_1 \times P_1$$

式中，S——调整后的某一分部分项工程费结算价；

$\quad\quad Q_1$——最终完成的工程量；

$\quad\quad Q_0$——招标工程量清单列出的工程量；

$\quad\quad P_1$——按照最终完成工程量重新调整后的综合单价；

$\quad\quad P_0$——承包人在工程量清单中填报的综合单价。

另外，因工程变更引起已标价工程量清单项目或其工程数量发生变化时，也应按照下列规定调整：

（1）已标价工程量清单中有适用于变更工程项目的，应采用该项目的单价；但当工程变更导致该清单项目的工程数量发生变化且增加15％以上时，增加部分的工程量的综合单价应予调低；当工程量减少15％以上时，减少后剩余部分的工程量的综合单价应予调高。

（2）已标价工程量清单中没有适用，但有类似于变更工程项目的，可在合理范围内参照类似项目的单价。

（3）已标价工程量清单中没有适用也没有类似于变更工程项目的，应由承包人根据变更工程资料、计量规则和计价办法、工程造价管理机构发布的信息价格和承包人报价浮动率提出变更工程项目的单价，并应报发包人确认后调整。承包人报价浮动率可按下列公式计算：

① 招标工程：

$$承包人报价浮动率 L = (1 - 中标价/招标控制价) \times 100\%$$

② 非招标工程：

$$承包人报价浮动率 L = (1 - 报价/施工图预算) \times 100\%$$

（4）已标价工程量清单中没有适用也没有类似于变更工程项目，且工程造价管理机构发布的信息价格缺价的，应由承包人根据变更工程资料、计量规则、计价办法和通过市场调查等取得有合法依据的市场价格提出变更工程项目的单价，报发包人确认后调整。

【注意】P_1 单价由承发包协商确定，协商不成时，如果工程量偏差项目出现承包人在工程量清单中填报的综合单价与发包人招标控制价相应清单项目的综合单价偏差超过 15%，则工程量偏差项目的综合单价可由发承包双方按照下列规定调整：

① 当 $P_0 < P_1 \times (1-L)(1-15\%)$ 时，该类项目的综合单价按照 $P_1 \times (1-L)(1-15\%)$ 调整。

② 当 $P_0 > P_1 \times (1+15\%)$ 时，该类项目的综合单价按照 $P_1 \times (1+15\%)$ 调整。

③ 当 $P_0 > P_1 \times (1-L)(1-15\%)$ 或 $P_0 < P_1 \times (1+15\%)$ 时，可不调整。

【例 4-1】　某工程招标控制价为 8413949 元，中标价为 7972282 元，施工中增设卷材防水，原清单无此项目。造价站信息卷材单价为 18 元/m^2；定额人工费为 3.78 元/m^2；除卷材外，其他材料费为 0.65 元/m^2；管理费和利润为 1.13 元/m^2。

【问题】　承包人报价浮动率是多少？该项目综合单价应为多少？

【参考答案】　报价浮动率 $= (1 - 7972282/8413949) \times 100\% = (1 - 0.9475) \times 100\% \approx 5.25\%$；

综合单价 $= (3.78 + 18 + 0.65 + 1.13) \times (1 - 5.25\%) \approx 22.32$（元）。

【例 4-2】　（1）某工程项目招标控制价的综合单价为 350 元，投标报价的综合单价为 287 元，该工程投标报价下浮率为 6%。

【问题】　综合单价是否调整？

【参考答案】　$287 \div 350 = 82\%$，偏差为 18%；

按式：$350 \times (1 - 6\%) \times (1 - 15\%) = 279.65$（元）。由于 287 元大于 279.65 元，所以该项目变更后的综合单价可不予调整。

（2）某工程项目招标控制价的综合单价为 350 元，投标报价的综合单价为 406 元。

【问题】　工程变更后的综合单价如何调整？

【参考答案】　$406 \div 350 = 1.16$，偏差为 16%；

按式：$350 \times (1 + 15\%) = 402.50$（元）。

由于 406 元大于 402.50 元，该项目变更后的综合单价应调整为 402.50 元。

（3）某工程项目招标工程量清单数量为 1520m^3，施工中由于设计变更调整为 1824m^3，增加 20%，该项目招标控制综合单价为 350 元，投标报价为 406 元。

【问题】　应如何调整？

【参考答案】　根据（2），综合单价 P_1 应调整为 402.50 元；按公式：$S = 1.15 \times 1520 \times 406 + (1824 - 1.15 \times 1520) \times 402.50 = 709688 + 76 \times 402.50 = 740278$（元）。

（4）某工程项目招标工程量清单数量为 1520m^3，施工中由于设计变更调整为 1216m^3，减少 20%，该项招标控制综合单价为 350 元，投标报价为 287 元。

【问题】　应如何调整？

【参考答案】　根据（1），综合单价 P_1 可不调整；

按公式：$S = 1216 \times 287 = 348992$（元）。

（六）计日工数量变化引起的合同价格调整

采用计日工计价的任何一项变更工作，在该项变更的实施过程中，承包人应按合同约定提交报表和有关凭证送复核。

任一计日工项目持续进行时，承包人应在该项工作实施结束后的 24 小时内向发包人提交有计日工记录汇总的现场签证报告一式三份。发包人在收到承包人提交现场签证报告后的两天内予以确认并将其中一份返还给承包人，作为计日工计价和支付的依据。发包人逾期未确认也未提出修改意见的，应视为承包人提交的现场签证报告已被发包人认可。

（七）市场价格波动引起的调整

1. 确定合同履行期应予调整的价格规定

合同履行期间，因人工、材料、工程设备、机械台班价格波动影响合同价款时，应根据合同约定的方法（如价格指数调整法或造价信息差额调整法）计算调整合同价款。由承包人采购材料和工程设备的，应在合同中约定主要材料、工程设备价格变化的范围或幅度，如没有约定，则材料、工程设备单价变化超过 5%，超过部分的价格应按照价格指数调整法或造价信息差额调整法计算调整材料费和工程设备费。

发生合同工程工期延误的，确定合同履行期应予调整的价格应按照下列规定：

（1）若因非承包人原因导致工期延误的，则计划进度日期后续工程的价格，应采用计划进度日期与实际进度日期两者的较高者。

（2）若因承包人原因导致工期延误的，则计划进度日期后续工程的价格，采用计划进度日期与实际进度日期两者的较低者。

（3）施工机械台班单价或施工机械使用费发生变化超过省级或行业建设主管部门或其授权的工程造价管理机构规定的范围时，按其规定调整合同价款。

2. 因市场价格波动引起的合同价款调整方法

因市场价格波动引起的合同价款调整方法有价格指数调整法和造价信息差额调整法。对此，《建设工程工程量清单计价规范》GB 50500—2013 中有如下规定：

（1）采用价格指数进行价格调整。

① 价格调整公式。因人工、材料和工程设备等价格波动影响合同价格时，应根据投标函附录中的价格指数和权重表约定的数据，按以下公式计算差额并调整合同价款：

$$\Delta P = P_0 \left[A + \left(B_1 \times \frac{F_{t1}}{F_{01}} + B_2 \times \frac{F_{t2}}{F_{02}} + B_3 \frac{F_{t3}}{F_{03}} + \cdots + B_n \times \frac{F_{tn}}{F_{0n}} \right) - 1 \right]$$

② 暂时确定调整差额。在计算调整差额时得不到现行价格指数的，可暂用上一次价格指数计算，并在以后的付款中再按实际价格指数进行调整。

③ 权重的调整。约定的变更导致原定合同中的权重不合理时，由承包人和发包人协商后进行调整。

④ 因承包人原因造成工期延误后的价格调整。由于承包人原因未在约定的工期内竣工的，则对原约定竣工日期后继续施工的工程，在使用价格调整公式时，应采用原约定竣工日期与实际竣工日期的两个价格指数中较低的一个作为现行价格指数。

（2）采用造价信息进行价格调整。合同履行期间，因人工、材料、工程设备和机械台班价格波动影响合同价格时，人工费和机械使用费按照国家或省、自治区、直辖市建设行政管理部门、行业建设管理部门或其授权的工程造价管理机构发布的人工费、机械使用费系数进行调整；需要进行价格调整的材料，其单价和采购数量应由发包人审批，发包人确认需调整的材料单价及数量，作为调整合同价格的依据。

（八）暂估价变化引起的合同价格调整

发包人在招标工程量清单中给定暂估价的材料、工程设备属于依法必须招标的，由发、承包双方以招标的方式选择供应商，确定价格，并以此为依据取代暂估价，调整合同价款。发包人在招标工程量清单中给定暂估价的材料、工程设备不属于依法必须招标的，由承包人按照合同约定采购，经发包人确认后以此为依据取代暂估价，调整合同价款。

发包人在工程量清单中给定暂估价的专业工程不属于依法必须招标的，应按照工程变更价款的确定方法确定专业工程价款，并以此为依据取代专业工程暂估价，调整合同价款。

发包人在招标工程量清单中给定暂估价的专业工程，依法必须招标的，应当由发、承包双方依法组织招标选择专业分包人，并接受有管辖权的建设工程招标投标管理机构的监督，并以专业工程发包中标价为依据取代专业工程暂估价，调整合同价款。

暂估材料或工程设备的单价确定后，在综合单价中只应取代原暂估单价，不应再在综合单价中涉及企业管理费或利润等其他费的变动。

（九）不可抗力引起的合同价格调整

因不可抗力事件导致的人员伤亡、财产损失及其费用增加，发、承包双方应按以下原则分别承担并调整合同价款和工期：

（1）合同工程本身的损害、因工程损害导致第三方人员伤亡和财产损失以及运至施工场地用于施工的材料和待安装的设备的损害，由发包人承担；

（2）发包人、承包人人员伤亡由其所在单位负责，并承担相应费用；

（3）承包人的施工机械设备损坏及停工损失，应由承包人承担；

（4）停工期间，承包人应发包人要求留在施工场地的必要的管理人员及保卫人员的费用应由发包人承担；

（5）工程所需清理、修复费用，应由发包人承担。

不可抗力解除后复工的，若不能按期竣工，应合理延长工期。发包人要求赶工的，赶工费用应由发包人承担。

（十）提前竣工（赶工补偿）引起的合同价格调整

（1）工程发包时，招标人应当依据相关工程的工期定额合理计算工期，压缩的工期天数不得超过定额工期的20%，将其量化。超过者，应在招标文件中明示增加赶工费用。

（2）工程实施过程中，发包人要求合同工程提前竣工的，应征得承包人同意后与承包人商定采取加快工程进度的措施，并应修订合同工程进度计划。发包人应承担承包人由此增加的提前竣工（赶工补偿）费用。

（3）发、承包双方应在合同中约定提前竣工每日历天应补偿额度，此项费用应作为增加合同价款列入竣工结算文件中，应与结算款一并支付。

赶工费用主要包括：①人工费的增加，例如新增加投入人工的报酬，不经济使用人工的补贴等；②材料费的增加；③机械费的增加。

（十一）暂列金额变化引起的合同价格调整

暂列金额是指招标人在工程量清单中暂定并包括在合同价款中的一笔款项。用于工程合同签订时尚未确定或者不可预见的所需材料、工程设备、服务的采购，施工中可能发生的工程变更、合同约定调整因素出现时的合同价款调整以及发生的索赔、现场签证确认等的费用。

已签约合同价中的暂列金额由发包人掌握使用。发包人按照合同的规定支付后，如有剩余，则暂列金额余额归发包人所有。

知识点二十二　合同价款支付、竣工结算

考题类型：

分析计算。

（一）预付款

工程预付款是建设工程施工合同订立后由发包人按照合同约定，在正式开工前预先支付给承包人的工程款。工程实行预付款的，发包人应按照合同约定支付工程预付款，承包人应将预付款专用于合同工程。支付的工程预付款，按照合同约定在工程进度款中抵扣。

1. 预付款的支付

（1）预付款的额度。包工包料工程的预付款的支付比例不得低于签约合同价（扣除暂列金额）的 10％，不宜高于签约合同价（扣除暂列金额）的 30％。对重大工程项目，按年度工程计划逐年预付。

（2）预付款的支付时间。承包人应在签订合同或向发包人提供与预付款等额的预付款保函后向发包人提交预付款支付申请。发包人应在收到支付申请的 7 天内进行核实后向承包人发出预付款支付证书，并在签发支付证书后的 7 天内向承包人支付预付款。

2. 预付款的扣回

预付款应从每一个支付期应支付给承包人的工程进度款中扣回，直到扣回的金额达到合同约定的预付款金额为止。承包人的预付款保函的担保金额根据预付款扣回的数额相应递减，但在预付款全部扣回之前一直保持有效。发包人应在预付款扣完后的 14 天内将预付款保函退还给承包人。

常用的预付款扣回方式有：

（1）在承包人完成金额累计达到合同总价一定比例（双方合同约定）后，采用等比率或等额扣款的方式分期抵扣。

（2）从未完施工工程尚需的主要材料及构件的价值相当于工程预付款数额时起扣，从每次中间结算工程价款中，按材料及构件比重抵扣工程预付款，至竣工之前全部扣清。

（二）安全文明施工费

发包人应在工程开工后的 28 天内预付不低于当年施工进度计划的安全文明施工费总额的 60％，其余部分按照提前安排的原则进行分解，与进度款同期支付。发包人没有按时支付安全文明施工费的，承包人可催告发包人支付；发包人在付款期满后的 7 天内仍未支付的，若发生安全事故，发包人应承担相应责任。

承包人对安全文明施工费应专款专用，在财务账目中单独列项备查。

（三）进度款

发、承包双方应按照合同约定的时间、程序和方法，根据工程计量结果，办理期中价款结算，支付进度款。进度款支付周期应与合同约定的工程计量周期一致。计量和付款周期可采用分段或按月结算的方式：

（1）按月结算与支付，即实行按月支付进度款，竣工后结算的办法。

（2）分段结算与支付，即当年开工、当年不能竣工的工程按照工程形象进度，划分不同阶段，支付工程进度款。

进度款的支付比例按照合同约定，按期中结算价款总额计，不低于应得工程款的60%，不高于应得工程款的90%（政府机关、事业单位、国有企业建设工程进度款支付应不低于已完成工程价款的80%）。

发包人应在收到承包人进度款支付申请后的14天内根据计量结果和合同约定对申请内容予以核实，确认后向承包人出具进度款支付证书。若承发包双方对有的清单项目的计量结果出现争议，发包人应对无争议部分的工程计量结果向承包人出具进度款支付证书。发包人应在签发进度款支付证书后的14天内，按照支付证书列明的金额向承包人支付进度款。

（四）编制与复核

工程完工后，发、承包双方必须在合同约定时间内办理工程竣工结算。工程竣工结算由承包人或受其委托具有相应资质的工程造价咨询人编制，由发包人或受其委托具有相应资质的工程造价咨询人核对。项目监理机构应按有关工程结算规定及施工合同约定对竣工结算进行审核。其程序如下：

（1）专业监理工程师审查施工单位提交的工程结算款支付申请，提出审查意见；

（2）总监理工程师对专业监理工程师的审查意见进行审核，签认后报建设单位审批，同时抄送施工单位，并就工程竣工结算事宜与建设单位、施工单位协商；

（3）达成一致意见的，根据建设单位审批意见向施工单位签发竣工结算款支付证书；不能达成一致意见的，应按施工合同约定处理。

1. 竣工结算的复核内容

竣工结算的复核内容，一般包括：

（1）核对合同条款；

（2）检查隐蔽验收记录；

（3）落实设计变更签证；

（4）按图核实工程数量；

（5）执行定额单价；

（6）防止各种计算误差。

2. 质量保证金

发包人应按照合同约定的质量保证金比例从结算款中扣留质量保证金。承包人未按照合同约定履行属于自身责任的工程缺陷修复义务的，发包人有权从质量保证金中扣留用于缺陷修复的各项支出。经查验，工程缺陷属于发包人原因造成的，应由发包人承担查验和缺陷修复的费用。在合同约定的缺陷责任期终止后，发包人应按照合同中最终结清的相关规定，将剩余的质量保证金返还给承包人。

注意：施工单位按照合同约定提交质量保函的不再扣留质量保证金。

（五）结算取费表（表4-4）

结算取费表 表4-4

费用名称	管理费	利润	规费	税金	支付相应工程款的时候
人工费、材料费、机械费/工料单价	×	×	×	×	按照合同约定取管理费、利润、规费、税金
综合单价	√	√	×	×	按照合同约定取规费、税金
全费用单价	√	√	√	√	不取
工程款/价款结尾的	√	√	√	√	不取
分部分项工程费、措施费、其他项目费	√	√	×	×	按照合同约定取规费、税金
计日工综合单价/计日工费	√	√	×	×	按照合同约定取规费、税金
签证工程费	√	√	×	×	按照合同约定取规费、税金
签证工程价款	√	√	√	√	不取
附加措施费	√	√	×	×	注意基数，支付时取规费、税金

知识点二十三 投资偏差分析

考题类型：

分析计算。

（一）赢得值法

1. 赢得值法的基本参数

赢得值法是投资偏差分析方法的一种。用赢得值法进行投资、进度综合分析。基本参数有三项，即已完工作预算投资、计划工作预算投资和已完工作实际投资。

（1）已完工作预算投资（BCWP）＝已完工作量×预算单价

（2）计划工作预算投资（BCWS）＝计划工作量×预算单价

（3）已完工作实际投资（ACWP）＝已完工作量×实际单价

2. 赢得值法的评价指标

在三个基本参数的基础上，可以确定赢得值法的四个评价指标，它们都是时间的函数。

（1）投资偏差（CV）＝已完工作预算投资（BCWP）－已完工作实际投资（ACWP）

当投资偏差为负值时，表示项目实际投资超出预算投资；当投资偏差为正值时，表示项目实际投资未超出预算投资。

（2）进度偏差（SV）＝已完工作预算投资（BCWP）－计划工作预算投资（BCWS）

当进度偏差为负值时，表示进度延误，实际进度落后于计划进度；当进度偏差为正值时，表示进度提前，实际进度快于计划进度。

（3）投资绩效指数（CPI）＝已完工作预算投资（BCWP）/已完工作实际投资（ACWP）

当投资绩效指数（CPI）＜1时，表示投资超支，即实际投资高于预算投资；

当投资绩效指数（CPI）>1时，表示投资节支，即实际投资低于预算投资。

（4）进度绩效指数（SPI）＝已完工作预算投资（BCWP）/计划工作预算投资（BC-WS）

当进度绩效指数（SPI）<1时，表示进度延误，即实际进度比计划进度拖后；

当进度绩效指数（SPI）>1时，表示进度提前，即实际进度比计划进度快。

3. 偏差分析的表达方法

在项目实施过程中，可以形成三条曲线：计划工作预算投资（BCWS）、已完工作预算投资（BCWP）、已完工作实际投资（ACWP）曲线（图4-3）。

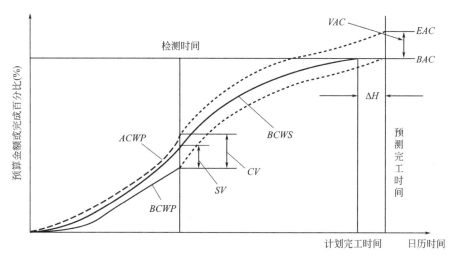

图 4-3 偏差分析曲线

如图4-3所示可知，CV＝BCWP－ACWP，由于两项参数均以已完工作为计算基准，所以两项参数之差，反映项目进展的投资偏差；SV＝BCWP－BCWS，由于两项参数均以预算值（计划值）作为计算基准，所以两者之差，反映项目进展的进度偏差。

（二）偏差原因分析

在进行偏差原因分析时，首先应当将已经导致和可能导致偏差的各种原因逐一列举出来。导致不同建设工程产生投资偏差的原因具有一定共性，因而，可以通过对已建项目的投资偏差原因进行归纳、总结，为该项目采用预防措施提供依据。

一般来说，产生投资偏差的原因可以归纳为物价上涨原因、设计原因、业主原因、施工原因和客观原因等。

（三）纠偏措施

1. 修改投资计划

对用于管理项目的投资文件进行修正，比如调整设计概算、变更合同价格等。

2. 采取纠偏措施

首先确定纠偏的主要对象，采取有针对性的纠偏措施。纠偏可采用组织措施、经济措施、技术措施和合同措施等。

3. 按照完成情况估计完成项目所需的总投资

按照完成情况估计目前实施情况下完成项目所需的总投资（EAC）有以下三种情况：

（1）EAC＝实际支出＋按照实施情况对剩余预算所做的修改。这种方法通常用于当前的情况变化可以反映未来时。

（2）EAC＝实际支出＋对未来所有剩余工作的新的估计。这种方法通常用于由于条件的改变，原有的假设不再适用时。

（3）EAC＝实际支出＋剩余的预算。这种方法适用于现在的变化仅是一种特殊情况，而未来的实施不会发生类似的变化时。

第五章　建设工程进度控制

知识点二十四 **流水施工进度计划**

考题类型：

1. 计算题：流水工期计算。

2. 绘图：绘制流水施工横道图。

（一）流水施工参数

将工作对象划分为 m 个施工段，n 个施工过程，每个施工过程组织一至几个专业施工队，专业施工队连续施工，充分利用空间（工作面、施工段）与时间（搭接施工等措施），提高工作效率，如图 5-1 所示。

施工过程	施工进度(天)						
	2	4	6	8	10	12	14
挖基槽	①	②	③	④			
做垫层		①	②	③	④		
砌基础			①	②	③	④	
回填土				①	②	③	④

图 5-1　流水施工总工期示意

1. 工艺参数

工艺参数主要是用以表达流水施工在施工工艺方面进展状态的参数，通常包括施工过程数和流水强度两个参数。

（1）施工过程数（n）也称为工序，如模板工程、钢筋工程、混凝土工程。施工过程可以是单位工程，也可以是分部工程。

（2）流水强度是指流水施工的某施工过程（专业施工队）在单位时间内所完成的工程量，也称为流水能力或生产能力。

2. 空间参数

空间参数是表达流水施工在空间布置上开展状态的参数。通常包括工作面和施工段。

3. 时间参数

时间参数是表达流水施工在时间安排上所处状态的参数，主要包括流水节拍、流水步距和流水施工工期等。

（1）流水节拍（t）是指某个作业队（或一个施工过程）在一个施工段上所需要的工作时间。

（2）流水步距（K）是指两个相邻的作业队（或施工过程）相继开始施工的最小时间间隔。其计算公式为：

$$流水步距的个数＝施工过程数－1$$

例如：某钢筋混凝土工程，有模板工程、钢筋工程、混凝土工程三道工序，则模板与钢筋工程之间，钢筋与混凝土工程之间有流水步距，即有两个流水步距。

（3）流水施工工期（TP）是指从第一个专业施工队投入流水作业开始，到最后一个专业施工队完成最后一个施工过程的最后一段工作、退出流水作业为止的整个持续时间。由于一项工程往往由许多流水组组成，所以，这里所说的是流水组的工期，而不是整个工程的总工期。

（二）流水施工的基本组织方式及其特点

在流水施工中，由于流水节拍的规律不同，决定了流水步距、流水施工工期的计算方法等也不同，甚至影响到各个施工过程的专业施工队数目。

1. 固定节拍流水施工

（1）所有施工过程在各个施工段上的流水节拍均相等；

（2）相邻施工过程的流水步距相等，且等于流水节拍；

（3）专业工作队数等于施工过程数，即每一个施工过程成立一个专业工作队，由该队完成相应施工过程所有施工段上的任务；

（4）各个专业工作队在各施工段上能够连续作业，施工段之间没有空闲时间。

如图 5-2 和图 5-3 所示分别为有间歇时间和有提前插入时间的固定节拍流水施工进度计划示意。

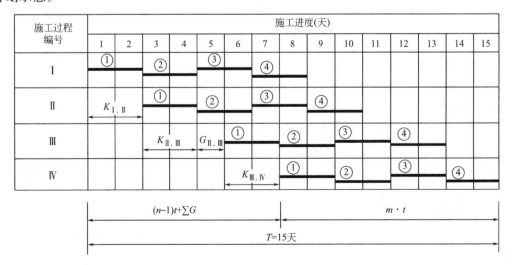

图 5-2 有间歇时间的固定节拍流水施工进度计划示意

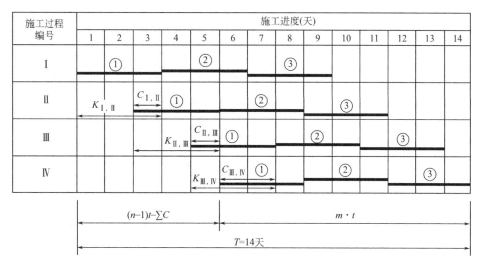

图 5-3　有提前插入时间的固定节拍流水施工进度计划

2. 成倍节拍流水施工

成倍节拍流水施工包括一般的成倍节拍流水施工（图 5-4）和加快的成倍节拍流水施工（图 5-5）。为了缩短流水施工工期，一般均采用加快的成倍节拍流水施工方式。

加快的成倍节拍流水施工的特点如下：

（1）同一施工过程在其各个施工段上的流水节拍均相等；不同施工过程的流水节拍不等，但其值为倍数关系；

（2）相邻专业施工队的流水步距相等，且等于流水节拍的最大公约数（K）；

（3）专业施工队数大于施工过程数，即有的施工过程只成立一个专业施工队，而对于流水节拍大的施工过程，可按其倍数增加相应专业施工队数目；

（4）各个专业施工队在施工段上能够连续作业，施工段之间没有空闲时间。

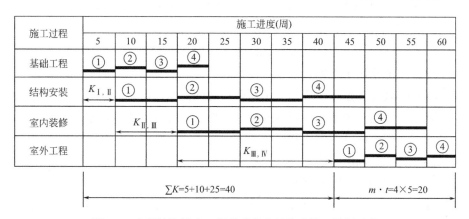

图 5-4　大板结构楼房一般的成倍节拍流水施工计划示意

3. 非节奏流水施工

非节奏流水施工方式是建设工程流水施工的普遍方式。非节奏流水施工具有以下特点：

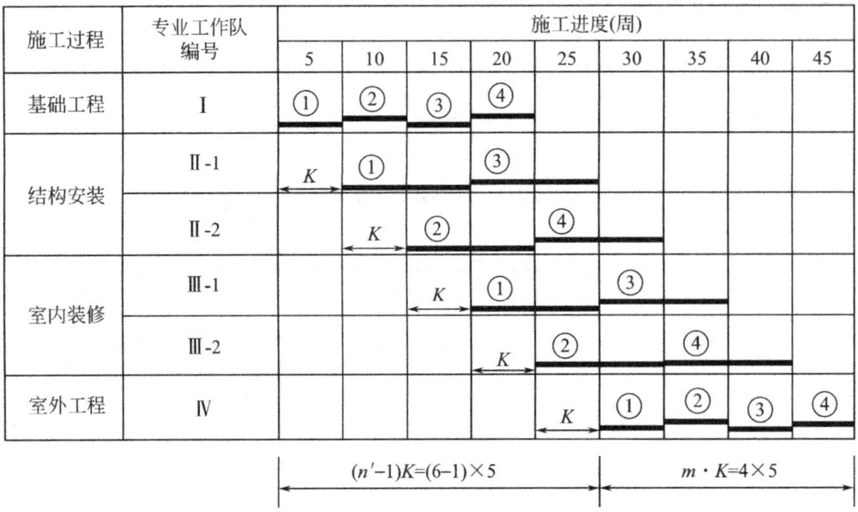

施工过程	专业工作队编号	施工进度(周)								
		5	10	15	20	25	30	35	40	45
基础工程	I	①	②	③	④					
结构安装	II-1	K	①		③					
	II-2		K	②		④				
室内装修	III-1			K	①		③			
	III-2				K	②		④		
室外工程	IV					K	①	②	③	④

$(n'-1)K=(6-1)\times5$ $m\cdot K=4\times5$

图 5-5 大板结构楼房加快的成倍节拍流水施工计划示意

（1）各施工过程在各施工段的流水节拍不全相等；

（2）相邻施工过程的流水步距不尽相等；

（3）专业施工队数等于施工过程数；

（4）各专业施工队能够在施工段上连续作业，但有的施工段之间可能有空闲时间。

在非节奏流水施工中，通常采用累加数列错位相减取大差法计算流水步距。

累加数列错位相减取大差法的基本步骤如下：

（1）对每一个施工过程在各施工段上的流水节拍依次累加，求得各施工过程流水节拍的累加数列；

（2）将相邻施工过程流水节拍累加数列中的后者错后一位，相减后求得一个差数列；

（3）在差数列中取最大值，即为这两个相邻施工过程的流水步距。

流水施工工期可按下式计算：

$$T=\sum K+\sum t_n+\sum Z+\sum G-\sum C$$

式中，T——流水施工工期；

$\sum K$——各施工过程（或专业工作队）之间流水步距之和；

$\sum t_n$——最后一个施工过程（或专业工作队）在各施工段流水节拍之和；

$\sum Z$——组织间歇时间之和；

$\sum G$——工艺间歇时间之和；

$\sum C$——提前插入时间之和。

【例 5-1】 （等节奏流水——流水节拍是一个常数） 某建筑工程，施工过程如表 5-1 所示。

【问题】 计算该流水施工工期并绘制横道图。

某工程施工过程和施工时间（天） 表 5-1

施工过程	①	②	③	④	⑤	⑥	⑦	⑧
扎钢筋	4	4	4	4	4	4	4	4

续表

做模板	4	4	4	4	4	4	4	4
浇混凝土	4	4	4	4	4	4	4	4

【参考答案】

(1) $m=8$，$n=3$，$t=4$ 天；

(2) $K=t=4$ 天（流水步距＝流水节拍）；

(3) 流水工期：

$$T=m \times t+(n-1)K=(m+n-1) \times K=(8+3-1) \times 4=40（天）$$

(4) 绘制流水施工横道图（图5-6）

施工过程	施工进度										
	4	8	12	16	20	24	28	32	36	40	44
扎钢筋											
做模板											
浇混凝土											

图5-6 例5-1的流水施工横道图

(5) 施工单位改进了施工工艺，将做模板提前插入2天，从而与轧钢筋搭接2天进行，由于施工检验做完模板后等待模板工程检验与浇筑混凝土间歇6天，绘制流水施工横道图（图5-7）。

施工过程	施工进度										
	4	8	12	16	20	24	28	32	36	40	44
扎钢筋											
做模板											
浇混凝土											

图5-7 例5-1改进了施工工艺后的流水施工横道图

【例5-2】（成倍节奏流水）1. 某建筑群共有6个单元，各单元的施工过程和施工时间见表5-2。

各单元的施工过程和施工时间（一） 表5-2

施工过程	挖土	垫层	混凝土基础	砌墙基	回填土
施工时间(天)	12	12	18	12	6

【问题】 组织流水施工并计算工期。

【参考答案】

(1) $m=6$，$t_{挖土}=12$，$t_{垫层}=12$，$t_{混凝土基础}=18$，$t_{砌墙基}=12$，$t_{回填土}=6$；

(2) 确定流水步距，$K=$流水节拍的最大公约数$=6$；

（3）确定各施工过程需要的作业队组数：

$$b_i = \frac{t_i}{K}$$

$$b_{挖土} = \frac{t_{挖土}}{K} = \frac{12}{6} = 2 \qquad\qquad b_{垫层} = \frac{t_{垫层}}{K} = \frac{12}{6} = 2$$

$$b_{混凝土基础} = \frac{t_{混凝土基础}}{K} = \frac{18}{6} = 3 \qquad b_{砌墙基} = \frac{t_{砌墙基}}{K} = \frac{12}{6} = 2$$

$$b_{回填土} = \frac{t_{回填土}}{K} = \frac{6}{6} = 1$$

总组队数 $n = \sum b_i = 2+2+3+2+1 = 10$

工期 $T = (m+n-1) \times K = (6+10-1) \times 6 = 90$（天）

2. 某建筑群共有 5 个单元，各单元的施工过程和施工时间见表 5-3。

各单元的施工过程和施工时间（二）　　　　　　　　　　表 5-3

施工过程	垫层	混凝土基础	砌墙	回填土
施工时间（天）	9	15	12	6

【问题】 组织流水施工并计算工期。

【参考答案】

（1）$m=5$，$t_{垫层}=9$，$t_{混凝土基础}=15$，$t_{砌墙}=12$，$t_{回填土}=6$

（2）确定流水步距，$K=$ 流水节拍的最大公约数 $=3$

（3）确定各施工过程需要的作业队组数：

$$b_i = \frac{t_i}{K}$$

$$b_{垫层} = \frac{t_{垫层}}{K} = \frac{9}{3} = 3 \qquad\qquad b_{混凝土基础} = \frac{t_{混凝土基础}}{K} = \frac{15}{3} = 5$$

$$b_{砌墙} = \frac{t_{砌墙}}{K} = \frac{12}{3} = 4 \qquad\qquad b_{回填土} = \frac{t_{回填土}}{K} = \frac{6}{3} = 2$$

$$总队组数 \ n' = \sum b_i = 3+5+4+2 = 14$$

（4）工期 $=(5+14-1) \times 3 = 54$（天）

【例 5-3】 （无节奏流水） 某拟建工程由甲、乙、丙三个施工过程组成；该工程共划分成四个施工流水段，每个施工过程在各个施工流水段上的流水节拍如表 5-4 所示。按相关规范规定，施工过程乙完成后，其相应施工段至少要养护 2 天才能进入下道工序。为了尽早完工，经过技术攻关，实现施工过程乙在施工过程甲完成之前 1 天提前插入施工。

各施工段的流水节拍（一）　　　　　　　　　　表 5-4

施工过程（工序）	流水节拍（天）			
	施工一段	施工二段	施工三段	施工四段
甲	2	4	3	2
乙	3	2	3	3
丙	4	2	1	3

各施工段的流水节拍或者表示为如表 5-5 所示。

各施工段的流水节拍（二）　　表 5-5

流水节拍(天)	甲工序	乙工序	丙工序
施工一段	2	3	4
施工二段	4	2	2
施工三段	3	3	1
施工四段	2	3	3

【问题】

1. 简述无节奏流水施工的特点。

2. 该工程应采用何种流水施工模式。

3. 计算各施工过程间的流水步距和总工期。

4. 试编制该工程流水施工计划图。

【参考答案】

1. 无节奏流水施工的特点是：

(1) 各施工过程在各施工段的流水节拍不全相等。

(2) 相邻施工过程的流水步距不尽相等。

(3) 专业施工队数等于施工过程数。

(4) 各专业施工队能够在施工段上连续作业，但有的施工段之间可能有空闲时间。

2. 根据工程特点，该工程只能组织无节奏流水施工。

3. 求各施工过程间的流水步距：

(1) 各施工过程流水节拍的累加数列：

甲：2 6 9 11

乙：3 5 8 11

丙：4 6 7 10

(2) 错位相减，取大差，得流水步距：

$$K_{甲乙} \quad 2 \quad 6 \quad 9 \quad 11$$

因为：
$$\frac{- \quad\quad 3 \quad 5 \quad 8 \quad 11}{2 \quad 3 \quad 4 \quad 3 \quad -11}$$

所以：$K_{甲乙}=4$

$$K_{乙丙} \quad 3 \quad 5 \quad 8 \quad 11$$

因为：
$$\frac{- \quad\quad 4 \quad 6 \quad 7 \quad 10}{3 \quad 1 \quad 2 \quad 4 \quad -10}$$

所以：$K_{乙丙}=4$

(3) 总工期：

总工期 $T=\sum K+\sum t_n+\sum G-\sum C=(4+4)+(4+2+1+3)+2-1=19$（天）

4. 流水施工计划图如图 5-8 所示。

施工过程	施工进度																		
	1	2	3	4	5	6	7	8	9	10	11	12	13	14	15	16	17	18	19
甲																			
乙																			
丙																			

图 5-8 例 5-3 流水施工计划图

知识点二十五 关键线路和关键工作确定

1. 网络图中从起点节点开始，沿箭头方向顺序通过一系列箭头线与节点，最后到达终点节点的通路称为线路。

2. 线路上所有工作的持续时间总和称为该线路的总持续时间。总持续时间最长的线路称为关键线路，关键线路的长度就是网络计划的总工期。

3. 关键线路上的工作称为关键工作。在工程网络计划实施过程中，关键工作的实际进度提前或拖后，均会对总工期产生影响。因此，关键工作的实际进度是建设工程进度控制的工作重点。

知识点二十六 网络计划中的时差分析和利用

考题类型：

分析计算。

网络图技术分为很多种，但是历年考试考过的只有双代号网络图和双代号时标网络图。每年必考。案例分析的网络图考试和"三控"不同，一般不会考"六时标注"，最常考的是"工期""关键线路""总时差""自由时差"。其他指标很少考，网络计划中时差分析和利用经常考。

（一）双代号网络图的组成

双代号网络图的组成见表 5-6。

双代号网络图的组成 表 5-6

节点	双代号网络图节点只代表工作的开始或结束,不代表工作本身
工作	双代号网络图中工作是用箭线表示的;而单代号网络图中工作是用节点表示的。要理解紧前工作、紧后工作、平行工作
虚工作	虚工作是一项虚拟的工作,实际并不存在。它仅用来表示工作之间的先后顺序,无工作名称,既不消耗时间,也不消耗资源。用虚箭头线表示虚工作,其持续时间为0(逻辑箭头线)
逻辑关系	工艺关系、组织关系
绘制	逻辑关系;循环回路;不合格箭线;严禁在箭线上引入或引出箭线;过桥法或指向法;应只有一个起点节点和一个终点节点

（1）双代号网络图的正确画法（图 5-9）。

（2）双代号网络图的循环回路（图 5-10）。

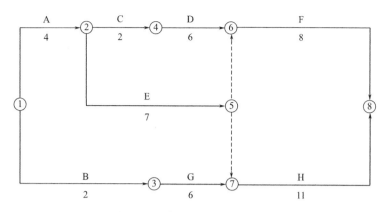

图 5-9　双代号网络图的正确画法

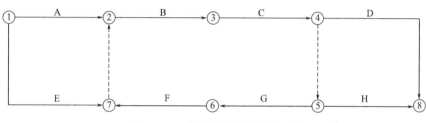

图 5-10　双代号网络图的循环回路

（3）双代号网络图的不合格箭头线：箭头指向左方的、双向箭头和无箭头的连线、严禁出现没有箭尾节点的箭头线和没有箭头节点的箭头线（图 5-11）。

图 5-11　不合格箭头线

（4）在绘制双代号网络图时，严禁在箭头线上引入或引出箭头线，应一个起点一个终点（图 5-12）。

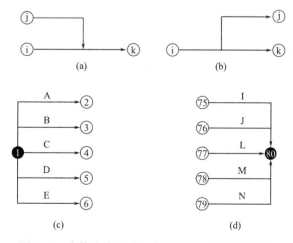

图 5-12　在箭头线上引入或引出箭头线的错误画法

（5）过桥法或指向法（图 5-13）。

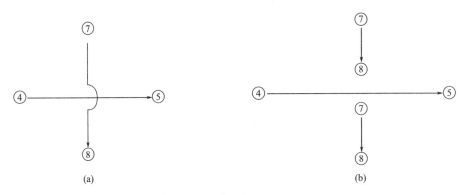

图 5-13 过桥法或指向法

（6）应只有一个起点节点和一个终点节点（图 5-14）。

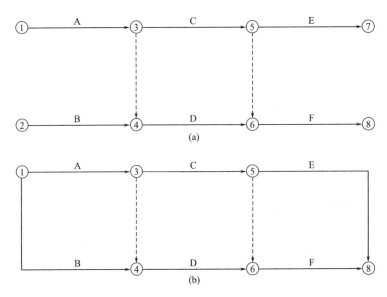

图 5-14 双代号网络图的正确画法

（二）六个时间参数计算

六个时间参数计算包括工作最早开始时间、工作最早结束时间、工作最晚开始时间、工作最晚结束时间、总时差和自由时差的计算。

（三）关键线路判断

总时差最小的工作为关键工作。当网络计划的计划工期等于计算工期时，总时差为零的工作就是关键工作。找出关键工作之后，将这些关键工作首尾相连，便构成从起点节点到终点节点的通路，位于该通路上各项工作的持续时间总和最大，这条通路就是关键线路。

（四）总时差和自由时差的分析

根据工作的最早开始时间、最迟开始时间或最早完成时间、最迟完成时间进行判定。

（1）工作的总时差是指在不影响总工期的前提下，本工作可以利用的机动时间。工作的总时差等于该工作最迟完成时间与最早完成时间之差，或该工作最迟开始时间与最早开始时间之差。

（2）工作的自由时差是指在不影响其紧后工作最早开始时间的前提下，本工作可以利用的机动时间。工作自由时差的计算应按以下两种情况分别考虑：

① 对于有紧后工作的工作，其自由时差等于本工作之紧后工作最早开始时间减本工作最早完成时间所得之差的最小值。

② 对于无紧后工作的工作，也就是以网络计划终点节点为完成节点的工作，其自由时差等于计划工期与本工作最早完成时间之差。

知识点二十七　网络计划的工期优化及调整

考题类型：

分析计算。

（一）网络计划工期优化

网络计划工期优化是指网络计划的计算工期不满足要求工期时，通过压缩关键工作的持续时间以满足要求工期目标的过程。

网络计划工期优化的基本方法是在不改变网络计划中各项工作之间逻辑关系的前提下，通过压缩关键工作的持续时间来达到优化目标。在工期优化过程中，按照经济合理的原则，不能将关键工作压缩成非关键工作。此外，当工期优化过程中出现多条关键线路时，必须将各条关键线路的总持续时间压缩为相同数值；否则，不能有效地缩短工期。

网络计划的工期优化可按下列步骤进行：

（1）确定初始网络计划的计算工期和关键线路；

（2）按要求工期计算应缩短的时间 ΔT：

$$\Delta T = T_c - T_r$$

式中，T_c——网络计划的计算工期；

$\qquad$ T_r——要求工期。

（3）选择应缩短持续时间的关键工作。选择压缩对象时宜在关键工作中考虑下列因素：

① 缩短持续时间对质量和安全影响不大的工作；

② 有充足备用资源的工作；

③ 缩短持续时间所需增加的费用最少的工作。

（4）将所选定的关键工作的持续时间压缩至最短，并重新确定计算工期和关键线路。若被压缩的工作变成非关键工作，则应延长其持续时间，使之仍为关键工作。

（5）当计算工期仍超过要求工期时，则重复上述步骤（2）～步骤（4），直至计算工期满足要求工期或计算工期已不能再缩短为止。

（6）当所有关键工作的持续时间都已达到其能缩短的极限而寻求不到继续缩短工期的方案，但网络计划的计算工期仍不能满足要求工期时，应对网络计划的原技术方案、组织方案进行调整，或对要求工期重新审定。

（二）网络计划的调整

1. 改变某些工作间的逻辑关系

当工程项目实施中产生的进度偏差影响到总工期，且有关工作的逻辑关系允许改变时，可以改变关键线路和超过计划工期的非关键线路上的有关工作之间的逻辑关系，达到缩短工期的目的。例如，将顺序进行的工作改为平行作业、搭接作业以及分段组织流水作业等，都可以有效地缩短工期。

2. 缩短某些工作的持续时间

这种方法是在不改变工程项目中各项工作之间的逻辑关系的情况下，通过采取增加资源投入、提高劳动效率等措施来缩短某些工作的持续时间，使工程进度加快，以保证按计划工期完成该工程项目。这些被压缩持续时间的工作是位于关键线路和超过计划工期的非关键线路上的工作。同时，这些工作又是其持续时间可被压缩的工作。这种调整方法通常可以在网络图上直接进行。

【例 5-4】　某单项工程，按如图 5-15 所示进度计划网络图组织施工。

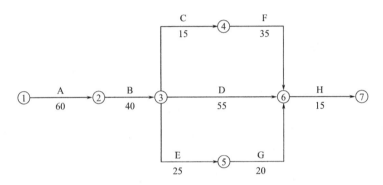

图 5-15　例 5-4 题图示意

原计划工期是 170 天，在第 75 天进行的进度检查时发现：工作 A 已全部完成，工作 B 刚刚开工。由于工作 B 是关键工作，所以它拖后 15 天，将导致总工期延长 15 天完成。

本工程各工作相关参数见表 5-7。

例 5-4 工程各工作相关参数　　　　　　　　　　　　表 5-7

序号	工作	最大可压缩时间（天）	赶工费用（元/天）
1	A	10	200
2	B	5	200
3	C	3	100
4	D	10	300
5	E	5	200
6	F	10	150
7	G	10	120
8	H	5	420

【问题】

1. 为使本单项工程仍按原工期完成，则必须赶工，调整原计划。请问应如何调整原计划，既经济又保证能在计划的 170 天内完成，并列出详细调整过程。

2. 试计算，经调整后所需投入的赶工费用。

【参考答案】

1. 目前总工期拖后 15 天，此时的关键线路：B→D→H。

（1）其中工作 B 赶工费率最低，故先对工作 B 持续时间进行压缩，工作 B 压缩 5 天，因此增加费用为 $5×200＝1000$（元）；总工期为 $185-5＝180$（天）。

关键线路：B→D→H。

（2）剩余关键工作中，工作 D 赶工费率最低，故应对工作 D 持续时间进行压缩，工作 D 压缩的同时，应考虑与之平行的各线路，以各线路工作正常进展均不影响总工期为限。

故工作 D 只能压缩 5 天，因此增加费用为 $5×300＝1500$（元），总工期为 $180-5＝175$（天）。

关键线路：B→D→H 和 B→C→F→H 两条。

（3）剩余关键工作中，存在三种压缩方式：

① 同时压缩工作 C、工作 D；

② 同时压缩工作 F、工作 D；

③ 压缩工作 H。

因为同时压缩工作 C 和工作 D 的赶工费率最低，故应对工作 C 和工作 D 同时进行压缩。

工作 C 最大可压缩天数为 3 天，故本次调整只能压缩 3 天，因此增加费用为 $3×100＋3×300＝1200$（元），总工期为 $175-3＝172$（天），关键线路：B→D→H 和 B→C→F→H 两条。

（4）剩下压缩方式中，压缩工作 H 赶工费率最低，故应对工作 H 进行压缩。

工作 H 压缩天数为 2 天，因此增加费用为 $2×420＝840$（元），总工期为 $172-2＝170$（天）。

（5）通过以上工期调整，工作仍能按原计划的 170 天完成。

2. 所需投入的赶工费为 $1000＋1500＋1200＋840＝4540$（元）。

知识点二十八　双代号时标网络计划的应用

考题类型：

分析计算。

主要内容：

（1）关键线路和计算工期的判定；

（2）相邻两项工作之间时间间隔的判定；

（3）工作六个时间参数的判定。

（一）知识点

时标网络计划宜按各项工作的最早开始时间编制。为此，在编制时标网络计划时应使每一个节点和每一项工作（包括虚工作）尽量向左靠，直至不出现从右向左的逆向箭头线为止。

编制时标网络计划应先绘制无时标的网络计划草图，然后按间接绘制法或直接绘制法进行。

　　间接绘制法是指先根据无时标的网络计划草图计算其时间参数并确定关键线路，然后在时标网络计划表中进行绘制（图5-16）。

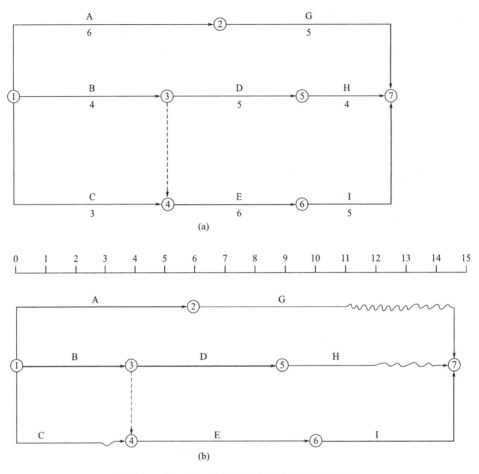

图 5-16　使用间接绘制法绘制的时标网络计划图

（二）关键线路和计算工期的判定

1. 关键线路的判定

　　时标网络计划中的关键线路可从网络计划的终点节点开始，逆着箭头线方向进行判定。凡自始至终不出现波形线的线路即为关键线路（图5-17）。

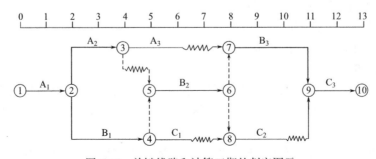

图 5-17　关键线路和计算工期的判定图示

2. 计算工期的判定

网络计划的计算工期应等于终点节点所对应的时标值与起点节点所对应的时标值之差。

（三）相邻两项工作之间的时间间隔的判定

除以终点节点为完成节点的工作外，工作箭线中波形线的水平投影长度表示工作与其紧后工作之间的时间间隔。

（四）工作六个时间参数的判定

如表 5-8 所示。

工作六个时间参数及其判定 表 5-8

序号	时间参数	判定
1	工作最早开始时间和最早完成时间的判定	工作箭头线左端节点中心所对应的时标值为该工作的最早开始时间。当工作箭头线中不存在波形线时，其右端节点中心所对应的时标值为该工作的最早完成时间；当工作箭头线中存在波形线时，工作箭头线实线部分右端点所对应的时标值为该工作的最早完成时间
2	工作总时差的判定	工作总时差的判定应从网络计划的终点节点开始，逆着箭头线方向依次进行。以终点节点为完成节点的工作，其总时差应等于计划工期与本工作最早完成时间之差；其他工作的总时差等于其紧后工作的总时差加本工作与该紧后工作之间的时间间隔所得之和的最小值
3	工作自由时差的判定	以终点节点为完成节点的工作，其自由时差应等于计划工期与本工作最早完成时间之差；其他工作的自由时差就是该工作箭头线中波形线的水平投影长度。但当工作之后只紧接虚工作时，则该工作箭头线上一定不存在波形线，而其紧接的虚箭头线中，波形线水平投影长度的最短者为该工作的自由时差
4	工作最迟开始时间和最迟完成时间的判定	工作的最迟开始时间等于本工作的最早开始时间与其总时差之和；工作的最迟完成时间等于本工作的最早完成时间与其总时差之和

（五）前锋线比较法

前锋线比较法是通过绘制某检查时刻的工程项目实际进度前锋线，进行工程实际进度与计划进度比较的方法。它主要适用于时标网络计划。

其步骤如下：

（1）绘制时标网络计划图；

（2）绘制实际进度前锋线；

（3）进行实际进度与计划进度的比较。

其实际进度与计划进度之间的关系可能存在以下三种情况：

（1）工作实际进展位置点落在检查日期的左侧，表明该工作实际进度拖后，拖后的时间为二者之差；

（2）工作实际进展位置点与检查日期重合，表明该工作实际进度与计划进度一致；

（3）工作实际进展位置点落在检查日期的右侧，表明该工作实际进度超前，超前的时间为二者之差。

知识点二十九　实际进度与计划进度比较方法

考题类型：

分析计算。

常用的进度比较方法有横道图比较法、S曲线比较法、香蕉曲线比较法、前锋线比较法和列表比较法。其中，横道图比较法主要用于比较工程进度计划中工作的实际进度与计划进度；S曲线比较法和香蕉曲线比较法可以从整体角度比较工程项目的实际进度与计划进度；前锋线比较法和列表比较法既可以比较工程网络计划中工作的实际进度与计划进度，还可以预测工作实际进度对后续工作及总工期的影响程度。

（一）横道图比较法

横道图比较法是指将工程项目实施过程中检查实际进度收集到的数据，经加工整理后直接用横道线平行绘于原计划的横道线处，进行实际进度与计划进度的比较方法。采用横道图比较法，可以形象、直观地反映实际进度与计划进度的比较情况。

横道图比较法虽有记录和比较简单、形象直观、易于掌握、使用方便等优点，但由于其以横道计划为基础，因而带有不可克服的局限性。在横道计划中，各项工作之间的逻辑关系表达不明确，关键工作和关键线路无法确定。一旦某些工作实际进度出现偏差时，难以预测其对后续工作和工程总工期的影响，也就难以确定相应的进度计划调整方法。因此，横道图比较法主要用于工程项目中某些工作实际进度与计划进度的局部比较。

1. 匀速进展横道图比较法

如图5-18所示，粗实线表示实际进度，按一定比例绘制在计划进度线的下方，同时标出进度检查日期线。进度状态的判别方法如下：

（1）粗黑线右端与检查日期线重合，表示实际进度与计划进度一致；

（2）粗黑线右端位于检查日期线右侧，表示实际进度超前；

（3）粗黑线右端位于检查日期线左侧，表示实际进度拖后。

工作名称	持续时间(月)	进度计划(月)															
		1	2	3	4	5	6	7	8	9	10	11	12	13	14	15	16
A	1																
B	4																
C	5																
D	6																
E	4																
F	8																
G																	

图5-18 匀速进展横道图比较法图示

注：----表示计划进度；——表示实际进度

2. 非匀速进展横道图比较法

在原进度计划线的下方绘制粗实线以表达实际进度，可将每天、每周或每月的实际进度情况定期记录在横道图上，用以直观地比较计划进度与实际进度，检查实际进度是超前、拖后，还是与原计划一致。

（二）S曲线比较法

S曲线比较法是以横坐标表示时间，纵坐标表示累计完成任务量，绘制一条按计划时间累计完成任务量的S曲线；然后将工程项目实施过程中各检查时间实际累计完成任务量的S曲线也绘制在同一坐标系中，进行实际进度与计划进度比较的一种方法。

从整个工程项目实际进展全过程看，单位时间投入的资源量一般是开始和结束时较少，中间阶段较多。与其相对应，单位时间完成的任务量也呈同样的变化规律，而随工程进展累计完成的任务量则应呈S形变化，由于其形似英文字母"S"，S曲线因此而得名。

通过比较实际进度S曲线和计划进度S曲线，可以获得如下信息：

（1）工程项目实际进展状况。如果工程实际进展点落在计划S曲线左侧，表明此时实际进度比计划进度超前；如果工程实际进展点落在S计划曲线右侧，表明此时实际进度拖后；如果工程实际进展点正好落在计划S曲线上，则表示此时实际进度与计划进度一致。

（2）工程项目实际进度超前或拖后的时间。在S曲线比较图中可以直接读出实际进度比计划进度超前或拖后的时间。

（3）工程项目实际超额或拖欠的任务量。在S曲线比较图中也可直接读出实际进度比计划进度超额或拖欠的任务量。

（4）后期工程进度预测。如果后期工程按原计划速度进行，则可做出后期工程计划S曲线，从而可以确定工期拖延预测值（图5-19）。

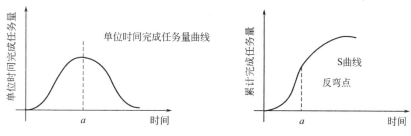

图5-19　时间与完成任务量的关系曲线

① S曲线的绘制过程，如图5-20所示。

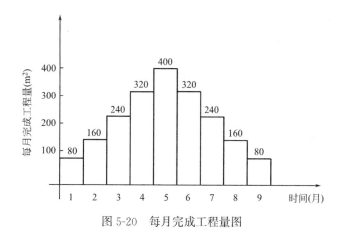

图5-20　每月完成工程量图

② 实际进度与计划进度的比较（图5-21）。

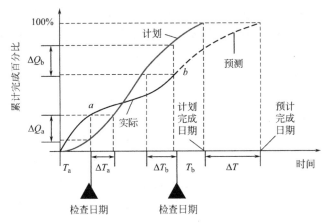

图 5-21 S 曲线比较图示

（三）"香蕉"曲线比较法的绘制方法（图 5-22）

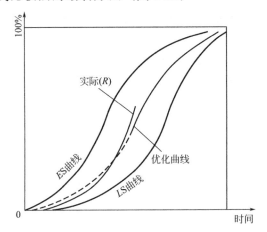

图 5-22 "香蕉"曲线比较图示

（四）前锋线的绘制方法（图 5-23）

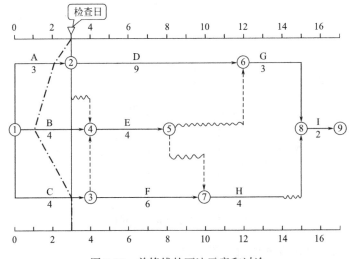

图 5-23 前锋线的画法示意和讨论

知识点三十 工程延期时间确定

考题类型：

分析计算。

(一) 申报工程延期的条件

由于以下原因导致工程拖期，施工单位有权提出延长工期的申请，项目监理机构应按合同规定，批准（或不批准）工程延期时间：

(1) 由建设单位原因导致的工程量增加；

(2) 由建设单位原因导致延期交图、工程暂停、对合格工程的剥离检查及不利的外界条件等；

(3) 由异常恶劣的气候条件造成的；

(4) 由建设单位造成的任何延误、干扰或障碍，如未及时提供施工场地、未及时付款等；

(5) 除施工单位自身以外的其他任何原因。

(二) 监理审批工程延期的审批原则

项目监理机构在审批工程延期时应遵循下列原则：

(1) 合同条件。项目监理机构批准的工程延期必须符合合同条件。

(2) 影响工期。延期事件的工程部位，只有当所延长的时间超过其相应的总时差而影响到工期时，才能批准工程延期。如果延期事件发生在非关键线路上，且延长的时间并未超过总时差时，即使符合批准为工程延期的合同条件，也不能批准工程延期。

应当说明，施工进度计划中的关键线路并非固定不变，它会随着工程的进展和情况的变化而转移。项目监理机构应以施工单位提交的、经自己审核后的施工进度计划（不断调整后）为依据来决定是否批准工程延期。

(3) 实际情况。批准的工程延期必须符合客观实际资料。项目监理机构也应对施工现场进行详细考察和分析，并做好有关记录，以便为合理确定工程延期时间提供可靠依据。

第二部分

近六年真题及答案解析

2024 年度全国监理工程师职业资格考试试卷

本试卷均为案例分析题（共 6 题，每题 20 分），要求分析合理、结论正确；有计算要求的，应简要写出计算过程。

试题一

背景资料：

某工程，实施过程中发生如下事件：

事件 1：① 建设单位与监理单位签署施工监理合同后，要求监理单位在施工招标期间，收到设计文件前提前进入工地熟悉工程建设情况。

② 建设单位要求在尚未确定施工单位及工程设计文件情况下尽快编制监理规划。

③ 建设单位在编制完成年度计划后要求项目监理机构编制施工总进度计划。

事件 2：开工前，总监理工程师将下列工作安排专业监理工程师负责：

① 审核分包单位的资格；

② 组织编写监理日志；

③ 进行工程计量；

④ 处理工程索赔；

⑤ 调查质量事故；

⑥ 组织审查处理工程变更；

⑦ 调解合同争议。

事件 3：项目监理机构编制监理规划时初步确定的内容包括：工程概况；监理工作依据；监理工作制度；监理组织形式；工程造价控制；工程进度控制。监理规划还应补充有关内容。

事件 4：监理合同文件包括：委托人要求、投标函及投标函附录、专用合同条款、通用合同条款、中标通知书。

【问题】

1. 指出事件 1 中，建设单位要求是否妥当，并说明理由。

2. 针对事件 2 中，哪些工作不属于专业监理工程师的工作。

3. 针对事件 3，根据《建设工程监理规范》GB/T 50319—2013，监理规划还应补充哪些内容？

4. 针对事件 4，依据《标准监理招标文件》（2017 年版）解释优先权，进行排序。

试题二

施工过程，发生了如下事件。

事件 1：项目监理机构有 A、B、C 三个标段可投。

标段情况表

标段	中标概率	投标费	效果	可能利润(万元)	概率
A 标段	40%	8	优秀	400	0.3
			一般	200	0.5
			赔	−250	0.2
B 标段	50%	6	优秀	400	0.2
			一般	150	0.6
			赔	−400	0.2
C 标段	60%	10	优秀	250	0.3
			一般	100	0.6
			赔	−350	0.1

事件 2：专业监理工程师巡视基坑施工过程中发现了严重的安全事故隐患。立即向总监理工程师报告了此事。

事件 3：工程施工过程中，项目监理机构提出风险应对建议如下：

① 材料后期会涨价，签固定合同；

② 加强造价管理，防止施工单位虚报工程量；

③ 应对不确定因素，编制进度计划留出时间；

④ 给现场建设单位人员购买意外伤害保险。

事件 4：建设单位购买的设备，连续三次检查均不合格，建设单位要求退货并解除合同。设备出厂商以得到驻场监理的认可为理由，要求再次修理重新检测。项目监理机构对两家进行协商，双方未能达成一致。

【问题】

1. 针对事件 1，根据表格，绘制决策树图，并计算损益期望值，应选择哪个标段投标。

2. 针对事件 2 中，写出项目监理机构应当如何做？若施工单位以工期紧张为由拒绝整改，总监理工程师应采取什么措施？

3. 针对事件 3 中，逐项指出表中的风险应对措施分别属于风险回避、损失控制、风险转移、风险自留四种风险对策方面哪一个？

4. 针对事件 4 中，建设单位和设备出厂商理由是否正确，说明理由。

试题三

某文物保护单位施工项目选择一家施工单位，并委托施工监理。

事件 1：施工单位统计了部分工作如下：①场地内建筑物拆除；②开挖深度 2m 的基坑；③幕墙工程（60m）的建筑幕墙安装工程；④40m 跨度的钢结构安装；⑤20m 落地式钢管脚手架搭设；⑥异形脚手架工程。

事件 2：施工过程中，因混凝土强度不合格，造成了质量事故。

事件 3：竣工验收前，已经具备的条件有：施工单位完成建设工程设计和合同约定各项内容；已具备完整的施工管理资料；主要建筑材料进场试验报告；勘察、设计、施工、工程监理等单位分别签署了质量合格文件。

【问题】

1. 针对事件 1 中，哪一个不是危大工程，哪两个是危大工程，哪三个是超过一定规模的危大工程？并写出判断依据。

2. 危大工程和超过一定规模的危大工程报审和审批程序有什么差别。

3. 针对事件 2，写出项目监理机构质量事故的处理程序。

4. 针对事件 3，根据《建设工程质量管理条例》，本工程竣工验收还需要具备哪些条件。

试题四

某工程实施过程中发生如下事件:

事件 1:在施工准备阶段,施工单位编制了施工组织设计,项目经理签字并加盖项目部印章即报送项目监理机构,总监理工程师代表组织审查了施工组织设计的下列内容:①施工进度、施工方案符合施工合同要求;②资金、劳动力、材料、设备等资源供应计划满足工程施工需要;③施工总平面图布置合理。

事件 2:防水工程施工中频繁出现施工质量问题,项目监理机构要求施工单位详细分析问题产生的原因并进行整改。

事件 3:施工过程中,专业监理工程师对混凝土构件强度进行抽样检验,检验总数 88,从 1-88 依次编号。

【问题】

1. 指出事件 1 中做法的不妥之处,写出正确做法。

2. 针对事件 1,根据《建设工程监理规范》GB/T 50319—2013,项目监理机构还应对施工组织设计审查哪些内容?

3. 针对事件 2,采用因果分析图法分析时,在因果分析图中主干箭头最右侧方框中应填写什么内容?并应从哪几个方面进行要因分析。

4. 针对事件 3,若采用系统随机抽样方法抽取 7 个样本,抽样间隔是多少?若抽取的第 1 个样本编号为 3,写出其余样本的抽取方法。

试题五

某工程项目，建设单位与施工单位按照《建设工程施工合同（示范文本）》GF—2017—0201 签订施工合同，经总监理工程师审核确认的施工总进度计划如下图所示，各项工作均按最早开始时间安排且匀速施工。

合同约定：① 土石方工程量共计 20000m³（其中石方工程量 8500m³，其余为土方）；土方综合单价 80 元/m³，石方综合单价 150 元/m³。

② 计日工综合单价：人工 100 元/工日，机械 1500 元/台班。

③ 规费为分部分项工程费和其他项目措施费的 8％计取，增值税税率为 9％，以上价格均为不含税价格。

④ 施工过程中，发生了人员窝工和机械闲置均按 60％考虑。

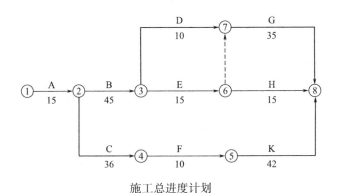

施工总进度计划

施工中发生下列事件：

事件 1：土石方工程施工完成后，施工单位提出实际工程量与计划工程量不符，经监理机构审查核实后，发现实际的石方工程量为 9700m³，总土石方工程量未变（其余为土方工程量）；C 工作延长 8 天。

事件 2：建设单位负责提供的材料由于供货商的原因不能及时交货，F 工作晚开工 3 天，共造成窝工 50 工日，机械闲置 6 台班；施工单位重新调整施工进度计划并报监理机构审核。

事件 3：G 工作原计划工程量为 1400m³，综合单价为 300 元/m³，增加为 1600m³，赶工费用 60 元/m³。

【问题】

1. 指出施工进度计划中的关键线路，并写成 C 工作的总时差和自由时差。

2. 针对事件 1，分别计算石方和土方的工程价款，并判断对工期的影响。

3. 针对事件 2，请计算工期和费用索赔，并说明理由。

4. 事件 2 调整施工进度计划后，G、K 工作的最早开始时间和总时差为多少？此时的总工期为多少？

5. G 工作增加工程量后，结算价款为多少万元（不考虑赶工费）？按原计划安排，每天应完成的工程量？若满足调整施工进度计划后工期要求的情况下，最少的赶工费为多少万元？

（计算结果以万元为单位，保留两位小数）

试题六

某工程工程量如下表所示，若实际工程量偏差超过清单工程量15％时，超出15％部分的综合单价按原综合单价90％调整；实际工程量减少超过15％时，实际工程量的综合单价按原综合单价的1.1倍调整；规费费率为8％（以分部分项工程费、措施项目费、其他项目费为基数），税率为9％，以上费用都不含可抵扣的进项税。

各工程量及综合单价见下表。

工程量表

工作名称	A	B	C	D	E	F	G
单位	m³	t	m²	m³	m²	m³	m²
工程量	20000	3000	9000	16000	6000	15000	1800
综合单价	50	2500	30	300	80	60	200

前6月均按计划完成。此外，D工作8月末，确认实际累计完成19200m³，F工作10月末累计完成12000m³。

到第12个月末，实际进度前锋线如下图所示。

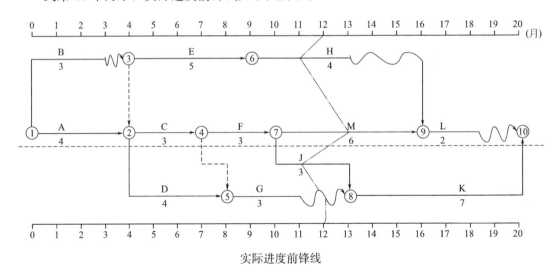

实际进度前锋线

【问题】

1. 截止6月末，该工程已完工作有哪些？正在进行的工作已完工作量是多少？累计结算工程价款是多少万元？

2. 计算D、F完成的工程价款是多少万元？

3. 计算8月底，D工作的已完工程预算投资（BCWP）、计划工程预算投资（BCWS）、已完工程实际投资（ACWP）、费用绩效（CPI）和进度绩效指数（SPI）。

4. 根据前锋线，工作H、M、J的实际进度超前或拖后的时间分别是多少？对总工期是否有影响？

（计算结果以万元为单位，保留两位小数）

2024 年度全国监理工程师职业资格考试试卷 答案与解析

试题一

1.① 不妥。理由：工程设计文件是实施监理的重要依据，应收到工程设计文件后再进入工地熟悉建设情况。

② 不妥。理由：应该在收到工程设计文件后编写监理规划。

③ 不妥。理由：应由施工单位编制施工总进度计划。

2. 针对事件 2 中，④⑤⑥⑦工作不属于专业监理工程师工作。

3. 监理规划还应补充的内容：

（1）监理工作的范围、内容、目标。

（2）人员配备及进退场计划、监理人员岗位职责。

（3）工程质量控制。

（4）安全生产管理的监理工作。

（5）合同与信息管理。

（6）组织协调。

（7）监理工作设施。

4. 按照合理的解释顺序进行排序：

① 中标通知书；

② 投标函及投标函附录；

③ 专用合同条款；

④ 通用合同条款；

⑤ 委托人要求。

试题二

1. 绘制决策树图如下。

若题目给的是利润扣除了（投标费的话）

A＝（400×0.3＋200×0.5－250×0.2）×0.4－8×0.6＝63.2（万元）。

B＝（400×0.2＋150×0.6－400×0.2）×0.5－6×0.5＝42（万元）。

C＝（250×0.3＋100×0.6－350×0.1）×0.6－10×0.4＝56（万元）。

应当选 A 方案。

2.（1）项目监理机构应由总监理工程师签发工程暂停令，并应及时报告建设单位。

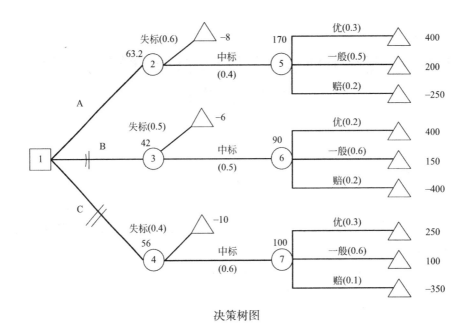

决策树图

（2）若施工单位拒绝整改，总监理工程师应及时向有关主管部门报送监理报告。

3.①属于风险转移；②属于损失控制；③属于风险自留；④属于风险转移。

4.（1）建设单位要求合理。理由：如果由于卖方原因，三次考核均未能达到合同约定的技术性能考核指标，则买卖双方应就合同的后续履行进行协商，协商不成的，买方有权解除合同。

（2）设备厂商理由不合理。理由：买方监造人员对合同设备的监造，不视为对合同设备质量的确认，不影响卖方交货后卖方依照合同约定对合同设备提出质量异议和退货的权利。

试题三

1.针对事件1，判断依据如下：

（1）不属于危大工程的有：

⑤20m落地式钢管脚手架搭设不属于危大工程；理由：搭设高度24m及以上的落地式钢管脚手架工程（包括采光井、电梯井脚手架）。

（2）属于危大工程的有：

②开挖深度2m的基坑，文物保护单位应当是周围环境复杂的基坑开挖。

⑥异形脚手架工程。

（3）属于超过一定规模的危大工程的有：

①场地内建筑物拆除，文物保护建筑拆除属于超过一定规模的危大工程。

③幕墙工程（60m）的建筑幕墙安装工程。施工高度50m及以上的建筑幕墙安装工程属于超过一定规模的危大工程。

④40m跨度的钢结构安装；跨度36m及以上的钢结构安装工程，或跨度60m及以上

的网架和索膜结构安装工程属于超过一定规模的危大工程。

2. 危大工程和超过一定规模的危大工程，程序上的区别：

（1）危大工程施工方案由施工项目经理组织编制，经施工单位技术负责人签字后，才能报送项目监理机构审查，总监理工程师批准后实施。

（2）对于超过一定规模的危大工程，施工单位应当组织召开专家论证会对专项施工方案进行论证。实行施工总承包的，由施工总承包单位组织召开专家论证会。专家论证前专项施工方案应当通过施工单位审核和总监理工程师审查。专家论证批准后，报建设单位批准实施。

3. 事件 2，项目监理机构质量事故的处理程序如下：

（1）工程质量事故发生后，总监理工程师应签发《工程暂停令》。

（2）项目监理机构要求施工单位进行质量事故调查、分析质量事故产生的原因，并提交质量事故调查报告。

（3）根据施工单位的质量调查报告或质量事故调查组提出的处理意见，项目监理机构要求相关单位完成技术处理方案。

（4）技术处理方案经相关各方签认后，项目监理机构应要求施工单位制定详细的施工方案。

（5）质量事故处理完毕后，具备工程复工条件时，施工单位提出复工申请，项目监理机构应审查施工单位报送的工程复工报审表及有关资料，符合要求后，总监理工程师签署审核意见，报建设单位批准后，签发工程复工令。

（6）项目监理机构应及时向建设单位提交质量事故书面报告，并应将完整的质量事故处理记录整理归档。

4. 事件 3，根据《建设工程质量管理条例》，本工程竣工验收还需要具备如下条件：

（1）有完整的技术档案；

（2）有工程使用的建筑构配件和设备的进场试验报告；

（3）有施工单位签署的工程保修书。

试题四

1. 针对事件 1，不妥之处与正确做法：

（1）不妥之处：项目经理签字并加盖项目部印章即报送项目监理机构审查。

正确做法：施工组织设计应由施工单位技术负责人审核签认盖施工单位章后报项目监理机构。

（2）不妥之处：总监理工程师代表组织审查了施工组织设计。

正确做法：总监理工程师组织审查施工组织设计。

2.（1）编审程序应符合相关规定。

（2）工程质量保证措施应符合施工合同要求。

（3）安全技术措施应符合工程建设强制性标准。

3.（1）防水工程施工中频繁出现施工质量问题。

（2）从人、机械、材料、方法、环境等方面进行要因分析。

4.（1）依题意 N＝88，n＝7，抽样间隔＝88/7＝12。

（2）若抽取的第 1 个样本编号为 3，抽样间隔为 12，则其余依次抽取的样品号码为 15、27、39、51、63、75、87，最后在 3、15、27、39、51、63、75、87 这 8 个号码中随机任意去掉 1 个。

试题五

1. A－B－E－G；计算工期 110 天，

C 的总时差＝110－103＝7（天），C 的自由时差＝0 天。

2. 石方分项工程款 9700×150×（1＋8％）×（1＋9％）/10000＝171.28（万元）。

土方分项工程款（20000－9700）×80×（1＋8％）×（1＋9％）/10000＝97.00（万元）。

会影响工期 1 天（8－7），此时工期变为 111 天。

3. 由于是非承包商原因造成，且 F 工作为关键工作，所以工期和费用可以索赔。

窝工费＝（50×100×60％＋6×1500×60％）×（1＋8％）×（1＋9％）＝0.99（万元）。

工期顺延 3 天。

4. 此时工期为 114 天；

G 的总时差＝114－110＝4（天），G 的最早开始时间为 75（末）天。

K 的总时差＝0，最早开始时间为 72（末）天。

5. G 工作结算价款＝1600×300×（1＋8％）×（1＋9％）＝5.65（万元），G 的施工速度＝1400/35＝40（m³/天），G 的实际施工时间＝1600/40＝40（天），由于有 4 天总时差，G 需要赶工的天数 5－4＝1（天），所以 G 需要赶工 1 天工程量 40m³，

40×60＝2400（元）（不含税费）；

2400×（1＋8％）×（1＋9％）＝2825.28（元）＝0.28（万元）（含税费）。

试题六

1. 截止 6 月末已完工程有 A 和 B，正在进行的有 C、D、E，分别已完工程量为：C 工作，9000×2/3＝6000；D 工作，16000×2/4＝8000；E 工作，6000×2/5＝2400。

6 月末累计完成的工程结算价款（20000×50＋3000×2500＋6000×80×2/5＋9000×30×2/3＋16000×300×2/4）×（1＋8％）×（1＋9％）/10000＝1326.94（万元）。

2. D 工程量偏差（19200－16000）/16000＝20％超过 15％。

D 的结算价款｛16000×（1＋15％）×300＋[19200－16000×（1＋15％）]×300×90％｝×（1＋8％）×（1＋9％）/10000＝675.24（万元）。

F 工程量减少（15000－12000）/15000＝20％超过 15％。

F 的结算价款 12000×60×1.1×（1＋8％）×（1＋9％）/10000＝93.23（万元）。

3. D 工作拟完计划投资为 16000×300×（1＋8％）×（1＋9％）/10000＝565.06（万元）。

D 工作已完计划投资为 19200×300×（1＋8％）×（1＋9％）/10000＝678.07（万元）。

D 工作已完实际投资为 675.24 万元。

D 工作投资绩效指数为工作已完计划投资/已完实际投资＝678.07/675.24＝1.00。

D 工作进度绩效指数为工作已完计划投资/拟完计划投资＝678.07/565.06＝1.20。

4. H 工作拖后 1 个月，不影响总工期，因为 H 工作有 5 个月总时差。

M 工作提前 1 个月，不影响总工期，非关键工作。

J 工作拖后 1 个月，会延长 1 个月总工期，J 工作是关键工作。

2023 年度全国监理工程师职业资格考试试卷

本试卷均为案例分析题（共 6 题，每题 20 分），要求分析合理、结论正确；有计算要求的，应简要写出计算过程。

试题一

某工程建安工程投资 20000 万元，施工合同工期 24 个月，工程实施过程中发生如下事件：

事件 1：工程监理招标文件规定，项目监理机构人员配备应以建安工程投资为基数计算确定。其中，专业监理工程师、监理员、行政文秘人员至少应按系数 0.3、0.6、0.1（单位：人·年/千万元）进行配备。

事件 2：建设单位在第一次工地会议上提出，项目监理机构应区分不同情形分别签发《工程暂停令》或《监理通知单》：①未经批准擅自施工的；②施工单位未按批准的设计文件施工的；③施工单位采用不适当施工工艺的；④施工存在质量事故隐患的；⑤施工单位拒绝监理机构管理的；⑥特种作业人员未持证上岗的。

事件 3：专业监理工程师巡视时发现主体结构工程施工存在质量问题，项目监理机构随即按《建设工程监理规范》GB/T 50319—2013 要求进行了处置。

事件 4：工程竣工预验收合格后，项目监理机构编写了工程质量评估报告，由总监理工程师代表签署后报送建设单位。

【问题】

1. 针对事件 1，分别确定工程建设程度（每年完成建安工程投资额）及不同岗位监理人员最低配备数量。项目监理机构至少需配备多少人？

2. 针对事件 2，第一次工地会议纪要应由谁负责整理和签字，项目监理机构在哪些情形下需签发《工程暂停令》？哪些情形下适合签发《监理通知单》？

3. 针对事件 3，写出项目监理机构处置程序。

4. 指出事件 4 中的不妥之处，写出正确的做法。

试题二

某工程，施工单位按照合同约定，将设备安装分包给甲分包单位，建设单位负责设备采购，实施过程中发生如下事件：

事件 1：建设单位要求监理机构完成：①主持图纸会审；②编制现场总平面布置图；③复核施工控制网；④办理施工许可证。

事件 2：专业监理工程师检查钢筋电焊接头时，发现存在质量问题，统计如下：

钢筋电焊接头质量问题统计

序号	质量问题	不合格点数	序号	质量问题	不合格点数
1	焊瘤	4	4	夹渣	22
2	气孔	88	5	咬边	70
3	凹坑	6	6	焊脚尺寸	10

事件 3：建设单位采购空调时，认为空调设备的安装由空调生产厂商安装更能保证质量，随即要求施工单位与空调生产厂商签订安装分包合同。后经协商，甲分包单位将其中空调安装分包给空调生产厂商。

事件 4：工程预验收合格后，建设单位安排总监理工程师组织竣工验收，验收合格后，项目监理机构向城建档案机构移交资料。

【问题】

1. 针对事件 1，逐条指出建设单位的要求是否妥当，说明理由。

2. 针对事件 2，采用排列图法分析计算各个质量问题的频率，并分别指出哪些是主要质量问题、次要质量问题。

3. 针对事件 3，建设单位和甲分包单位做法是否妥当，说明理由。

4. 针对事件 4，指出有哪些不妥之处，写出正确做法。

试题三

某工程，监理单位承担施工招标代理和施工监理任务，工程实施过程中发生如下事件：

事件1：项目监理机构编制施工招标文件时，建设单位提出：①外地企业投标时，必须与当地企业组成联合体进行投标；②中标单位竣工验收前更换项目经理，必须获得建设单位的同意；③中标单位负责召开设计交底会议；④施工单位应在工程竣工验收合格后出具工程质量保修书；⑤因紧急情况需暂停施工，施工单位可以先暂停，并及时通知项目监理机构。

事件2：施工前，监理机构对工程风险分析，提出目标控制及安全生产管理风险防范性对策。

事件3：分包单位隐蔽验收前，施工单位按照规定向监理机构递交验收申请。在验收前12小时，专业监理工程师因故不能参加隐蔽验收并告知施工单位。施工单位组织了隐蔽工程验收，并作相应记录报送监理人，专业监理工程师对验收结果存疑，剥离重新检查后发现质量合格。分包单位由此将引起的费用索赔和工期延误向监理机构报审相应补偿。

事件4：竣工验收，总监理工程师代表组织各专业监理工程师进行竣工预验收。

【问题】

1. 事件1中，逐条指出建设单位的要求是否合理，若不合理，说明理由。

2. 事件2中，监理机构进行风险分析的依据有哪些？

3. 事件3中，根据《建设工程施工合同（示范文本）》GF—2017—0201，指出专业监理工程师、施工单位、分包单位做法是否妥当，写出理由。

4. 指出事件4的不妥之处，写出正确的做法。

试题四

某工程，施工单位按照合同约定将钢结构和幕墙工程分别分包给甲、乙两施工单位。施工过程中，发生如下事件：

事件 1：开工前，施工单位向监理机构报送了《工程开工报审表》及相关资料。项目监理机构审查后认为：①设计交底和图纸会审已完成；②施工单位现场质量、安全生产管理体系已建立；③管理及施工人员已到位；④进场道路及水、电、通信等已满足开工要求。总监理工程师随后签发工程开工令。

事件 2：针对起重量 350kN 的钢结构的吊装，甲分包单位按照施工单位要求编制专项施工方案，监理机构检查发现，在专项方案的报审中，甲分包单位已经开始吊装作业。

事件 3：监理发现，乙分包单位未按照幕墙专项施工方案施工，总监理工程师向施工单位签发《工程暂停令》，同时报告了建设单位。但是乙分包单位并未执行指令，仍继续施工，总监理工程师书面报告了政府有关主管部门。书面报告发出的当天，施工造成人员伤亡。

【问题】

1. 事件 1 中，监理机构批准《工程开工报审表》时，还应该具备哪些条件？总监理工程师签发工程开工令前，还应具备哪些条件？

2. 针对事件 2，依据《危险性较大的分部分项工程安全管理规定》，指出专项施工方案编制及实施中存在的不妥之处，写出正确审核审查程序。

3. 事件 2 中，指出监理机构应如何处理。

4. 分别指出事件 3 中，建设单位、施工单位、监理单位、乙分包单位是否应承担责任？说明理由。

试题五

某工程，建设单位与施工单位签订了施工合同，合同工期为 35 个月。经总监理工程师批准的施工总进度计划如下图所示，各项工作均按最早开始时间安排且匀速施工。

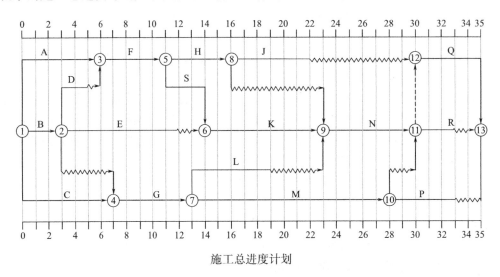

施工总进度计划

事件 1：工程施工至第 3 个月末，施工单位向建设单位提交了工程变更申请。建设单位要求项目监理机构联系设计单位修改设计，并由总监理工程师组织相关单位召开专题会议，论证设计文件修改方案。

事件 2：工程施工过程中，由于建设单位采购的设备未及时运抵现场，致使工作 E 停工 2 个月，产生施工机械闲置费 23 万元、施工人员窝工费 15 万元。施工单位提出工程延期和费用索赔申请，总监理工程师代表审查索赔资料后签署了索赔意见。

事件 3：工作 H、L 和 N 需要使用同一台施工机械顺序作业，为使该施工机械在现场闲置的时间最少，施工单位调整了相关工作进度安排。

【问题】

1. 指出图中施工总进度计划的关键线路及工作 C 的总时差、工作 J 的自由时差、工作 G 的最迟开始时间和工作 H 的最迟完成时间。

2. 指出事件 1 中不妥之处，并写出正确做法。

3. 事件 2 中，监理机构应该批准的费用索赔和工程延期为多少，并说明理由。

4. 事件 3 中，修改了施工进度计划，设备闲置时间最短为多少？此时，工作 H 和 L 的开始时间是多少？

试题六

某工程，建设单位与施工单位按照《建设工程施工合同（示范文本）》GF—2017—0201 签订了施工合同，签约合同价为 9800 万元，合同工期 18 个月，工程预付款支付比例为签约合同价的 20％，从开工后第 4 个月开始分 8 个月等额扣回。规费费率为 8％（以分部分项工程费、措施费和其他项目费之和为基数），税金税率 9％（以分部分项工程费、措施费、其他项目费、规费之和为基数），计算费用时不考虑增值税。分项工程累计实际工程量增加（或减少）超过计划工程量的 15％时，其综合单价调整系数为 0.9（或 1.1），每月进度工程款支付时，业主按进度款的 3％扣留工程质量保证金。经确认的施工单位计划完成产值如下表所示。

施工单位计划完成产值表

时间(月)	1 月	2 月	3 月	4 月	5 月	6 月	7 月	8 月	9 月	10 月	11 月
计划完成产值（万元）	300	400	560	760	900	900	1050	900	880	650	450

工程实施过程中发生如下事件：

事件 1：第 5 个月建设单位发生变更，分项工程 A、B 的综合单价分别为 280 元/m³ 和 420 元/m³，工程量变化如下：

A、B 项工作变更情况表

A 项工作		B 项工作	
清单工程量	变更后工程量	清单工程量	变更后工程量
1200m³	1560m³	980m³	745m³

事件 2：第 6 个月，分项工程 C 的综合单价为 539.28 元/m³，其中包含材料暂估价单价 2580 元/t，经项目监理机构确认的实际采购价格为 3450 元/t，材料用量为 0.05t/m³，施工单位向项目监理机构提交了综合单价调整申请。

【问题】

1. 本工程预付款是多少万元？4～11 月每月预付款扣回多少？

2. 分项工程 A、B 的综合单价是否需要调整，说明理由。若需调整，调整后分项工程 A、B 的综合单价是多少？分项工程 A、B 实际工程价款合计是多少？

3. 针对事件 2，如果只考虑已确认后的材料实际采购价格替代材料暂估价，项目监理机构应批准的调整后综合单价是多少？

4. 考虑事件 1 的影响，项目监理机构在第 3、4、5 个月应签发的工程进度款各为多少万元？

（涉及金额的，计算结果保留小数点后两位）

2023 年度全国监理工程师职业资格考试试卷答案与解析

试题一

1. 事件 1 中，工程建设强度＝20000/(24÷12)＝10000(万元/年)＝10（千万元/年）。

各类监理人员数量如下：

专业监理工程师＝0.3×10＝3（人）；监理员＝0.6×10＝6（人）；行政文秘人员＝0.1×10＝1（人）。

项目监理机构至少需配备＝3＋6＋1＋1(总监)＝11（人）。

2. 事件 2：

（1）第一次工地会议纪要由项目监理机构负责整理，与会各方代表会签。

（2）签发《工程暂停令》的情形：

① 未经批准擅自施工的；

② 施工单位未按批准的设计文件施工的；

⑤ 施工单位拒绝监理机构管理的。

（3）签发《监理通知单》的情形：

③ 施工单位采用不适当施工工艺的；

④ 施工存在质量事故隐患的；

⑥ 特种作业人员未持证上岗的。

3. 事件 3：

（1）签发《监理通知单》，要求施工单位整改；

（2）跟踪检查整改过程；

（3）在施工单位整改完成并报送《监理通知回复单》后，复查整改情况；

（4）提出复查意见。

4. 事件 4：

不妥之处：项目监理机构编写了工程质量评估报告，由总监理工程师代表签署后报送建设单位。

正确做法：工程竣工预验收合格后，由总监理工程师组织专业监理工程师编制工程质量评估报告，编制完成后，由项目总监理工程师及监理单位技术负责人审核签认（并加盖监理单位公章）后报建设单位。

试题二

1. 事件 1：

① 不妥当，图纸会审应由建设单位主持；

② 不妥当，现场总平面布置图应由施工单位编制；

③ 妥当，复核施工控制网属于监理单位职责；

④ 不妥当，施工许可证应由建设单位办理。

2. 事件 2：

（1）各类质量问题发生的频率：

质量问题累计频率表

序号	质量问题	不合格点数	发生频率（%）	累计频率（%）
1	气孔	88	44	44
2	咬边	70	35	79
3	夹渣	22	11	90
4	焊脚尺寸小	10	5	95
5	凹坑	6	3	98
6	焊瘤	4	2	100
	合计	200	100	

（2）主要质量问题有气孔和咬边；次要质量问题是夹渣。

主要因素：0~80%；次要因素：80%~90%；一般因素：90%~100%。

3. 事件 3：

（1）建设单位做法不妥。理由：建设单位不得指定分包单位。

（2）甲分包单位做法不妥。理由：专业分包单位不得对分包工程再进行分包。

4. 事件 4：

（1）不妥之处一：建设单位安排总监理工程师组织竣工验收。

正确做法：由建设单位组织竣工验收。

（2）不妥之处二：项目监理机构向城建档案机构移交资料。

正确做法：项目监理机构向建设单位移交归档资料，建设单位向城建档案管理机构移交归档资料。

试题三

1. 事件 1：

① 不合理，不得以不合理的条件限制潜在的投标人，不得区别对待外地企业和当地企业。

② 合理。

③ 不合理，建设单位负责组织召开设计交底会议。

④ 不合理，应在向建设单位提交工程竣工验收报告时出具工程质量保修书。

⑤ 合理。

2. 监理机构进行风险分析的依据有：工程特点、施工合同、工程设计文件及经过批准的施工组织设计等。

3. 事件3：

（1）专业监理工程师做法不妥当。理由：专业监理工程师如不能参加隐蔽工程验收，应提前24h向施工单位告知。

（2）施工单位做法妥当。理由：项目监理机构不能按时验收，应在验收前24h以书面形式向施工总包单位提出延期要求。未按时提出延期要求，又未参加验收，施工总包单位可自行组织验收，结果应被认可。

（3）分包单位将引起的费用索赔和工期延误向监理机构提出索赔不妥。理由：分包单位应向施工单位提出，再由施工单位向监理机构提出。

（4）专业监理工程师对隐蔽工程质量存疑时，对已覆盖的部位进行剥离检查妥当。理由：属于监理工程师应履行的职责，同时该规定也是施工合同条款约定的内容。

4. 事件4：

总监理工程师代表组织竣工预验收不妥。正确做法：应由总监理工程师组织专业监理工程师、施工单位项目经理、项目技术负责人进行竣工预验收。

试题四

1. 事件1：

（1）监理机构批准《工程开工报审表》时，还应该具备的条件包括：①施工组织设计已由总监理工程师签认；②施工机械具备使用条件；③主要工程材料已落实。

（2）总监理工程师签发《工程开工令》尚需具备的条件：《工程开工报审表》需经建设单位签署批准开工意见。

2. 事件2：

（1）不妥之处：①专项施工方案未组织专家论证；②专项施工方案尚在报审中便开始钢结构吊装施工。

（2）审核审查程序：

① 专项施工方案应由甲分包单位技术负责人审核签字并加盖甲分包单位公章；

② 专项施工方案应由施工单位技术负责人审核签字并加盖施工单位公章；

③ 专项施工方案应由总监理工程师审查签字并加盖执业印章。

3. 事件2中应按如下方式应对：

（1）向施工单位签发《工程暂停令》，要求甲分包单位停工；

（2）要求施工单位检查甲分包单位已施工部分的工程质量；

（3）待专项施工方案经过修改各方批准后再指令施工单位恢复施工。

4.（1）建设单位无责任。理由：本次事故非建设单位责任，也不属于建设单位风险责任。

（2）施工单位有连带责任。理由：总承包单位和分包单位对分包工程的安全生产承担连带责任。

（3）监理单位无责任。理由：监理单位已履行法定职责。

（4）分包单位承担主要责任。理由：本次事故主要原因是因为乙分包单位未按照方案施工，且不听从监理暂停指令造成的，是直接责任人。

试题五

1.（1）关键线路：①-③-⑤-⑥-⑨-⑪-⑫-⑬（或：A-F-S-K-N-Q）；

（2）工作C的总时差为2个月；

（3）工作J的自由时差为8个月；

（4）工作G的最迟开始时间为第9月（或第10月初）；

（5）工作H的最迟完成时间为第23月（或第24月初）。

2. 不妥之处：

（1）施工单位向建设单位提交工程变更申请不妥。

正确做法：施工单位应向项目监理机构提交。

（2）建设单位要求项目监理机构联系设计单位修改设计不妥。

正确做法：应由建设单位联系设计单位修改设计。

（3）总监理工程师组织相关单位召开专题会议，论证设计文件修改方案不妥。

正确做法：应由建设单位组织专题会议论证。

3.（1）不批准工程延期。

理由：因工作E停工2个月未超过其总时差，不影响总工期。

（2）应批准费用补偿38万元。

理由：因该索赔事件是由建设单位采购的设备未及时运抵现场原因造成。

（3）总监理工程师代表签署索赔意见不妥。

理由：总监理工程师代表无权签署索赔意见，应由总监理工程师处理。

4.（1）施工机械在现场的最小闲置时间是0。

（2）工作H的开始时间：第12个月。

（3）工作L的开始时间：第17个月。

试题六

1. 预付款＝9800×20％＝1960.00（万元）。

4～11月每月预付款扣回＝1960/8＝245.00（万元）。

2. A项工作工程量变化＝（1560－1200）/1200×100％＝30％＞15％，所以工作A综合单价需要调整；

工作A调整后综合单价＝280×0.9＝252.00（元/m^3）。

B项工作工程量变化＝（980－745）/980×100％＝23.98％＞15％，所以工作B综合单价需要调整；

工作B调整后综合单价＝420×1.1＝462.00（元/m^3）。

调整后工作A、B分项工程费＝[1200×（1＋15％）×280＋（1560－1200×1.15）×252]＋（745×462）＝775950（元）＝77.60（万元）。

工程价款＝77.60×（1＋8％）×（1＋9％）＝91.35（万元）。

3. 调整后的综合单价＝539.28＋(3450－2580)×0.05＝582.78 (元/m³)。

4. 第 3 个月应签发的进度款＝560×(1－3%)＝543.20 (万元)。

第 4 个月应签发的进度款＝760×(1－3%)－245＝492.20 (万元)。

分项工程 A、B 原工程价款＝(1200×280＋980×420)×(1＋8%)×(1＋9%)/10000＝88.01 (万元)。

第 5 个月应签发的进度款＝(900＋91.35－88.01)×(1－3%)－245＝631.24 (万元)。

2022 年度全国监理工程师职业资格考试试卷

本试卷均为案例分析题（共 6 题，每题 20 分），要求分析合理、结论正确；有计算要求的，应简要写出计算过程。

试题一

某工程，实施过程中发生如下事件：

事件 1：开工前，总监理工程师将下列工作委托总监理工程师代表负责：①组织召开监理例会；②组织编制监理实施细则；③组织审核竣工结算；④调解建设单位与施工单位的合同争议；⑤处理工程索赔。

事件 2：监理人员在巡视时，发现施工单位存在下列问题：①未按施工方案施工；②使用不合格配件；③施工不当出现严重的安全事故隐患；④未按设计文件施工；⑤未经批准擅自施工；⑥实际施工进度严重滞后于计划进度且影响总工期；⑦违反强制性标准。针对上述问题，项目监理机构分别签发了《监理通知单》或《工程暂停令》，要求施工单位整改或停工。

事件 3：因工程实际情况发生变化，总监理工程师委托总监理工程师代表组织编制了监理规划。调整后的监理规划经总监理工程师审核确认后即报送建设单位。

事件 4：基坑开挖过程中发现实际地质情况与勘察设计文件不符，施工单位向项目监理机构提出设计变更申请，项目监理机构收到申请后进行了下列工作：①审查设计变更申请；②建议建设单位组织设计、施工等单位召开论证会；③提请建设单位联系设计单位修改设计；④评估设计变更对工程费用的影响。

【问题】

1. 依据《建设工程监理规范》GB/T 50319—2013，逐项指出事件 1 中总监理工程师委托的工作是否妥当？

2. 针对事件 2 中施工单位存在的问题，逐项指出项目监理机构应签发《监理通知单》，还是应签发《工程暂停令》？

3. 指出事件 3 中的不妥之处，写出正确做法。

4. 针对事件 4，依据《建设工程监理规范》GB/T 50319—2013，项目监理机构收到申请后还应进行哪些工作？

试题二

某工程，实施过程中发生如下事件：

事件1：项目监理机构收到施工单位报送的施工控制测量成果报验表后，安排监理员检查、复核报验表所附的测量设备检定证书、高程控制网和临时水准点的测量成果等内容并签署意见。

事件2：建设单位对施工单位正在使用的保温材料质量提出质疑，立刻指令施工单位暂停施工。经复检，保温材料的质量符合要求。为此，施工单位向项目监理机构提交了暂停施工造成的人员窝工及机械闲置的费用索赔申请。

事件3：项目监理机构审查施工单位提交的混凝土预制板厚度检测数据报告时，发现施工单位绘制的2月、5月、7月、11月四个月的混凝土预制板厚度直方图属非正常型，如下图所示。

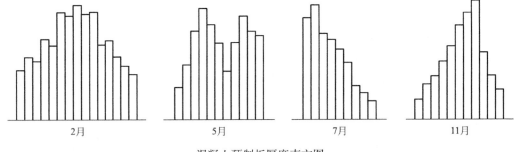

混凝土预制板厚度直方图

事件4：总监理工程师检查项目监理机构整理的危险性较大分部分项工程安全管理档案时，发现只有监理实施细则、专项巡视检查的相关资料。为此，总监理工程师要求依据《危险性较大的分部分项工程安全管理规定》，补充完善安全管理档案所需资料。

【问题】

1. 针对事件1，指出项目监理机构的不妥之处，并写出正确做法。项目监理机构对施工控制测量成果的检查、复测还应包括哪些内容？

2. 事件2中，建设单位的做法是否妥当？项目监理机构是否批准施工单位的索赔申请？分别说明理由。

3. 事件3中，2月、5月、7月、11月四个月的直方图分别属于哪种非正常型？分别说明其形成原因。

4. 针对事件4，项目监理机构应补充哪些资料？

试题三

某工程，建设单位委托工程监理单位实施勘察设计管理和施工监理，工程实施过程中发生如下事件：

事件 1：建设单位要求项目监理机构在勘察设计阶段完成下列工作：①编制工程勘察方案并报建设单位审批；②签署工程勘察费支付证书；③组织编制各阶段、各专业设计进度计划；④依据设计成果评估报告的意见优化设计。

事件 2：开工前，项目监理机构审查施工单位提交的施工总进度计划和阶段性施工进度计划时提出：①施工进度计划中主要工程项目没有遗漏，可以满足分批投入试运行、分批动用的需要；②施工进度计划符合建设单位提供的资金、施工图纸、施工场地、物资等条件。

事件 3：监理员巡视时发现，现浇钢筋混凝土柱拆模后有蜂窝、麻面等质量缺陷，随即下达《监理通知单》，并报告了专业监理工程师。专业监理工程师提出了质量缺陷处理方案，并要求施工单位整改。

事件 4：工程施工过程中发生不可抗力事件，导致建设单位采购待安装的设备损失 30 万元，施工单位支付受伤工人医疗费 6 万元，已完工程修复费用 25 万元，照管工程费用 4 万元；同时造成工程停工 15 天。施工单位在合同约定期限内向项目监理机构提交了费用补偿和工程延期申请。

【问题】

1. 针对事件 1，指出建设单位要求的不妥之处，并说明理由。

2. 针对事件 2，依据《建设工程监理规范》GB/T 50319—2013，针对施工进度计划，项目监理机构还应审查哪些内容？

3. 针对事件 3，指出监理人员做法的不妥之处，并写出正确做法。

4. 针对事件 4，依据《建设工程施工合同（示范文本）》GF—2017—0201，指出建设单位和施工单位各应承担哪些费用？项目监理机构应批准的费用补偿和工程延期各为多少？

试题四

某外商独资工程，实施过程中发生如下事件：

事件1：建设单位与工程参建单位分别签订了项目管理服务合同、勘察设计合同、施工合同和工程监理合同。

事件2：建设单位对设备采购和安装一并进行招标，招标文件中规定：①接受联合体投标；②最高投标限价为1850万元；③评标基准价为有效投标人报价算数平均值的95％；④评标委员会向建设单位推荐3名中标候选人，由建设单位从中确定中标人。开标后，各投标人的报价及出现的状况见下表。

开标情况表

投标人	投标报价（万元）	投标人出现的状况
A	1540	联合体签章不全
B	1850	—
C	1800	投标截止时间前递交的修正报价为1450万元
D	1550	未在规定的时间内递交投标保证金
E	1500	—
F	1620	联合体中有一方的安全生产许可证过期
G	1600	—
H	1880	—

事件3：主体工程施工需搭设高度为7.5m的模板支撑体系，施工单位按技术负责人批准的专项施工方案组织施工，并委派质量管理员兼任安全生产管理员。后因设计变更，模板支撑体系搭设高度需增至8.2m，施工单位调整专项施工方案后继续施工。

事件4：为满足钢结构吊装工程施工要求，施工单位向租赁公司租用了一台大型塔式起重机，并委托一家有相应塔式起重机安装资质的安装单位安装。安装完成后，施工单位和安装单位对该塔式起重机进行了验收。验收合格后，施工单位将塔式起重机交由钢结构吊装工程分包单位使用，并到有关部门办理了登记。

【问题】

1. 针对事件1，依据《中华人民共和国民法典》合同编中典型合同分类，指出建设单位与工程参建单位签订的四个合同分别属于哪类合同？

2. 事件2中，评标委员会应否决的投标人有哪些？评标基准价是多少万元？招标文件中的规定④是否妥当？说明理由。

3. 事件3中，指出施工单位做法的不妥之处，写出正确做法。

4. 针对事件4，指出施工单位做法的不妥之处，写出正确做法。

试题五

某工程，建设单位与施工单位依据《建设工程施工合同（示范文本）》GF—2017—0201 签订了施工合同。经总监理工程师审核确认的施工总进度计划如下图所示（时间单位：月），各项工作均按最早开始时间安排且匀速施工；各项工作费用按持续时间均匀分布。

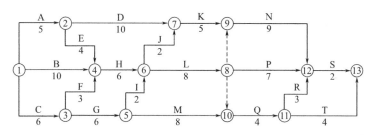

施工总进度计划

工程实施过程中发生如下事件：

事件 1：项目监理机构在第 3 个月月末统计的 1～3 月份已完工程计划费用（BCWP）和已完工程实际费用（ACWP）见下表。工作 A、B、C 的计划费用分别为 200 万元、500 万元、260 万元。

1～3 月费用统计表（单位：万元）

费用	1 月	2 月	3 月
已完工程计划费用(BCWP)	120	150	140
已完工程实际费用(ACWP)	140	160	130

事件 2：施工过程中，建设单位提出一项设计变更，该变更导致工作 J 推迟施工 1 个月，增加工程费用 20 万元，造成施工单位人员窝工损失 9 万元。为此，施工单位通过项目监理机构向建设单位提出工程延期 1 个月、费用补偿 29 万元的申请。

事件 3：因施工机械设备调配原因，施工单位计划将工作 Q 推迟 3 个月开始施工，且后续工作相应顺延，遂向项目监理机构报送了调整后的施工进度计划，并提出延期申请。

【问题】

1. 依据上图，确定施工总进度计划的总工期及关键工作，工作 J 的总时差和自由时差分别为多少个月？

2. 事件 1 中，截至第 3 个月月末，拟完工程计划费用累计额为多少万元？费用偏差和进度偏差（以费用额表示）分别为多少万元？并判断费用是否超支和进度是否拖后？

3. 事件 2 中，项目监理机构是否应批准工程延期？说明理由。批准的费用补偿为多少万元？说明理由。

4. 针对事件 3，项目监理机构是否应批准施工单位提出的工程延期申请？说明理由。

试题六

某工程由 A、B、C 三个子项工程组成，采用工程量清单计价，工程量清单中 A、B 两个子项工程的工程量分别为 $2000m^2$、$1500m^2$。C 子项工程暂估价为 90 万元、暂列金额为 100 万元。中标施工单位投标文件中 A、B 子项工程的综合单价分别为 1000 元/m^2、3000 元/m^2，措施项目费为 40 万元。

建设单位与施工单位依据《建设工程施工合同（示范文本）》GF—2017—0201 签订了施工合同，合同工期为 4 个月，合同中约定：

① 预付款为签约合同价（扣除暂列金额）的 10%，在第 2～第 3 个月等额扣回；

② 开工前预付款和措施项目价款一并支付；

③ 工程进度款按月结算；

④ 质量保证金为工程价款结算总额的 3%，在工程进度款支付时逐次扣留，计算基数不包括预付款支付或扣回的金额；

⑤ 子项工程累计实际完成工程量超过计划完成工程量的 15%，超出部分的工程量综合单价调整系数为 0.90；

⑥ 计日工单价为 150 元/工日，施工机械为 2000 元/台班。规费综合费率为 8%（以分部分项工程费、措施项目费、其他项目费之和为基数），增值税税率为 9%（上述费用均不含进项税额）。

C 子项工程的工程量确定为 $1000m^2$ 后，建设单位与施工单位协商后确定的综合单价为 850 元/m^2。

A、B、C 子项工程月计划完成工程量见下表。

A、B、C 子项工程月计划完成工程量（单位：m^2）

子项工程	1 月	2 月	3 月	4 月
A	2000	—	—	—
B	—	750	750	—
C	—	—	500	500

工程开工后第 1 个月，施工单位为清除未探明的地下障碍物，增加人工 100 个工日、施工机械 10 个台班。第 3 个月，由于设计变更导致 B 子项工程的工程量增加 $150m^2$。

【问题】

1. 分别计算签约合同价、开工前建设单位支付的预付款和措施项目工程款。

2. 设计变更导致 B 子项工程增加工程量，其综合单价是否调整？说明理由。

3. 分别计算第 1～第 3 月建设单位应支付的工程进度款。

4. 分别计算实际应支付的竣工结算价款金额和工程竣工结算价款总额。

（单位：万元，计算结果保留两位小数）

2022 年度全国监理工程师职业资格考试试卷答案与解析

试题一

1. 事件 1 中总监理工程师委托的工作是否妥当的判断：

① 组织召开监理例会妥当。

② 组织编制监理实施细则妥当。

③ 组织审核竣工结算不妥。

④ 调解建设单位与施工单位的合同争议不妥。

⑤ 处理工程索赔不妥。

2. 事件 2 中施工单位存在的问题，应签发《监理通知单》还是《工程暂停令》的判断：

① 未按施工方案施工应签发《监理通知单》。

② 使用不合格配件应签发《监理通知单》。

③ 施工不当出现严重的安全事故隐患应签发《工程暂停令》。

④ 未按设计文件施工应签发《工程暂停令》。

⑤ 未经批准擅自施工应签发《工程暂停令》。

⑥ 实际施工进度严重滞后于计划进度且影响总工期应签发《监理通知单》。

⑦ 违反强制性标准应签发《工程暂停令》。

3. 事件 3 中的不妥之处及正确做法：

（1）不妥之处：因工程实际情况发生变化，总监理工程师委托总监理工程师代表组织编制了监理规划。

正确做法：应由总监理工程师组织专业监理工程师编制监理规划。

（2）不妥之处：调整后的监理规划经总监理工程师审核确认后即报送建设单位。

正确做法：应经工程监理单位技术负责人批准后将监理规划报送建设单位。

4. 事件 4 中，项目监理机构收到申请后还应进行的工作：

① 评估设计变更对总工期的影响；

② 组织建设单位、施工单位共同协商确定工程变更费用及工期变化；

③ 会签工程变更单；

④ 根据批准的工程变更文件监督施工单位实施。

试题二

1. 针对事件1，项目监理机构的不妥之处与正确做法：

（1）不妥之处：项目监理机构安排监理员检查、复核施工控制测量成果报验表。

正确做法：应安排专业监理工程师进行检查、复核。

（2）不妥之处：监理员签署意见。

正确做法：应由专业监理工程师签署意见。

项目监理机构对施工控制测量成果的检查、复测还应包括的内容有：施工单位测量人员的资格证书、施工平面控制网的测量成果及控制桩的保护措施。

2. 事件2中，建设单位做法不妥。理由：建设单位的停工指令应通过总监理工程师下达。

项目监理机构应当批准施工单位的索赔。理由：建设单位提出质疑的保温材料的质量符合要求，从而发生的人员窝工和机械闲置费用应由建设单位承担。

3. 2月的直方图属于折齿型。形成原因：由于分组组数不当或者组距确定不当出现的直方图。

5月的直方图属于双峰型。形成原因：是由于用两种不同方法或两台设备或两组工人进行生产，然后把两方面数据混在一起整理产生的。

7月的直方图属于绝壁型。形成原因：是由于数据收集不正常，可能有意识地去掉下限以下的数据，或是在检测过程中存在某种人为因素影响所造成的。

11月的直方图属于左缓坡型。形成原因：主要是由于操作中对上限（或下限）控制太严造成的。

4. 针对事件4，项目监理机构还应补充的资料有：专项施工方案审查、验收及整改等相关资料。

试题三

1. 针对事件1，建设单位要求的不妥之处及理由：

（1）不妥之处：编制工程勘察方案并报建设单位审批。

理由：编制工程勘察方案并报建设单位审批属于勘察单位应完成工作。

（2）不妥之处：组织编制各阶段、各专业设计进度计划。

理由：组织编制各阶段、各专业设计进度计划属于设计单位应完成工作。

2. 项目监理机构还应审查的内容：

（1）施工进度计划是否符合施工合同中工期的约定。

（2）阶段性施工进度计划应满足总进度控制目标的要求。

（3）施工顺序的安排是否符合施工工艺要求。

（4）施工人员、工程材料、施工机械等资源供应计划是否满足施工进度计划的需要。

3. 事件3，监理人员做法的不妥之处及正确做法：

（1）不妥之处：监理员下达《监理通知单》。

正确做法：应该由专业监理工程师或总监理工程师签发《监理通知单》。

（2）不妥之处：专业监理工程师提出了质量缺陷处理方案。

正确做法：质量缺陷处理方案应由施工单位提出，监理机构进行审批。

4. 建设单位承担的费用：建设单位采购待安装的设备损失 30 万元、已完工程修复费用 25 万元、照管工程费用 4 万元。

施工单位承担的费用：施工单位支付受伤工人医疗费 6 万元。

项目监理机构应批准的费用补偿为 25＋4＝29（万元）。应批准的工程延期为 15 天。

试题四

1. 建设单位与工程参建单位签订的四个合同的类型：

（1）项目管理服务合同属于委托合同。

（2）勘察设计合同属于建设工程合同。

（3）施工合同属于建设工程合同。

（4）工程监理合同属于委托合同。

2. 事件 2 中，评标委员会应否决的投标人包括：

（1）评标委员会应否决投标人 A。理由：联合体协议必须所有成员签章。

（2）评标委员会应否决投标人 D。理由：投标人不按招标文件要求在开标前以有效形式提交投标保证金的，该投标文件将被否决。

（3）评标委员会应否决投标人 F。理由：根据《中华人民共和国招标投标法实施条例》第三十一条，联合体各方均应具备承担招标项目的相应能力。

（4）评标委员会应否决投标人 H。理由：投标报价高于最高投标限价。

评标基准价是（1850＋1450＋1500＋1600）/4×95％＝1520（万元）。

招标文件中的规定④妥当：由建设单位从 3 名中标候选人中确定中标人符合《中华人民共和国招标投标法》的规定。

3. 事件 3 中，施工单位做法的不妥之处及正确做法：

（1）不妥之处：施工单位按批准的专项施工方案组织施工，并委派质量管理员兼任安全生产管理员。

正确做法：应有专职安全生产管理人员进行现场安全监督工作。

（2）不妥之处：模板支撑体系搭设高度需增至 8.2m，施工单位调整专项施工方案后继续施工。

正确做法：8.2m 超过了 8m，属于超过一定规模的危险性较大的分部分项工程，应组织专家论证，并按照通过后的专项方案进行施工。

4. 事件 4 中，施工单位做法的不妥之处及正确做法：

不妥之处：安装完成后，施工单位和安装单位对塔式起重机验收后交由钢结构吊装工程分包单位使用。

正确做法：施工单位应与钢结构吊装工程分包单位、租赁单位与塔式起重机安装单位共同验收，验收通过后再交由钢结构吊装工程分包单位使用。

试题五

1. 施工总进度计划的总工期：10＋6＋8＋9＋2＝35 个月。

施工总进度计划的关键工作：B、H、L、N、S。

工作 J 的总时差：1 个月。

工作 J 的自由时差：0。

2. 截至第 3 个月月末：

拟完工程计划费用累计额（BCWS）＝（200/5＋500/10＋260/6）×3＝400（万元）。

已完工程计划费用累计额（BCWP）＝120＋150＋140＝410（万元）。

已完工程实际费用累计额（ACWP）＝140＋160＋130＝430（万元）。

截至第 3 个月月末费用偏差＝BCWP－ACWP＝410－430＝－20（万元），费用超支 20 万元，费用是超支。

截至第 3 个月月末进度偏差＝BCWP－BCWS＝410－400＝10（万元），进度提前 10 万元，进度没有拖后。

3. 项目监理机构不应批准工程延期。理由：因工作 J 有总时差 1 个月，延期 1 个月不影响总工期，故工期索赔不应批准。

项目监理机构批准的费用补偿为 29 万元。理由：因设计变更属于建设单位应承担的责任。

4. 项目监理机构不应批准施工单位提出的工程延期申请。理由：施工机械设备调配属于施工单位应承担的责任。

试题六

1. 签约合同价＝[（2000×1000＋1500×3000）/10000＋40＋90＋100]×（1＋8％）×（1＋9％）＝1035.94（万元）。

开工前建设单位支付的预付款＝[1035.94－100×（1＋8％）×（1＋9％）]×10％＝91.82（万元）。

措施项目工程款＝40×（1＋8％）×（1＋9％）＝47.09（万元）。

开工前建设单位支付的措施项目工程款＝47.09×（1－3％）＝45.68（万元）。

2. B 子项工程的综合单价不调整。

理由：（150/1500）×100％＝10％＜15％，故不调整。

3. 1 月施工单位完成的工程款＝[2000×1000＋（100×150＋10×2000）]/10000×（1＋8％）×（1＋9％）＝239.56（万元）。

1 月建设单位应支付的工程进度款＝239.56×（1－3％）＝232.37（万元）。

2 月施工单位完成的工程款＝750×3000/10000×（1＋8％）×（1＋9％）＝264.87（万元）。2 月建设单位应支付的工程进度款＝264.87×（1－3％）－91.82/2＝211.01（万元）。

3 月施工单位完成的工程款＝[（750＋150）×3000＋500×850]/10000×（1＋8％）×（1＋9％）＝367.88（万元）。3 月建设单位应支付的工程进度款＝367.88×（1－3％）－

91.82/2＝310.93（万元）。

4.（1）第 4 个月完成工程款：500×0.085×(1＋8％)×(1＋9％)＝50.03（万元）。

工程竣工结算价款总额：40×(1＋8％)×(1＋9％)＋239.56＋264.87＋367.88＋50.03＝969.43（万元）。

（2）实际应支付的竣工结算金额：969.43×(1－3％)－(91.82＋45.68＋232.37＋211.01＋310.93)＝48.54（万元）。

2021 年度全国监理工程师职业资格考试试卷

本试卷均为案例分析题（共 6 题，每题 20 分），要求分析合理、结论正确；有计算要求的，应简要写出计算过程。

试题一

某工程，实施过程中发生如下事件：

事件 1：为保证总监理工程师统一指挥，同时又能发挥职能部门业务指导作用，监理单位根据工程特点和服务内容等因素，在组建的项目监理机构中设置了若干子项目监理组，此外，还设有目标控制、合同管理等部门作为总监理工程师的工作参谋。

事件 2：为有效控制项目目标，项目监理机构拟采取下列措施：(1)明确各级目标控制人员职责；(2)审查施工组织设计；(3)处理工程索赔；(4)按月编制已完工程量统计表。

事件 3：工程开工前，建设单位主持召开了第一次工地会议。会后，项目监理机构将整理的会议纪要和总监理工程师签字认可的监理规划直接报送建设单位。

事件 4：总监理工程师要求下列监理工作用表须经总监理工程师本人签字并加盖执业印章：(1)《施工组织设计/（专项）施工方案报审表》；(2)《工程开工报审表》；(3)《监理报告》；(4)《工程材料、构配件、设备报审表》；(5)《工程开工令》；(6)《工程暂停令》。

【问题】

1. 针对事件 1，指出项目监理机构采用的是什么组织形式？该组织形式有哪些优缺点？

2. 针对事件 2，逐项指出项目监理机构拟采取的措施属于组织、技术、经济、合同措施中的哪一种？

3. 指出事件 3 中的不妥之处，写出正确做法。

4. 针对事件 4，依据《建设工程监理规范》GB/T 50319—2013，逐项指出总监理工程师的要求是否正确。

试题二

某工程，建设单位与甲施工单位签订了施工承包合同，甲施工单位依据合同约定，将基坑围护桩和土方开挖工程分给乙施工单位，工程实施过程中发生如下事件：

事件 1：在基坑围护桩施工过程中，监理人员巡视时，发现部分围护桩由丙施工单位施工，经查实，乙施工单位为加快施工进度，将部分围护桩的施工任务分包给丙施工单位。监理人员将此事报告了总监理工程师。

事件 2：土方开挖施工过程中，监理人员巡视时，发现乙施工单位未按经批准的施工方案施工，存在工程质量事故隐患，项目监理机构立即向甲施工单位签发《监理通知单》，要求整改。甲施工单位未进行回复。项目监理机构随即向乙施工单位签发《监理通知单》，乙施工单位回复称，施工是按已调整的施工方案进行的，且调整方案已征得甲施工单位同意，故继续按调整方案施工。

事件 3：用于钢结构安装的支撑体系搭设完成后，甲施工单位项目经理组织施工质量管理人员进行了验收，合格后即指令开始钢结构安装施工。

【问题】

1. 针对事件 1，写出项目监理机构的后续处理程序和方式。

2. 事件 2 中，分别指出项目监理机构向甲、乙施工单位签发《监理通知单》要求整改是否正确，说明理由。针对甲施工单位不作回复，乙施工单位继续施工的情形，项目监理机构应如何处置？说明理由。

3. 针对事件 3，依据《危险性较大的分部分项工程安全管理规定》，指出甲施工单位项目经理做法的不妥之处，写出正确做法。

试题三

某工程，实施过程中发生如下事件：

事件1：为控制工程质量，项目监理机构确定的巡视工作内容有：(1)施工单位现场管理人员到位情况；(2)特种作业人员持证上岗情况；(3)按批准施工组织设计施工情况。

事件2：监理人员巡视时发现：(1)施工单位项目技术负责人兼任安全生产管理员；(2)本工程已完工的地下一层有工人居住；(3)正在使用的脚手架连墙件被拆除。

事件3：施工过程中，施工单位对现场拟用于承重结构的一批钢筋完成取样后，报请项目监理机构确认，监理人员确认后，通知施工单位将试件送到检测机构检验。

事件4：项目监理机构收到施工单位提交的节能分部工程验收申请后，总监理工程师组织施工单位项目负责人和项目技术负责人进行验收，并核查下列内容：(1)所含分项工程质量是否验收合格；(2)有关安全、节能、环保和主要使用功能抽样检验结果是否符合规定。

【问题】

1. 针对事件1，依据《建设工程监理规范》GB/T 50319—2013，项目监理机构对工程质量巡视工作还应包括哪些内容？

2. 针对事件2，指出施工单位的不妥之处，说明理由。

3. 指出事件3中的不妥之处，写出正确做法。

4. 针对事件4，依据《建设工程施工质量验收统一标准》GB 50300—2013，还有哪些人员应参加验收？项目监理机构还应核查哪些内容？

试题四

某工程，建筑面积 12 万 m²，计划工期 26 个月，工程估算价 4 亿元，建设单位委托工程监理单位进行施工招标和施工监理。实施过程中发生如下事件：

事件 1：监理单位起草施工招标文件时，建设单位提出下列要求：(1)投标单位必须有近 5 年建设面积 10 万 m² 以上的同类工程业绩；(2)投标单位须在本工程所在地具有同类工程业绩；(3)施工项目经理必须常驻现场，未经建设单位同意不得更换项目经理；(4)设置最高投标限价和最低投标限价；(5)投标单位的投标保证金为 1000 万元；(6)联合体中标的，由联合体代表与建设单位签订合同。

事件 2：开工前，施工单位向项目监理机构报送了施工组织设计，项目监理机构审查部分内容后认为：(1)资金、劳动力、材料、设备等资源供应计划满足工程施工需要；(2)工程质量保证措施符合施工合同要求；(3)安全技术措施符合工程建设强制性标准。

事件 3：监理员巡视时发现，现浇钢筋混凝土柱拆模后有蜂窝、麻面等质量缺陷，即下达了《监理通知单》，并报告了专业监理工程师。专业监理工程师提出了质量缺陷处理方案，并要求施工单位整改。

事件 4：工程完工后，总监理工程师代表组织了工程竣工预验收，预验收合格后，总监理工程师组织编写《工程质量评估报告》并签字后，即报送建设单位。

【问题】

1. 指出事件 1 中建设单位要求的不妥之处，说明理由。

2. 针对事件 2，依据《建设工程监理规范》GB/T 50319—2013，项目监理机构对施工组织设计还应审查哪些内容？

3. 针对事件 3，指出项目监理机构的不妥之处，写出正确做法。

4. 指出事件 4 中的不妥之处，写出正确做法。

试题五

某工程，建设单位与施工单位依据《建设工程施工合同（示范文本）》GF—2017—0201 签订了施工合同，经总监理工程师审核确认的施工总进度计划如下图所示，各项工作均按最早开始时间安排且匀速施工。

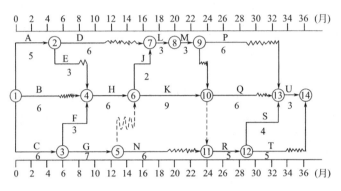

施工总进度计划

工程实施过程中发生如下事件：

事件 1：工程施工至第 2 个月，发现工程地质实际情况与勘察报告不符，需要补充勘察并修改设计，由此导致工作 A 暂停施工 1 个月，工作 B 暂停施工 2.5 个月，造成施工单位支出施工机械设备闲置费用 15 万元，施工人员窝工费用 12 万元。为此，施工单位提出工期延期 2.5 个月、费用补偿 27 万元的索赔。

事件 2：工程施工至第 19 个月末，经检查：工作 L 拖后 3 个月，工作 K 正常，工作 N 拖后 4 个月。

事件 3：建设单位在第 20 个月初提出工程必须按原合同工期完成。为此，施工单位提出赶工方案，将顺序施工的工作 R 和 S 分为 3 个施工段组织流水施工，流水节拍见下表。

工作 R、S 的施工段流水节拍（单位：月）

工作	施工段		
	①	②	③
R	2	2	1
S	1	1	2

【问题】

1. 针对事件 1，项目监理机构是否应批准工程延期？说明理由。应批准费用补偿多少万元？说明理由。

2. 指出事件 1 发生后施工总进度计划中的关键线路及工作 D、G 的总时差和自由时差。

3. 针对事件 2，分别说明各项工作实际进度偏差对总工期的影响。

4. 针对事件 3，工作 R 与 S 之间的流水步距为多少个月？流水施工工期为多少个月？工作 R 和 S 组织流水施工后，工程总工期为多少个月？

试题六

某工程，建设单位和施工单位依据《建设工程施工合同（示范文本）》GF—2017—0201 签订了施工合同。签约合同价 8100 万元，其中暂列金额 100 万元（含税费），合同工期 10 个月。施工合同约定：（1）预付款为签约合同价（扣除暂列金额）的 20%，开工后从第 3 个月开始分 4 个月等额扣回，当月实际结算价款不足以抵扣时，不足部分在次月扣回；（2）工程进度款按月结算；（3）质量保证金为工程结算价款总额的 3%，每月按应付工程进度款的 3% 扣留；（4）人工费 80 元/工日，施工机械台班费 2000 元/台班，计日工单价 150 元；（5）企业管理费率 12%（以人工费、材料费、施工机具使用费之和为基数），利润率 5%（以人工费、材料费、施工机具使用费及企业管理费之和为基数），规费综合费率 8%（以分部分项工程费、措施项目费及其他项目费之和为基数），增值税税率 9%。（上述费用均不含增值税进项税额）。

工程实施过程中发生如下事件：

事件 1：基坑开挖过程中，受建设单位平行发包的另一家施工承包单位施工不当影响，造成基坑局部坍塌，因此发生修复基坑围护工程费用 30 万元、变配电用房费用 5 万元，工程停工 5 天，施工单位提出索赔，要求补偿费用 35 万元，工程延期 5 天，建设单位同意补偿基坑围护工程费用 30 万元，但不同意顺延工期。

事件 2：结构工程施工阶段，建设单位提出工程变更，由此增加用工 150 工日，施工机械 30 台班及计日工 160 工日。施工单位在合同约定期限内向项目监理机构提出费用补偿申请。

事件 3：装修工程施工中发生不可抗力，造成下列后果：（1）装修材料损失 3 万元；（2）施工机械损失 12 万元；（3）施工单位应建设单位要求，照管、清理和修复工程发生费用 15 万元；（4）施工人员医疗费 1.8 万元。为保证合同工期，建设单位要求施工单位赶工，施工单位为此提出增加赶工费要求。

事件 4：施工单位 1～10 月实际完成的合同价款（含各项索赔费用）见下表。

施工单位 1～10 月实际完成的合同价款（含各项索赔费用）

时间（月）	1	2	3	4	5	6	7	8	9	10
实际完成合同价款（万元）	800	900	814	400	900	920	800	900	900	734

【问题】

1. 工程预付款总额和第 3 个月应扣回的工程预付款分别是多少万元？

2. 针对事件 1，指出建设单位做法的不妥之处，写出正确做法。

3. 针对事件 2，项目监理机构应批准的费用补偿为多少万元？

4. 针对事件 3，指出建设单位应承担哪些费用？

5. 针对事件 4，分别计算第 2、4、5 个月实际支付的工程价款为多少万元？工程实际造价和质量保证金分别是多少万元？

2021 年度全国监理工程师职业资格考试试卷
答案与解析

试题一

1. 采用的是直线职能制组织形式。

该组织形式的优点：实行直线领导（统一指挥）、职责分明（职责分工明确）、目标管理专业化。

该组织形式的缺点：职能部门与指挥部门易产生矛盾，信息传递路线长，不利于互通信息。

2. 项目监理机构拟采取措施的判断：

（1）组织措施：明确各级目标控制人员职责；

（2）技术措施：审查施工组织设计；

（3）经济措施：按月编制已完工程量统计表；

（4）合同措施：处理工程索赔。

3. 事件 3 中的不妥之处及正确做法：

（1）不妥之处：第一次工地会议后，项目监理机构将监理规划报送建设单位。

正确做法：应在召开第一次工地会议 7 天前报建设单位。

（2）不妥之处：只有总监理工程师签字认可的监理规划直接报送建设单位。

正确做法：监理规划在报送前，经总监理工程师签字后，还应由监理单位技术负责人审批。

4. 总监理工程师的要求是否正确的判断：

（1）总监理工程师的要求正确。

（2）总监理工程师的要求正确。

（3）总监理工程师的要求不正确。

（4）总监理工程师的要求不正确。

（5）总监理工程师的要求正确。

（6）总监理工程师的要求正确。

试题二

1. 事件 1 监理工程师的后续处理程序和方式：

（1）向甲施工单位签发《工程暂停令》，要求丙施工单位退场，并要求对丙施工单位已施工部分的工程质量进行检测（检验）。

（2）若检测（检验）结果合格，向甲施工单位签发《工程复工令》；若检测（检验）结果不合格，指令甲施工单位返工整改。

2. 事件2中：

（1）项目监理机构向甲施工单位签发《监理通知单》正确；

理由：甲施工单位与建设单位有合同关系。

（2）项目监理机构向乙施工单位签发《监理通知单》不正确；

理由：乙施工单位与建设单位没有合同关系。

（3）项目监理机构向甲施工单位签发《工程暂停令》；

理由：甲、乙施工单位拒绝项目监理机构管理。

3. 不妥之处：组织施工质量管理人员验收合格后指令开始钢结构安装施工。

正确做法：组织相关人员验收合格后，经施工单位项目技术负责人及总监理工程师签字后，方可开始施工。

试题三

1. 项目监理机构对工程质量巡视工作还应包括的内容：

（1）按工程设计文件施工情况。

（2）按工程建设标准施工情况。

（3）按批准的（专项）施工方案施工情况。

（4）使用的工程材料、构（配）件和设备是否合格情况。

（5）施工质量管理人员到位情况。

2. 针对事件2，施工单位的不妥之处及理由：

（1）不妥之处：施工单位项目技术负责人兼任安全生产管理员。

理由：相关法规规定，施工单位应配备专职安全生产管理人员。

（2）不妥之处：本工程已完工的地下一层有工人居住。

理由：相关法规规定，施工单位不得在尚未竣工验收的建筑物内设置员工集体宿舍。

（3）不妥之处：正在使用的脚手架连墙件被拆除。

理由：存在施工安全事故隐患。

3. 事件3中的不妥之处与正确做法：

（1）不妥之处：施工单位对现场拟用承重结构的钢筋自行取样，报请项目监理机构确认。

正确做法：应该通知监理人员见证取样。

（2）不妥之处：监理人员通知施工单位将试件报送检测机构。

正确做法：由监理人员见证，封样、送样。

4. 节能分部工程验收还应参加的人员：设计单位项目负责人和施工单位技术、施工单位质量部门负责人。

项目监理机构还应核查的内容包括：（1）质量控制资料是否完整；（2）观感质量是否符合要求。

试题四

1. 事件 1 中建设单位要求的不妥之处及理由：

（1）不妥之处：投标单位必须在本工程所在地具有同类工程业绩。

理由：不得以同类工程业绩的地域要求限制潜在投标人。

（2）不妥之处：设置最低投标限价。

理由：相关法律规定，招标人不得规定最低投标限价。

（3）不妥之处：投标单位的投标保证金为 1000 万元。

理由：投标保证金不得超过招标项目估算价的 2%（800 万元）。

（4）不妥之处：联合体中标的，由联合体代表与建设单位签订合同。

理由：联合体中标的，联合体各方应当共同与招标人签订合同。

2. 项目监理机构对施工组织设计还应审查的内容：

（1）编审程序是否符合相关规定；

（2）施工进度、施工方案是否符合施工合同要求；

（3）施工总平面布置是否科学合理。

3. 针对事件 3，项目监理机构的不妥之处与正确做法：

（1）不妥之处：监理员下达《监理通知单》。

正确做法：报告专业监理工程师，由专业监理工程师下达《监理通知单》。

（2）不妥之处：专业监理工程师提出质量缺陷处理方案。

正确做法：项目监理机构要求施工单位报送质量缺陷处理方案。

4. 事件 4 中的不妥之处及正确做法：

（1）不妥之处：总监理工程师代表组织工程竣工预验收。

正确做法：总监理工程师组织工程竣工预验收。

（2）不妥之处：《工程质量评估报告》经总监理工程师签字后即报送建设单位。

正确做法：《工程质量评估报告》经总监理工程师签字后，应报经监理单位技术负责人审核签字后再报送建设单位。

试题五

1. 监理机构不应批准工程延期。

理由：工作 A 暂停施工 1 个月，不影响工期；工作 B 暂停施工 2.5 个月，不影响工期。

应批准费用补偿 27 万元。

理由：施工中遇到勘察报告未提及的地下障碍物属于建设单位应承担的责任，损失应由建设单位承担。工作 A 有 1 个月总时差，暂停施工 1 个月未超过其总时差，不影响工期；工作 B 有 3 个月总时差，暂停施工 2.5 个月，未超过其总时差，不影响工期。

2. 事件 1 发生后，关键线路有两条 A-E-H-K-R-S-U（①→②→④→⑥→⑩→⑪→⑫→⑬→⑭）；C-F-H-K-R-S-U（①→③→④→⑥→⑩→⑪→⑫→⑬→⑭）。

工作 D：总时差为 6 个月，自由时差为 5 个月。

工作 G：总时差为 2 个月，自由时差为 0。

3. 工作 L、K、N 拖后对总工期影响的判断：

L 工作，总时差 1 个月，拖后 3 个月，超过总时差 2 个月，故对总工期影响 2 个月；

K 工作正常，对总工期没有影响；

N 工作，总时差 5 个月，拖后 4 个月，未超出其总时差，故对总工期没有影响。

4.（1）采用错位相减取大差法计算 R、S 工作的流水步距：

$$
\begin{array}{r}
2,\ 4,\ \ 5\\
-\quad\ 1,\ 2,\ \ 4\\
\hline
2\ \ \ 3\ \ \ 3\ \ -4
\end{array}
$$

$K_{RS}=3$ 个月。

（2）流水工期 $=\Sigma K+T_n=3+(1+1+2)=7$ 个月。

（3）考虑事件 2 时延误的 2 个月工期，R、S 工作，原计划工期 9 个月，现在组织流水施工后调整为 7 个月，缩短 2 个月，U 工作可以早开始 2 个月，综合考虑 P、Q 和 T 工作的总时差，工期可以缩短 2 个月，再考虑前期延误的 2 个月工期，最终完工时间仍为 36 个月。

试题六

1. 预付款总额 $=(8100-100)\times20\%=1600$（万元）。

第 3 个月应扣回的预付款为 $1600\div4=400$（万元）。

2. 建设单位的不妥之处：只同意补偿基坑围护工程费用 30 万元，不同意顺延工期。

正确做法：应同意补偿费用 35 万元、工程延期 5 天。

3. 监理机构应批准的费用补偿：

增加用工：$80\times150/10000=1.2$（万元）。

施工机械费用：$30\times2000/10000=6$（万元）。

计日工费用：$150\times160/10000=2.4$（万元）。

监理机构应批准费用补偿为：

$[(6+1.2)\times(1+12\%)\times(1+5\%)+2.4]\times(1+8\%)\times(1+9\%)=12.79$（万元）。

4. 建设单位应承担的费用：（1）装修材料损失 3 万元；（2）照管、清理修复工程费用 15（万元）；（3）赶工费。

5. 第 2 个月：实际支付的工程价款 $=900\times(1-3\%)=873$（万元）。

第 4 个月：$400\times(1-3\%)-400=-12$（万元），本月不支付。

第 5 个月：实际支付的工程价款为 $=900\times(1-3\%)-400-12=461$（万元）。

工程实际造价 $=800+900+814+400+900+920+800+900+900+734=8068$（万元）。

质量保证金 $=8068\times3\%=242.04$（万元）。

2020 年度全国监理工程师职业资格考试试卷

本试卷均为案例分析题（共 6 题，每题 20 分），要求分析合理、结论正确；有计算要求的，应简要写出计算过程。

试题一

某工程，施工合同价款 30000 万元，工期 36 个月。实施过程中发生如下事件：

事件 1：在监理招标文件中，建设单位提出部分评审内容如下：①企业资质；②工程所在地类似工程业绩；③监理人员配备；④监理规划；⑤施工设备检测能力；⑥监理服务报价。

事件 2：监理招标文件规定，项目监理机构在配备专业监理工程师、监理员和行政文秘人员时，需综合考虑施工合同价款和工期因素。已知：上述人员配备定额分别为 0.5、0.4 和 0.1（人·年/千万元）。

事件 3：工程开工前，项目监理机构预测分析工程实施过程中可能出现的风险因素，并提出风险应对建议：

（1）拟订货的某品牌设备故障率较高，建议更换生产厂家。

（2）工程紧邻学校，建议采取降噪措施减小噪声对学生的影响。

（3）施工单位拟选择的分包单位无类似工程施工经验，建议更换分包单位。

（4）某专业工程施工难度大、技术要求高，建议选择有经验的专业分包单位。

（5）恶劣气候条件可能会严重影响工程，建议购买工程保险。

（6）由于工期紧、质量要求高，建议要求施工单位提供履约担保。

事件 4：某危险性较大的分项工程施工前，监理员编写了监理实施细则，报专业监理工程师审查后实施。

【问题】

1. 指出事件 1 中监理招标评审内容的不妥之处，并写出相应正确的评审内容。

2. 针对事件 2，按施工合同价款计算的工程建设强度是多少（千万元/年）？需配备的专业监理工程师、监理员和行政文秘人员的数量分别是多少？

3. 事件 3 中的风险应对建议，分别属于风险回避、损失控制、风险转移和风险自留应对策略中的哪一种？

4. 指出事件 4 中的不妥之处，写出正确做法。

试题二

某工程，实施过程中发生如下事件：

事件1：工程开工前，施工单位向项目监理机构报送工程开工报审表及相关资料。专业监理工程师组织审查施工单位报送的工程开工报审表及相关资料后，签署了审核意见。总监理工程师根据专业监理工程师的审核意见，签发了工程开工令。

事件2：因工程中采用新技术，施工单位拟采用新工艺进行施工。为了论证新工艺的可行性，施工单位组织召开专题论证会后，向项目监理机构提交了相关报审资料。

事件3：项目监理机构收到施工单位报送的试验室报审资料，内容包括：试验室报审表、试验室的资质等级及试验范围证明资料。项目监理机构审查后认为试验室证明资料不全，要求施工单位补报。

事件4：某隐蔽工程完工后，建设单位对已验收隐蔽部位的质量有疑问，要求进行剥离检查。事后，施工单位提出费用索赔。

事件5：在塔式起重机拆除过程中发生了生产安全事故，造成4人死亡、5人重伤，直接经济损失1200万元。事故发生后，施工单位立即报告了建设单位和有关主管部门，总监理工程师立即签发了工程暂停令，并指挥施工单位开展应急抢险工作。事故发生2小时后，总监理工程师向监理单位负责人报告了事故情况。

【问题】

1. 指出事件1中的不妥之处，写出正确做法。
2. 针对事件2，写出项目监理机构对相关报审资料的处理程序。
3. 针对事件3，施工单位应补报哪些证明资料？
4. 针对事件4，建设单位的要求是否合理？项目监理机构是否应同意建设单位的要求？项目监理机构应如何处理施工单位提出的费用索赔？
5. 针对事件5，判别生产安全事故等级。指出总监理工程师做法的不妥之处，说明理由。

试题三

某工程，甲施工单位按合同约定将开挖深度为 5m 的深基坑工程分包给乙施工单位。工程实施过程中发生如下事件：

事件 1：乙施工单位编制的深基坑工程专项施工方案经项目经理审核签字后，报甲施工单位审批，甲施工单位认为该深基坑工程已超过一定规模，要求乙施工单位组织召开专项施工方案专家论证会，并派甲施工单位技术负责人以论证专家身份参加专家论证会。

事件 2：深基坑工程专项施工方案经专家论证，需要进行修改。乙施工单位项目经理根据专家论证报告中的意见对专项施工方案进行修改完善后立即组织实施。

事件 3：监理人员在巡视中发现，主体混凝土结构表面存在严重蜂窝、麻面。经检测，混凝土强度未达到设计要求。总监理工程师向甲施工单位签发了《工程暂停令》，要求报送质量事故调查报告。

【问题】

1. 根据《危险性较大的分部分项工程安全管理规定》，指出事件 1 中的不妥之处，写出正确做法。

2. 根据《危险性较大的分部分项工程安全管理规定》，指出事件 2 中的不妥之处，写出正确做法。

3. 针对事件 3，根据《建设工程监理规范》GB/T 50319—2013，写出项目监理机构的后续处理程序。

试题四

某依法必须招标的工程，建设单位采用公开招标方式选定施工单位，有 A、B、C、D、E、F、G 7 家施工单位通过了资格预审。实施过程中发生如下事件：

事件 1：在设计评标委员会组成方案时，建设单位提出：评标委员会由 7 人组成；建设单位主要负责人作为评标委员会主任委员；另指定建设单位的两位专家作为评标委员会成员，其余 4 位评标专家从依法建立的专家库中随机抽取。

事件 2：施工招标文件规定，9 月 17 日上午 9:00 开标，投标保证金为 75 万元。开标时经核查发现：①D 单位的投标保证金分两次交纳，分别是 9 月 16 日交纳 70 万元，9 月 17 日 9:05 交纳 5 万元；②F 单位投标文件的密封破损；③G 单位委托代理人的授权委托书未经法定代表人签章。

事件 3：开标后，B 单位向招标人递交了投标报价修正函，将原投标报价降低 265.32 万元。招标人接收后要求评标委员会据此评标。

事件 4：开工前，施工单位向建设单位报送了工程开工报审表及相关资料。项目监理机构审查后认为：征地拆迁工作满足工程进度需要；施工单位现场管理及施工人员已到位；现场质量、安全生产管理体系已建立；施工机械具备使用条件；主要工程材料已落实。但因其他开工条件尚不具备，总监理工程师未签发工程开工令。

【问题】

1. 针对事件 1，指出建设单位所提要求的不妥之处，说明理由。

2. 事件 2 中，分别指出 D 单位、F 单位和 G 单位的投标文件是否有效？说明理由。

3. 指出事件 3 中的不妥之处，说明理由。

4. 指出事件 4 中的不妥之处，写出正确做法。

5. 针对事件 4，根据《建设工程监理规范》GB/T 50319—2013，该工程还应具备哪些条件，总监理工程师方可签发工程开工令？

试题五

某工程，建设单位与施工单位按照《建设工程施工合同（示范文本）》GF—2017—0201 签订了施工合同。经总监理工程师审核确认的施工总进度计划如下图所示，各项工作均按最早开始时间安排且匀速施工。

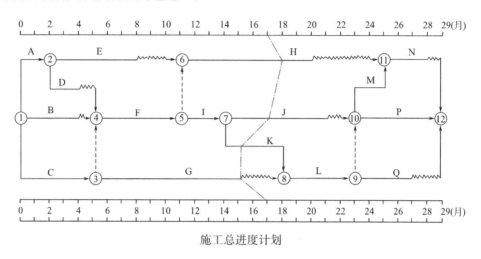

施工总进度计划

工程施工过程中发生如下事件：

事件 1：工程施工至第 3 个月，受百年一遇洪水灾害影响，工作 B 暂停施工 1 个月，工作 E 暂停施工 2 个月，造成施工现场的工程设备损失 30 万元、施工机械损失 50 万元，施工人员受伤医疗费用 5 万元。施工单位通过项目监理机构向建设单位提出工程延期 3 个月、费用补偿 85 万元的申请。

事件 2：因用于工作 F 的施工机械未能及时进场，致使工作 F 推迟 1 个月开始。建设单位要求施工单位按期完成工作 F，施工单位为此产生赶工费 25 万元。随后，施工单位通过项目监理机构向建设单位提出工程延期 1 个月、费用补偿 25 万元的申请。

事件 3：工程施工至第 17 个月末，项目监理机构检查进度后绘制的实际进度前锋线如上图所示。施工单位为确保工程按原计划工期完成，采取了赶工措施，相关工作赶工费率及可缩短时间见下表。

工作赶工费率及可缩短时间

工作名称	H	J	K	L	M	N	P	Q
赶工费率	25	8	30	28	12	15	15	13
可缩短时间（月）	0.5	2.0	0.5	1.0	1.0	1.0	2.0	2.0

【问题】

1. 针对事件 1，项目监理机构应批准工程延期和费用补偿各为多少？说明理由。

2. 针对事件 2，项目监理机构应批准工程延期和费用补偿各为多少？说明理由。

3. 针对事件 3，根据上图判断实际进度前锋线上各项工作的进度偏差，分别说明各项工作进度偏差对总工期的影响程度。

4. 针对事件 3，为达到赶工目的，应首先选择哪几项工作作为压缩对象？为使赶工费最少，应压缩哪几项工作的持续时间？各压缩多少个月？至少需要增加赶工费多少万元？

试题六

某工程，建设单位与施工单位按《建设工程施工合同（示范文本）》GF—2017—0201 签订了施工合同。合同约定：签约合同价为 1000 万元，合同工期 10 个月；企业管理费费率为 12%（以人工费、材料费、施工机具使用费之和为基数），利润率为 7%（以人工费、材料费、施工机具使用费及企业管理费之和为基数），措施项目费按分部分项工程费的 5% 计，规费综合费率为 8%（以分部分项工程费、措施项目费及其他项目费之和为基数），税率为 9%（以分部分项工程费、措施项目费、其他项目费及规费之和为基数），人工费为 80 元/工日，机械台班费为 2000 元/台班；由于建设单位责任造成的人工窝工、机械台班闲置，窝工和闲置费用按原人工费和机械台班费 70% 计取；发生工期延误，逾期竣工违约金每天按签约合同价的 0.5‰ 计取，最高为签约合同价的 5%；工程每提前一天竣工，奖励金额按签约合同价的 1‰ 计取；实际工程量与暂估工程量偏差超出 15% 以上时，超出部分可以调整综合单价。实施过程中发生如下事件：

事件 1：因建设单位需求变化发生设计变更，导致工程停工 15 天，并造成某分部分项工程费增加 34 万元，施工人员窝工 200 个工日、施工机械闲置 10 个台班。为此，施工单位提出了索赔。

事件 2：该工程实际施工工期为 15 个月，其中：①由于设计变更造成工期延长 1 个月；②工程实施过程中遇不可抗力造成工期延长 2 个月；③施工单位准备不足导致试车失败造成工期延长 1 个月；④因施工原因造成质量事故返工导致工期延长 1 个月。施工单位提出了 5 个月的工期索赔（每月按 30 天计算）。

事件 3：某分项工程在招标工程量清单中的暂估工程量为 1250m³，投标综合单价为 800 元/m³。施工完成后，经项目监理机构验收符合质量要求，确认计量的工程量为 1500m³。经协商，对原暂估工程量 115% 以上部分工程量的综合单价调整为 750 元/m³。另发生现场签证计日工 4 万元。为此，施工单位提出工程款结算如下：

①分部分项工程费：1500×800÷10000＝120（万元）。

②管理费：120×12%＝14.40（万元）。

③计日工：4 万元。

④工程结算价款：120＋14.40＋4＝138.40（万元）。

【问题】

1. 针对事件 1，项目监理机构应批准的费用索赔和工期索赔各是多少？

2. 针对事件 2，逐项指出施工单位的工期索赔是否成立。

3. 针对事件 2，项目监理机构应确认的工期奖惩金额是多少？

4. 针对事件 3，分别指出施工单位提出工程价款结算①～④的内容是否妥当，并说明理由。项目监理机构应批准的工程结算价款是多少万元？

2020 年度全国监理工程师职业资格考试试卷 答案与解析

试题一

1. 事件 1 中，监理招标评审内容的不妥之处及正确的评审内容：

（1）不妥之处一："②工程所在地类似工程业绩"。

正确的评审内容：类似工程监理业绩。

（2）不妥之处二："④监理规划"。

正确的评审内容：建设工程监理大纲。

（3）不妥之处三："⑤施工设备检测能力"。

正确的评审内容：试验检测仪器设备及其应用能力。

2. 针对事件 2，按施工合同价款计算的工程建设强度是：（30000/1000）/（36/12）＝10（千万元/年）。

需要配备的人员数量分别是：

专业监理工程师：0.5×10＝5（人）；

监理员：0.4×10＝4（人）；

行政文秘人员：0.1×10＝1（人）。

3. 事件 3 中：

（1）属于风险回避；

（2）属于损失控制；

（3）属于风险回避；

（4）属于风险回避；

（5）属于风险转移；

（6）属于风险转移。

4. 事件 4 中：

（1）不妥之处一："监理员编写了监理实施细则"。

正确做法：应由专业监理工程师编制监理实施细则。

（2）不妥之处二："报专业监理工程师审查后实施"。

正确做法：监理实施细则应报总监理工程师审批后实施。

试题二

1. 事件 1 中的不妥之处及正确做法：

（1）不妥之处一：专业监理工程师组织审查施工单位报送的工程开工报审表及相关资料。

正确做法：由总监理工程师组织审查。

（2）不妥之处二：专业监理工程师签署了审核意见。

正确做法：由总监理工程师签署审核意见。

（3）不妥之处三：总监理工程师根据专业监理工程师的审核意见，签发了工程开工令。

正确做法：经建设单位同意后签发工程开工令。

2. 项目监理机构对相关报审资料的处理程序：专业监理工程师审查新工艺的质量认证材料和相关验收标准的适用性；审查合格后，由总监理工程师签认报审资料。

3. 施工单位还应补报的证明资料有：

（1）法定计量部门对试验设备出具的计量检定证明。

（2）试验室管理制度文件。

（3）试验人员资格证书。

4. 建设单位对已验收的隐蔽工程质量进行重新剥离检查的要求合理。

项目监理机构应同意建设单位的要求。

剥离检查合格的，项目监理机构应批准索赔；不合格的，不批准索赔。

5. 在事件 5 中，在塔式起重机拆除过程中发生了生产安全事故，造成 4 人死亡、5 人重伤，直接经济损失 1200 万元。因此发生的生产安全事故等级为较大事故。

总监理工程师做法的不妥之处及理由：

（1）不妥之处：由总监理工程师指挥施工单位开展应急抢险工作。

理由：因应急抢险工作属于施工单位的工作职责。

（2）不妥之处：总监理工程师在事故发生 2 小时后向监理单位负责人报告。

理由：根据有关规定，总监理工程师应在事故发生后立即向监理单位负责人报告。

试题三

1. 事件 1 中的不妥之处及正确做法：

（1）不妥之处一：乙施工单位编制的深基坑专项施工方案经项目经理审核签字后，报甲施工单位审批。

正确做法：专项施工方案编制完成后，应由乙施工单位的技术负责人审核签字并加盖单位公章后，再报甲施工单位审批。

（2）不妥之处二：甲施工单位要求乙施工单位组织召开专项施工方案专家论证会。

正确做法：由甲施工单位组织召开专家论证会。

（3）不妥之处三：甲施工单位技术负责人以论证专家身份参加专家论证会。

正确做法：论证专家应从建设主管部门建立的专家库中选取。

2. 事件 2 中的不妥之处及正确做法：

不妥之处：乙施工单位项目经理根据专家论证报告中的意见对专项施工方案进行修改完善后立即组织实施。

正确做法：修改完善后的专项施工方案应由乙施工单位技术负责人和甲施工单位技术负责人审核签字、加盖公章，并由总监理工程师审查签字、加盖公章后方可实施。

3. 项目监理机构的后续处理程序：

（1）要求施工单位报送经设计等相关单位认可的处理方案；

（2）对质量事故的处理过程进行跟踪检查；

（3）对处理结果进行验收，验收合格的，由总监理工程师签发《工程复工令》；

（4）及时向建设单位提交质量事故书面报告，并将完整的质量事故记录整理归档。

试题四

1. 针对事件1，建设单位所提要求的不妥之处及理由：

另指定两位建设单位专家参加评标委员会不妥。

理由：从评标专家库中随机抽取的专家人数不足评标委员总数的2/3，即建设单位专家人数超过评标委员总数的1/3。

2. 事件2中：

（1）D单位投标文件无效。理由：投标截止时间前未足额交纳投标保证金。

（2）F单位投标文件无效。理由：投标文件应密封完整，不得破损。

（3）G单位投标文件无效。理由：委托代理人的授权委托书应由法定代表人签章。

3. 事件3中：

（1）开标后投标人递交（招标人接收）报价修正函不妥。

理由：开标后招标人不应接收投标人的报价修正函。

（2）招标人要求根据开标后递交的报价修正函评标不妥。

理由：开标后递交的报价修正函无效，不应作为评标依据。

4. 事件4中：

不妥之处：施工单位向建设单位报送了工程开工报审表及相关资料。

正确做法：施工单位应向项目监理机构报送开工报审表及相关资料。

5. 工程开工还应具备的条件有：

（1）设计交底和图纸会审已完成。

（2）施工组织设计已由总监理工程师签认。

（3）进场道路及水、电、通信等已满足开工要求。

（4）建设单位已在工程开工报审表中签署同意开工意见。

试题五

1. 事件1中：

（1）项目监理机构不应批准工程延期；

理由：工作B暂停停工1个月不影响总工期；工作E暂停施工2个月不影响总工期。

（2）项目监理机构应批准费用补偿30万元；

理由：因不可抗力造成的工程设备损失应由建设单位承担，即因不可抗力造成的施工机械损失、施工人员受伤医疗费用应由施工单位承担。

2. 事件 2 中：

项目监理机构不应批准工程延期和费用补偿；

理由：施工机械未能及时进场的责任应由施工单位承担。

3. 事件 3 中，根据施工总进度计划，可以看出：

（1）工作 H 提前 1 个月，不影响总工期；

（2）工作 J 进度正常，不影响总工期；

（3）工作 K 拖后 2 个月，影响总工期 2 个月；

（4）工作 G 已完成，不影响总工期。

4. 针对事件 3，为达到赶工目的，应当：

（1）首先选择工作 K、工作 L、工作 P 为压缩对象。

（2）为使赶工费最少，应压缩工作 P 的持续时间和工作 M 的持续时间；工作 P 压缩为 2 个月；工作 M 压缩为 1 个月。

（3）此时至少需要增加赶工费 42 万元。

试题六

1. 针对事件 1，分部分项工程增加的工程造价：$34 \times (1+5\%) \times (1+8\%) \times (1+9\%) = 42.03$（万元）。

窝工损失：$(80 \times 200 + 10 \times 2000) \times 70\% \times (1+8\%) \times (1+9\%) \div 10000 = 2.97$（万元）。

应批准的费用索赔：$42.03 + 2.97 = 45.00$（万元）。

应批准的工期索赔：15 天。

2. 针对事件 2：

（1）①工期索赔成立；

（2）②工期索赔成立；

（3）③工期索赔不成立；

（4）④工期索赔不成立。

3. 针对事件 2，按签约合同价计算的违约金为 $1000 \times 0.5\text{‰} \times 60 = 30$（万元）；因为未超过逾期竣工违约金最高限额：30 万元 $< 1000 \times 5\% = 50$（万元）；所以，项目监理机构应确认的逾期竣工罚金为 30 万元。

4. 针对事件 3，（1）施工单位提出工程价款结算①～④的内容：

① 不妥。理由：实际工程量偏差超过 15% 以上部分应调整综合单价。

② 不妥。理由：管理费已含入综合单价。

③ 妥当。理由：计日工已经现场签证。

④ 不妥。理由：未计算措施费、规费和税金。

（2）项目监理机构应批准的结算价款：

① 调价后的分部分项工程费：

$\{1250 \times (1+15\%) \times 800 + [1500 - 1250 \times (1+15\%)] \times 750\} \div 10000 = 119.69$

（万元）。

　　② 措施费：119.69×5％＝5.98（万元）。

　　③ 应批准的结算价款：（119.69＋5.98＋4)×(1＋8％）×(1＋9％）＝152.65（万元）。

2019 年度全国监理工程师职业资格考试试卷

本试卷均为案例分析题（共 6 题，每题 20 分），要求分析合理，结论正确；有计算要求的，应简要写出计算过程。

试题一

某工程实施过程中发生如下事件：

事件 1：总监理工程师组织编写监理规划时，明确监理工作的部分内容如下：①审核分包单位资格；②核查施工机械和设施的安全许可验收手续；③检查试验室资质；④审核费用索赔；⑤审查施工总进度计划；⑥工程计量和付款签证；⑦审查施工单位提交的工程款支付报审表；⑧参与工程竣工验收。

事件 2：在第一次工地会议上，总监理工程师明确签发《工程暂停令》的情形包括：①隐蔽工程验收不合格的；②施工单位拒绝项目监理机构管理的；③施工存在重大质量、安全事故隐患的；④发生质量，安全事故的；⑤调整工程施工进度计划的。

事件 3：某专业工程施工前，总监理工程师指派监理员依据监理规划、工程设计文件和施工组织设计组织编制监理实施细则，并报送建设单位审批。

事件 4：工程竣工验收阶段，建设单位要求项目监理机构将整理完成的归档监理文件资料直接移交城建档案管理机构存档。

【问题】

1. 针对事件 1，将所列的监理工作内容按质量控制、造价控制、进度控制和安全生产管理工作分别进行归类。

2. 指出事件 2 中总监理工程师的不妥之处，依据《建设工程监理规范》GB/T 50319—2013，还有哪些情形应签发《工程暂停令》？

3. 针对事件 3，总监理工程师的做法有什么不妥？写出正确做法。监理实施细则的编制依据还有哪些？

4. 针对事件 4，建设单位的做法有什么不妥？写出监理文件资料的归档移交程序。

试题二

某工程，施工单位通过招标将桩基及土方开挖工程发包给某专业分包单位，并与预拌混凝土供应商签订了采购合同。实施过程中发生如下事件：

事件1：桩基验收时，项目监理机构发现部分桩的混凝土强度未达到设计要求，经查是由于预拌混凝土质量存在问题所致。在确定桩基处理方案后，专业分包单位提出因预拌混凝土由施工单位采购，要求施工单位承担相应桩基处理费用。施工单位提出因建设单位也参与了预拌混凝土供应商考察，要求建设单位共同承担相应桩基处理费用。

事件2：专业分包单位编制了深基坑土方开挖专项施工方案，经专业分包单位技术负责人签字后，报送项目监理机构审查的同时开始了挖土作业，并安排施工现场技术负责人兼任专职安全管理人员负责现场监督。专业监理工程师发现了上述情况后及时报告总监理工程师，并建议签发《工程暂停令》。

事件3：在土方开挖过程中遇到地下障碍物，专业分包单位对深基坑土方开挖专项施工方案做了重大调整后继续施工。总监理工程师发现后，立即向专业分包单位签发了《工程暂停令》。因专业分包单位拒不停止施工，总监理工程师报告了建设单位，建设单位以工期紧为由要求总监理工程师撤回《工程暂停令》。为此，总监理工程师向有关主管部门报告了相关情况。

【问题】

1. 针对事件1，分别指出专业分包单位和施工单位提出的要求是否妥当，并说明理由。

2. 针对事件2，专业分包单位的做法有什么不妥？写出正确做法。

3. 针对事件2，专业监理工程师的做法是否正确？说明专业监理工程师建议签发《工程暂停令》的理由。

4. 针对事件3，分别指出专业分包单位，总监理工程师、建设单位的做法有什么不妥，并写出正确做法。

试题三

某工程，实施过程中发生如下事件：

事件 1：项目监理机构收到施工单位报送的《分包单位资格报审表》后，审核了分包单位的营业执照和企业资质等级证书。

事件 2：总监理工程师怀疑施工单位正在加工的一批钢筋存在质量问题，要求施工单位停止加工，并按规定进行重新检验，重新检验结果表明该批钢筋质量合格，为此，施工单位向建设单位提交了钢筋重新检验导致的检验人员窝工和机械闲置的费用索赔报告。建设单位认为发生上述费用是由于施工单位执行项目监理机构指令导致的，拒绝施工单位的费用索赔。

事件 3：专业监理工程师巡视时，发现已经验收合格并覆盖的隐蔽工程管道所在区域出现渗漏现象，遂要求施工单位对该隐蔽部位进行剥离，重新检验，施工单位以该隐蔽工程已经验收合格为由，拒绝剥离和重新检验。

事件 4：工程竣工验收后，施工单位向建设单位提交的工程质量保修书中所列的保修期限为：①地基基础工程和主体结构工程为设计文件规定的合理使用年限；②有防水要求的地下室及外墙面防渗漏为 3 年；③供热与供冷系统为 3 个采暖期、供冷期；④电气管线，给水排水管道工程为 1 年。

【问题】

1. 针对事件 1，项目监理机构对分包单位资格审核还应包括哪些内容？
2. 针对事件 2，分别指出施工单位和建设单位的做法有什么不妥，并写出正确做法。
3. 针对事件 3，分别指出专业监理工程师和施工单位的做法是否妥当，并说明理由。
4. 针对事件 4，施工单位的做法是否妥当？写出正确做法。按照《建设工程质量管理条例》，逐条指出工程质量保修书中所列的保修期限是否妥当，并说明理由。

试题四

某工程,建设单位采用公开招标方式选择工程监理单位,实施过程中发生如下事件:

事件1:建设单位提议:评标委员会由5人组成,包括建设单位代表1人、招标监管机构工作人员1人和评标专家库随机抽取的技术、经济专家3人。

事件2:评标时,评标委员会评审发现:A投标人为联合体投标,没有提交联合体共同投标协议;B投标人将造价控制监理工作转让给具有工程造价咨询资质的专业单位;C投标人拟派的总监理工程师代表不具备注册监理工程师执业资格,D投标人的投标报价高于招标文件设定的最高投标限价。评标委员会决定否决上述各投标人的投标。

事件3:监理合同订立过程中,建设单位提出应由监理单位负责下列四项工作:①主持设计交底会议;②签发《工程开工令》;③签发《工程款支付证书》;④组织工程竣工验收。

事件4:监理员巡视时发现,部分设备安装存在质量问题,即签发了《监理通知单》,要求施工单位整改。整改完毕后,施工单位回复了《整改工程报验表》,要求项目监理机构对整改结果进行复查。

【问题】

1. 针对事件1,建设单位的提议有什么不妥?说明理由。

2. 针对事件2,分别指出评标委员会决定否决A、B、C、D投标人的投标是否正确,并说明理由。

3. 针对事件3,依据《建设工程监理合同(示范文本)》GF—2021—0202建设单位提出的四项工作分别由谁负责?

4. 针对事件4,分别指出监理员和施工单位的做法有什么不妥,并写出正确做法。

试题五

　　某工程，建设单位与施工单位按照《建设工程施工合同》签订了施工合同，总监理工程师批准的施工总进度计划如下图所示，各项工作均按最早开始时间安排施工。

　　事件 1：工作 D 为基础开挖工程，施工中发现地下文物。为实施保护措施，施工单位暂停施工 1 个月，并发生费用 10 万元。为此，施工单位提出了工期索赔和费用索赔。

　　事件 2：工程施工至第 4 个月，由于建设单位要求的设计变更，导致工作 K 的工作时间增加 1 个月，工作 I 的工作时间缩短为 6 个月，费用增加 20 万元。施工单位据此调整了施工总进度计划，并报项目监理机构审核，总监理工程师批准了调整的施工总进度计划，此后，施工单位提出了工程延期 1 个月、费用补偿 20 万元的索赔。

　　事件 3：工程施工至第 18 个月末，项目监理机构根据上述调整后批准的施工总进度计划检查，各工作的实际进度为：工作 J 拖后 2 个月，工作 N 正常，工作 M 拖后 3 个月。

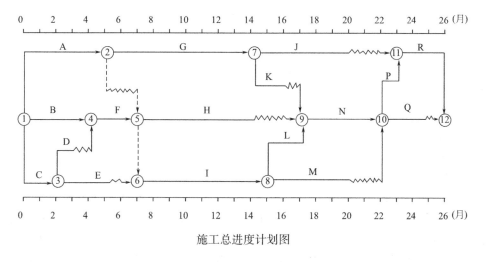

施工总进度计划图

【问题】

　　1. 指出上图所示施工总进度计划的关键线路及工作 A、H 的总时差和自由时差。

　　2. 针对事件 1，项目总监机构应批准的工期索赔和费用索赔各为多少？说明理由。

　　3. 针对事件 2，项目监理机构应批准的工期索赔和费用索赔各为多少？说明理由。调整后的施工总进度计划中，工作 A 的总时差和自由时差是多少？

　　4. 针对事件 3，第 18 个月末，工作 J、N、M 实际进度对总工期有什么影响？说明理由。

试题六

某工程，建设单位和施工单位按《建设工程施工合同（示范文本）》GF—2017—0201 签订了施工合同，合同约定：签约合同价为 3245 万元；预付款为签约合同价的 10%，当施工单位实际完成金额累计达到合同总价的 30% 时开始分 6 个月等额扣回预付款，管理费率取 12%（以人工费、材料费、施工机具使用费之和为基数），利润率取 7%（以人工费、材料费、施工机具使用费及管理费之和为基数），措施项目费按分部分项工程费的 5% 计（赶工不计取措施费），规费综合费率取 8%（以分部分项工程费、措施项目费及其他项目费之和为基数），税率取 9%（以分部分项工程费、措施项目费、其他项目费及规费之和为基数），人工费为 80 元/工日，机械台班费为 2000 元/台班。实施过程中发生如下事件：

事件 1：由于不可抗力造成下列损失：

（1）修复在建分部分项工程费 18 万元；

（2）进场的工程材料损失 12 万元；

（3）施工机具闲置 25 台班；

（4）工程清理花费人工 100 工日（按计日工计，单价 150 元/工日）；

（5）施工机具损坏损失 55 万元；

（6）现场受伤工人的医药费 0.75 万元。

事件 2：为了防止工期延误，建设单位提出加快施工进度的要求，施工单位上报了赶工计划与相应的费用。经协商，赶工费不计取利润。项目监理机构审查确认赶工增加人工费、材料费和施工机具使用费合计为 15 万元。

事件 3：用于某分项工程的某种材料暂估价 4350 元/吨，经施工单位招标及项目监理机构确认，该材料实际采购价格为 5220 元/吨（材料用量不变）。施工单位向项目监理机构提交了招标过程中发生的 3 万元招标采购费用的索赔，同时还提交了综合单价调整申请，其中使用该材料的分项工程综合单价调整见下表，在此单价内该种材料用量为 80 千克。

综合单价调整表（节选）

已标价清单综合单价(元)					调整后综合单价(元)				
综合单价	其中				综合单价	其中			
	人工费	材料费	机械费	管理费和利润		人工费	材料费	机械费	管理费和利润
599.20	30	400	70	99.20	719.04	36	480	84	119.04

【问题】

1. 该工程的工程预付款、预付款起扣点时施工单位应实际完成的累计金额和每月应扣预付款各为多少万元？

2. 针对事件 1，依据《建设工程施工合同（示范文本）》GF—2017—0201，逐条指出各项损失的承担方，建设单位应承担的金额为多少万元？

3. 针对事件 2，协商确定赶工费不计取利润是否妥当？项目监理机构应批准的赶工费为多少万元？

4. 针对事件 3，施工单位对招标采购费用的索赔是否妥当？项目监理机构应批准的调整综合单价是多少元？分别说明理由。（计算部分应写出计算过程，保留两位小数）

2019 年度全国监理工程师职业资格考试试卷
答案与解析

试题一

1. 主要考核考试对监理工作内容分类的掌握程度。

(1) 质量控制：①审核分包单位资格；③检查试验室资质；⑧参与工程竣工验收。

(2) 造价控制：④审核费用索赔；⑥工程计量和付款签证；⑦审查施工单位提交的工程款支付报审表。

(3) 进度控制：⑤审查施工总进度计划。

(4) 安全生产管理工作：②核查施工机械和设施的安全许可验收手续。

2. 主要考核考生对依据《建设工程监理规范》GB/T 50319—2013，正确签发《工程暂停令》的掌握程度。

(1) 不妥之处：将①、⑤列为签发《工程暂停令》的情形。

(2) 应签发《工程暂停令》的情形还应有：①建设单位要求暂停施工且工程需要暂停施工的；②施工单位未经批准擅自施工；③施工单位未按审查通过的工程设计文件施工的；④施工单位违反工程建设强制性标准的。

3. 主要考核考生对编制、审核监理规划和监理实施细则内容的掌握程度。

(1) 不妥之处：总监理工程师指派监理员组织编制监理实施细则，并报送建设单位审批；正确做法：总监理工程师应指派专业监理工程师组织编制监理实施细则，由总监理工程师审批。

(2) 监理实施细则的编制依据还有：与专业工程相关的标准、工程建设标准、专项施工方案。

4. 主要考核考生对监理文件资料的归档移交程序的掌握程度。

不妥之处：建设单位要求整理完成后直接移交城建档案管理机构存档；

移交程序：项目监理机构向监理单位移交归档资料，监理单位向建设单位移交归档资料，建设单位向城建档案管理机构移交归档资料。

试题二

1. 主要考核考生对施工责任分析与判断的掌握程度。

(1) 专业分包单位提出的要求妥当。

理由：因为预拌混凝土是由施工单位采购供货。

(2) 施工单位提出的要求不妥当。

理由：建设单位不是预拌混凝土供货合同的签订方。

2. 主要考核考生对监理安全生产管理工作的掌握程度。

（1）不妥之处：将专项施工方案报送项目监理机构审查；

正确做法：应将专项施工方案报施工单位审批。

（2）不妥之处：报批专项施工方案的同时开始了挖土作业；

正确做法：应在专项施工方案按程序获得审批同意后方可施工。

（3）不妥之处：安排施工现场技术负责人兼任专职安全管理人员负责现场监督；

正确做法：应派专职安全管理人员进行现场监督管理。

3. 主要考核考生对签发《工程暂停令》适用条件的掌握程度。

（1）正确。

（2）理由：深基坑专项施工方案未经总监理工程师审核完成、未经组织专家论证会论证。

4. 主要考核考生对监理安全生产管理工作的掌握程度。

（1）不妥之处：专业分包单位对专项施工方案作了重大调整后继续施工。

正确做法：专业分包单位应将调整后的专项施工方案按原程序重新报审，审批同意后方可施工。

（2）不妥之处：总监理工程师向专业分包单位签发了《工程暂停令》。

正确做法：总监理工程师应向施工单位签发《工程暂停令》。

（3）不妥之处：分包单位拒不停止施工。

正确做法：专业分包单位应执行项目管理机构指令，暂停施工。

（4）不妥之处：建设单位以工期紧为由要求总监理工程师撤回《工程暂停令》。

正确做法：建设单位应同意暂停施工。

试题三

1. 主要考核考生对分包单位资格审核内容的掌握程度。

还应审查：安全生产许可文件、类似工程业绩、专职管理人员和特种作业人员的资格。

2. 主要考核考生对施工合同责任和索赔处理的掌握程度。

（1）不妥之处：施工单位向建设单位提交费用索赔报告；

正确做法：施工单位应向项目监理机构提交索赔报告。

（2）不妥之处：建设单位拒绝施工单位的索赔要求；

正确做法：建设单位应同意施工单位的索赔要求。

3. 主要考核考生对施工合同中质量控制内容的掌握程度。

（1）专业监理工程师做法妥当；

理由：对隐蔽工程质量有疑问时，有权要求剥离复验。

（2）施工单位的做法不妥当；

理由：执行专业监理工程师的剥离复验要求是施工单位的合同义务。

4. 主要考核考生对工程质量保修内容的掌握程度。

（1）不妥之处：工程竣工验收后，向建设单位提交工程质量保修书；

正确做法：施工单位应在向建设单位提交工程竣工验收报告时出具工程质量保修书。

（2）①妥当；理由：符合《建设工程质量管理条例》的要求。

②不妥；理由：有防水要求的地下室及外墙面防渗漏最低保修期限为 5 年。

③妥当；理由：供冷系统的最低保修期限为两个供冷期。

④不妥；理由：电气管线、给水排水管道工程最低保修期限为两年。

试题四

1. 主要考核考生对评标委员会组成要求的掌握程度。

（1）招标监管机构工作人员作为评标委员会成员不妥；理由：招标监督机构工作人员不能作为评标委员会成员。

（2）评标委员会只有技术、经济专家 3 人，不妥；理由：技术、经济等方面的专家不得少于评标委员会总数的 2/3。

2. 主要考核考生对投标文件有效性判断的掌握程度。

（1）否决 A 正确；理由：联合体投标必须签到联合体共同投标协议书。

（2）否决 B 正确；理由：监理业务不允许转让。

（3）否决 C 不正确；理由：没有规定总监理工程师代表必须具备注册监理工程师执业资格。

（4）否决 D 正确；理由：投标人的投标报价高于招标文件设定的最高投标限价。

3. 主要考核考生对监理合同示范文本中合同双方的权利义务规定的掌握程度。

①由建设单位负责；

②由监理单位负责；

③由监理单位负责；

④由建设单位负责。

4. 主要考核考生对正确使用监理文件表格的掌握程度。

（1）不妥之处一：监理员签发了《监理通知单》；

正确做法：应报专业监理工程师，由专业（总）监理工程师签发《监理通知单》。

（2）不妥之处二：施工单位报送了《整改工程报验表》；

正确做法：施工单位应报送《监理通知回复单》。

试题五

1. 主要考核考生对施工进度计划及相关参数计算的掌握程度。

（1）关键线路：B→F→I→L→N→P→R；（或①→④→⑤→⑥→⑧→⑨→⑩→⑪→⑫）。

（2）工作 A 的总时差为 1 个月；自由时差为 0。

（3）工作 H 的总时差为 3 个月；自由时差为 3 个月。

2. 主要考核考生对工程索赔的掌握程度。

（1）不批准工程延期；理由：工作 D 总时差为 1 个月，不影响总工期。

（2）应批准的费用索赔 10 万元；理由：为保护地下历史文物暂停施工，非施工单位责任。

3. 主要考核考生对工程索赔的掌握程度。

（1）不批准工程延期；理由：工作 K 有 1 个月的总时差，不影响总工期。

（2）应批准的费用索赔 20 万元；理由：修改设计属建设单位（非施工单位）责任。

（3）调整施工总进度计划后，工作 A 的总时差为 0；自由时差为 0。

4. 主要考核考生根据实际进度检查结果，分析判断对工程总体影响的能力。

（1）工作 J 不影响总工期；理由：调整后的施工总进度计划中工作 J 的总时差为 3 个月。

（2）工作 N 不影响总工期；理由：N 工作正常。

（3）工作 M 不影响总工期；理由：调整的施工总进度计划中工作 M 的总时差变为 4 个月。

试题六

1. 主要考核考生对工程预付款及其计算的掌握程度。

（1）预付款＝3245×10％＝324.50（万元）。

（2）累计达到扣款金额＝3245×30％＝973.50（万元）。

（3）每月应扣预付款＝324.50/6＝54.08（万元）。

2. 主要考核考生对不可抗力工程索赔的掌握程度。

（1）、（2）、（4）由建设单位承担；

（3）、（5）、（6）由施工单位承担。

建设单位承担的金额为：

（1）修复工程费用措施费：18×5％＝0.90（万元）。

（2）计日工费：100×150÷10000＝1.50（万元）。

（3）（18＋0.90＋12＋1.50）×（1＋8％）×（1＋9％）＝38.14（万元）。

3. 主要考核考生对赶工费计算的掌握程度。

（1）妥当。

（2）应批准的赶工费为：

赶工费＝15×（1＋12％）×（1＋8％）×（1＋9％）＝19.78（万元）。

4. 主要考核考生对综合单价调整的掌握程度。

（1）不妥当。理由：应由招标方承担。

（2）调整后综合单价内材料价差：（5220－4350）×80÷1000＝69.60（元）。

项目监理机构应批准的调整综合单价＝599.20＋69.6＝668.80（元）。

理由：暂估材料价确定后，在综合单价中只取代原暂估价。

第三部分

模拟题

2025 预测试卷（一）

本试卷均为案例分析题，共 6 题，每题 20 分。要求分析合理，结论正确；有计算要求的，应简要写出计算过程。

试题一

某工程，实施过程中发生如下事件：

事件 1：在监理投标文件中，监理单位编写了监理大纲和监理规划，其中监理大纲包含内容为：①工程概述；②工程监理实施方案等内容。

事件 2：项目监理机构中总监理工程师提出签发工程暂停令的情形包括：①建设单位要求暂停施工的；②施工单位拒绝项目监理机构管理的；③施工单位采用不适当的施工工艺或施工不当，造成工程质量不合格的；④施工单位违反工程建设强制性标准的；⑤施工存在重大质量、安全事故隐患的。

事件 3：总监理工程师安排的部分监理职责分工如下：①总监理工程师代表组织审查（专项）施工方案；②专业监理工程师处理工程索赔；③专业监理工程师编制监理实施细则；④监理员检查进场工程材料、构配件和设备的质量；⑤监理员复核工程计量有关数据。

事件 4：施工过程中，施工单位对需要见证取样的一批钢筋抽取试样后，报请项目监理机构确认。监理人员确认试样数量后，通知施工单位将试样送到检测单位检验。

事件 5：施工过程中，专业监理工程师巡视发现，施工单位未按批准的专项施工方案施工且存在重大安全隐患，专业监理工程师及时签发了监理通知单。

【问题】

1. 指出事件 1 中，监理单位做法不妥之处，补充完成监理大纲内容。
2. 指出事件 2 中，签发工程暂停令情形的不妥项，并写出正确做法。
3. 写出事件 3 逐项指出总监理工程师安排的监理职责分工是否妥当。
4. 指出事件 4 中，施工单位和监理人员的不妥之处，写出正确做法。
5. 指出事件 5 中，专业监理工程师做法不妥之处，写出正确做法。

试题二

某国有资金投资的一般建设项目，施工招标采用工程量清单计价和公开招标方式进行，业主委托具有相应招标代理和造价咨询的中介机构编制了招标文件和招标控制价。

事件 1：建设单位要求该项目包括如下规定：

（1）招标人考虑外地和本地企业不同分别组织项目现场勘查活动；

（2）投标人对招标文件有异议的，应当在投标截止时间 10 日前提出，否则招标人拒绝回复；

（3）评标委员会委员由招标人直接确定，共有 4 人组成，其中招标人代表 2 人，经济专家 1 人，技术专家 1 人；

（4）要求开标后公布招标控制价；

（5）现金或支票形式提交的投标保证金必须从其企业基本账户转出，不少于投标报价的 10%。

事件 2：项目监理机构认为下列表式应由总监理工程师签字并加盖执业印章：

（1）工程开工令；

（2）工程暂停令；

（3）工程复工令；

（4）工程款支付证书。

事件 3：开工前，设计单位组织召开了设计交底会。会议结束后，总监理工程师整理了一份《设计修改建议书》，提交给设计单位。

事件 4：施工开始前，A 单位向专业监理工程师报送了《施工测量放线报验表》，并附有测量放线控制成果及保护措施。专业监理工程师复核了控制桩的校核成果和保护措施后，即予以签认。

事件 5：施工过程中，施工单位向建设单位提出工程变更申请。建设单位委托原设计单位修改了设计文件。项目监理机构收到修改的设计文件后，立即要求施工单位据此安排施工，并在施工前组织了设计交底。

【问题】

1. 事件 1 中，建设单位的要求是否妥当，为什么？

2. 指出事件 2 中，依据监理规范总监理工程师签字并加盖执业印章的基本表式还有什么。

3. 指出事件 3 中，设计单位和总监理工程师做法的不妥之处，写出正确做法。

4. 事件 4 中，专业监理工程师还应检查、复核哪些内容？

5. 指出事件 5 中不妥之处，和项目监理机构做法的不妥之处，写出正确的处理程序。

试题三

某工程，实施过程中发生如下事件：

事件1：一批材料进场后，施工单位审查了材料供应商提供的质量证明文件，并按规定进行了检验，确认材料合格后，施工单位项目技术负责人在《工程材料、构配件、设备报审表》中签署意见后，连同质量证明文件一起报送项目监理机构审查。

事件2：工程开工后不久，施工项目经理与施工单位解除劳动合同后离职，致使施工现场的实际管理工作由项目副经理负责。

事件3：项目监理机构审查施工单位报送的分包单位资格报审材料时发现，其《分包单位资格报审表》附件仅附有分包单位的营业执照、安全生产许可证和类似工程业绩，随即要求施工单位补充报送分包单位的其他相关资格证明材料。

事件4：施工单位编制了高大模板工程的专项施工方案，并组织专家论证、审核后报送项目监理机构审批。总监理工程师审核签字后即交由施工单位实施。施工过程中，专业监理工程师巡视发现，施工单位未按专项施工方案组织施工，且存在安全事故隐患，便立刻报告了总监理工程师。总监理工程师随即与施工单位进行沟通，施工单位解释：为保证施工工期，调整了原专项施工方案中确定的施工顺序，保证不存在安全问题。总监理工程师现场察看后认可施工单位的解释，故未要求施工单位采取整改措施。结果，由上述隐患导致发生了安全事故。

事件5：施工过程中施工单位发生了结构坍塌安全事故，造成10人死亡、30人重伤和5000万元的直接经济损失，专业监理工程师及时签发了暂停令。

【问题】

1. 指出事件1中施工单位的不妥之处，写出正确做法。

2. 针对事件2，项目监理机构和建设单位应如何处置？

3. 事件3中，施工单位还应补充报送分包单位的哪些资格证明材料？

4. 指出事件4中的不妥之处，写出正确做法。

5. 针对事件5，分别从死亡人数、重伤人数和直接经济损失三方面分析事故等级，并综合判断该事故的最终等级，专业监理工程师的做法是否正确。

试题四

某工程，实施过程中发生如下事件：

事件1：工程开工前，施工项目部编制的施工组织设计经项目技术负责人签字并加盖项目经理部印章后，作为《施工组织设计/（专项）施工方案报审表》的附件报送项目监理机构，专业监理工程师审查签认后即交由施工单位实施。

事件2：项目监理机构收到施工单位提交的地基与基础分部工程验收申请后，总监理工程师组织施工单位项目负责人和项目技术负责人进行了验收，并核查了下列内容：①该分部工程所含分项工程质量是否验收合格；②有关安全、节能、环境保护和主要使用工程的抽样检验结果是否符合规定。

事件3：主体结构工程施工过程中，项目监理机构对两种不同强度等级的预拌混凝土坍落度数据分别进行统计，得到如下图所示的控制图。

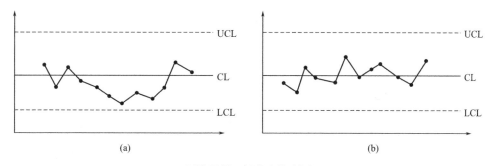

预拌混凝土坍落度控制图

事件4：建设单位要求项目监理机构在整理监理文件资料后，将需归档保存的监理文件资料直接移交城建档案管理机构。

事件5：电气管线隐蔽后，施工单位认为该隐蔽工程已经自检合格未通知项目监理机构共同检验。项目监理机构坚持要求施工单位进行剥离复验，经复检该隐蔽工程质量合格。造成施工单位拆除隐蔽工程损失1万元。

【问题】

1. 指出事件1中的不妥之处，写出正确做法。

2. 针对事件2，还有哪些人员应参加验收？验收核查的内容还应包括哪些？

3. 事件3中，根据预拌混凝土坍落度控制图，分别判断（a）、（b）所示生产过程是否正常，并说明理由。

4. 指出事件4中，建设单位要求的不妥之处，并写出监理文件资料归档的正确做法。

5. 指出事件5中，施工单位损失谁承担。

试题五

某工程，建设单位与施工单位按照《建设工程施工合同（示范文本）》GF—2017—0201签订了施工合同，经项目监理机构批准的施工总进度计划如下图所示（时间单位：月），各项工作均按最早开始时间安排且匀速施工。

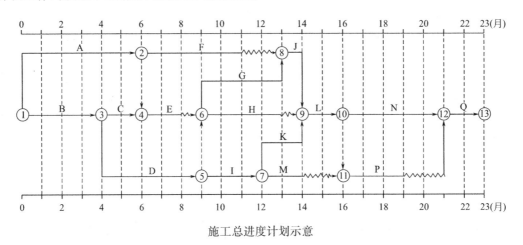

施工总进度计划示意

施工过程中发生如下事件：

事件 1：工作 A 为基础工程，施工中发现未探明的地下障碍物，处理障碍物导致工作 A 暂停施工 0.5 个月，施工单位机械闲置损失 12 万元，施工单位向项目监理机构提出工程延期和费用补偿申请。

事件 2：由于建设单位订购的工程设备未按合同约定时间进场，使工作 J 推迟 2 个月开始，造成施工人员窝工损失 6 万元，施工单位向项目监理机构提出索赔，要求工程延期 2 个月，补偿费用 6 万元。

事件 3：事件 2 发生后，建设单位要求工程仍按原计划工期完工，为此，施工单位决定采取赶工措施，经确认，相关工作赶工费率及可缩短时间如下表。

工作赶工费率及可缩短时间

工作名称	L	N	P	Q
赶工费率(万元/月)	20	10	8	22
可缩短时间(月)	1	1.5	1	0.5

事件 4：施工单位有两台大型机械设备需要进场，施工单位向项目监理机构提出应由建设单位支付其进场费，但建设单位不同意另行支付。建设单位采购的材料，施工使用前的检验工作，施工单位认为应由建设单位负责检验。

【问题】

1. 指出上图所示施工总进度计划的关键线路及工作 E、M 的总时差和自由时差。
2. 针对事件 1，项目监理机构应批准工程延期和费用补偿各为多少？说明理由。
3. 针对事件 2，项目监理机构应批准工程延期和费用补偿各为多少？说明理由。

4. 针对事件 3，为使赶工费用最少，应选哪几项工作进行压缩？说明理由，需要增加赶工费多少万元？

5. 针对事件 4，施工单位有两台大型机械设备进场费由谁承担？建设单位采购的材料施工使用前的检验工作由谁负责？

试题六

某工程，建设单位与施工单位按《建设工程施工合同（示范文本）》GF—2017—0201签订了施工合同。合同约定：签约合同价为1000万元，合同工期10个月；企业管理费率为12%（以人工费、材料费、施工机具使用费之和为基数），利润率为7%（以人工费、材料费、施工机具使用费及企业管理费之和为基数），措施项目费按分项工程费的5%计，规费综合费率为8%（以分部分项工程费、措施项目费及其他项目费之和为基数），税率为9%（以分部分项工程费、措施项目费、其他项目费及规费之和为基数）。人工费为80元/工作日，机械台班费为2000元/台班；由于建设单位责任造成的人工窝工、机械台班闲置，窝工和闲置费用按原人工费和机械台班费70%计取；发生工期延误，逾期竣工违约金每天按签约合同价的0.5‰计取，最高为签约合同价的5%；工程每提前一天竣工，奖励金额按签约合同价的1‰计取；实际工程量与暂估工程量偏差超出15%以上时，超出部分可以调整综合单价。实施过程中发生如下事件：

事件1：因建设单位需求变化发生设计变更，导致工程停工15天，并造成某分部分项工程费增加34万元，施工人员窝工200个工日、施工机械闲置10个台班。为此，施工单位提出了索赔。

事件2：该工程实际施工工期为15个月，其中，①由于设计变更造成工期延长1个月；②工程实施过程中遇不可抗力造成工期延长2个月；③施工单位准备不足导致试车失败造成工期延长1个月；④因施工原因造成质量事故返工导致工期延长1个月。施工单位提出5个月的工期索赔（每月按30天计算）。

事件3：某分项工程在招标工程量清单中的暂估工程量为1250m³，投标综合单价为800元/m³。施工完成后，经项目监理机构验收符合质量要求，确认计量的工程量为1500m³。经协商，对原暂估工程量115%以上部分工程量的综合单价调整为750元/m³。另发生现场签证计日工4万元。为此，施工单位提出工程款结算如下：

① 分部分项工程费：$1500 \times 800 \div 10000 = 120$（万元）。
② 管理费：$120 \times 12\% = 14.40$（万元）。
③ 计日工：4万元。
④ 工程结算价款：$120 + 14.40 + 4 = 138.40$（万元）。

【问题】

1. 针对事件1，项目监理机构应批准的费用索赔和工期索赔各是多少？
2. 针对事件2，逐项指出施工单位的工期索赔是否成立。
3. 针对事件2，项目监理机构应确认的工期奖惩金额是多少？
4. 针对事件3，分别指出施工单位提出工程款结算①～④的内容是否妥当，并说明理由。项目监理机构应批准的工程结算价款是多少万元？

2025 预测试卷（一）参考答案

试题一

1. 监理单位做法不妥，监理投标文件中不包含监理规划。监理大纲还应当包括：工程监理难点、重点及合理化建议，监理依据、监理工作内容。

2. 事件 2 中，签发工程暂停令的不妥项及正确做法：

(1) 第①项不妥。

正确做法：建设单位要求暂停施工且工程需要暂停施工的。

(2) 第③项不妥。

正确做法：项目监理机构应签发监理通知单。

(3) 签发暂停令情形还应当包括：施工单位未经批准擅自施工的；施工单位未按审查通过的工程设计文件施工的；发生的质量或安全事故。

3. 事件 3 中，总监理工程师安排的监理职责分工：

(1) ①不妥。正确做法：总监理工程师不得将"组织审查（专项）施工方案"委托给总监理工程师代表。

(2) ②不妥。正确做法：总监理工程师处理工程索赔。

(3) ③妥当。

(4) ④不妥。正确做法：专业监理工程师检查进场工程材料、构配件和设备的质量。

(5) ⑤妥当。

4. 事件 4 中，施工单位和监理人员的不妥之处及正确做法：

(1) 施工单位的不妥之处：施工单位取样后报请项目监理机构确认。

正确做法：应通知监理人员见证现场取样。

(2) 监理人员的不妥之处：监理人员确认试样数量后，通知施工单位将试样送到检测单位检验。

正确做法：应见证施工单位取样、封样和送检。

5. 专业监理工程师签发监理通知单不妥。

正确做法：若存在重大安全隐患，专业监理工程师应报告总监，总监理工程师签发暂停令，及时报告建设单位。

试题二

1. 事件 1 中，建设单位的要求如下：

(1) 不妥。招标人应当统一组织现场勘查活动，不得分别或单个组织。

（2）妥当。

（3）不妥。

理由：根据《中华人民共和国招标投标法》规定，一般招标项目的评标委员会采取随机抽取方式。该项目属一般招标项目。评标委员会由招标人的代表和有关技术、经济等方面的专家组成，成员人数为5人以上单数，其中技术经济等方面的专家不得少于成员总数的2/3。

（4）不妥当。招标控制价随同招标文件发售，开标前公布。

（5）不妥。投标保证金不得超过招标项目估算价的2%。

2. 事件2中，总监理工程师签字的基本表式还有：

施工组织设计或（专项）施工方案报审表；工程开工报审表；单位工程竣工验收报审表；工程款支付报审表；费用索赔报审表；工程临时或最终延期报审表。

3.（1）事件3中，设计单位做法的不妥之处：设计单位组织召开设计交底会。

正确做法：设计交底会应由建设单位组织。

（2）事件3中，总监理工程师做法的不妥之处：总监理工程师直接向设计单位提交《设计修改建议书》。

正确做法：应提交给建设单位，由建设单位交给设计单位。

4. 事件4中，专业监理工程师还应检查、复核以下内容：

（1）检查施工单位专职测量人员的岗位证书及测量设备检定证书。

（2）复核（平面和高程）控制网和临时水准点的测量成果。

5. 事件5中，正确处理程序如下：

（1）不妥之处：施工单位向建设单位申请变更。

正确处理程序：施工单位向项目监理机构申请变更。

（2）不妥之处：项目监理机构收到修改的设计文件后，立即要求施工单位据此安排施工；

正确处理程序：①收到设计文件后对工程变更费用及工期影响作出评估；②组织建设单位、施工单位等共同协商确定工程变更费用及工期变化；③会签工程变更单；④据批准的工程变更监督施工单位实施。

（3）不妥之处：组织设计交底；处理程序：应报请建设单位组织设计交底。

试题三

1.（1）不妥之处：施工单位项目技术负责人在《工程材料、构配件、设备报审表》中签署意见；正确做法：应由施工单位项目经理签署意见。

（2）不妥之处：《工程材料、构配件、设备报审表》中仅附材料供应商提供的质量证明文件；正确做法：还应附原材料清单和自检结果。

2.（1）项目监理机构签发《监理通知单》，要求施工单位重新委派项目经理并报建设单位；

（2）若建设单位同意，则办理相关变更手续；若建设单位不同意，则应通知项目监理机构，要求施工单位重新委派项目经理。

3. 企业资质等级证书、专职管理人员和特种作业人员的资格。

4.（1）不妥之处：专项施工方案经总监理工程师审核签字后交由施工单位实施；

正确做法：总监理工程师审核签字后应交建设单位审批，同意后方可实施。

（2）不妥之处：施工单位调整施工顺序时未重新报审调整后的专项施工方案；

正确做法：应由施工单位按程序重新报审调整后的专项施工方案。

（3）不妥之处：项目监理机构发现施工单位未按专项施工方案施工后未要求施工单位采取整改措施；

正确做法：应签发《监理通知单》，要求施工单位整改并按专项施工方案实施。

5.（1）死亡 10 人，为重大事故；重伤 30 人，为较大事故；直接经济损失 5000 万元，为重大事故。综合判断，属于重大事故。

（2）专业监理工程师及时签发了暂停令不妥，应当由总监理工程师及时签发暂停令。

试题四

1. 事件 1 中的不妥之处及正确做法如下：

（1）不妥之处：工程开工前，施工项目部编制的施工组织设计经项目技术负责人签字并加盖项目经理部印章后，作为《施工组织设计（专项）施工方案报审表》的附件报送项目监理机构。

正确做法：施工单位编制的施工组织设计经施工单位技术负责人审核签认后，与施工组织设计报审表一并报送项目监理机构。

（2）不妥之处：专业监理工程师审查签认后即交由施工单位实施。

正确做法：总监理工程师应及时组织专业监理工程师审查施工组织设计，符合要求的，由总监理工程师签认。已签认的施工组织设计由项目监理机构报送建设单位。项目监理机构应要求施工单位按照施工组织设计施工。

2. 针对事件 2，还应参加验收的人员包括：设计单位项目负责人、勘察单位项目负责人、施工单位技术和质量部门负责人等。验收核查的内容还应包括：质量控制资料应完整；观感质量应符合要求。

3. 事件 3 中，根据图（a）、（b）所示生产过程的判断及理由：

（1）图（a）所示生产过程不正常。

理由：图（a）出现七点链，应判定工序异常，需采取处理措施。

（2）图（b）所示生产过程正常。

理由：点子全部落在控制界限之内，并且控制界限内的点子排列没有缺陷。

4. 事件 4 中，不妥之处：建设单位要求项目监理机构将需归档保存的监理文件资料直接移交城建档案管理机构。

正确做法：项目监理机构在整理监理文件资料后，将完整的监理资料提交给建设单位；建设单位在审查无误后，将监理文件资料移交城建档案管理机构归档保存。

5. 事件 5 中施工单位损失由施工单位自己承担。

试题五

1. 该题主要考核考生对施工总进度计划及相关参数的掌握程度。关键线路为 B→D→I→K→L→N→Q、B→D→G→J→L→N→Q。

E 的总时差为 1 个月，自由时差为 1 个月。

M 的总时差为 4 个月，自由时差为 2 个月。

2. 该题主要考核考生对工程索赔的掌握程度。不应批准工程延期。理由：工作 A 总时差为 1 月，暂停施工 0.5 月不影响工期。

应批准费用补偿 12 万元。理由：施工中处理文物暂停施工不属于施工单位的责任。

3. 该题主要考核考生对工程索赔的掌握程度。应批准工程延期 2 个月。理由：建设单位订购的设备未及时进场属于建设单位的责任。工作 J 为关键工作，推迟 2 个月开始，影响工期 2 个月。

应批准费用补偿 6 万元。理由：建设单位订购的设备未及时进场属于建设单位责任。

4. 该题主要考核考生对赶工措施和赶工费计算的掌握程度。

（1）L、N、Q 为关键工作，由于 N 工作的赶工费率最低，故第 1 次调整应缩短关键工作 N 的持续时间 1.5 个月，增加赶工费 1.5×10＝15（万元），压缩总工期 1.5 个月。

（2）调整后，L、N、Q 仍然为关键工作，在可压缩的关键工作中，由于 L 工作的赶工费率最低，故第 2 次调整应缩短关键工作 L 的持续时间 0.5 个月，增加赶工费 0.5×20＝10（万元），压缩总工期 0.5 个月。

（3）经过以上两次调整，已达到缩短总工期 2 个月的目的，增加赶工费为 15＋10＝25（万元）。

5. 大型机械设备进场费属于建筑安装工程费用构成中的措施费，已包括在合同价款中。应当由施工单位承担。

建设单位采购的材料，施工使用前的检验工作，由施工单位负责检验。

试题六

1. 分部分项工程增加的工程造价：34×（1＋5%）×（1＋8%）×（1＋9%）＝42.03（万元）。

窝工损失：（80×200＋10×2000）×70%×（1＋8%）×（1＋9%）÷10000＝2.97（万元）。

应批准的费用索赔：42.03＋2.97＝45.00（万元）。

应批准的工期索赔：15 天。

2.（1）①工期索赔成立；

（2）②工期索赔成立；

（3）③工期索赔不成立；

（4）④工期索赔不成立。

3. 按签约合同价计算的违约金为 1000×0.5‰×60＝30（万元）；因为未超过逾期竣工违约金最高限额：30 万元＜1000×5%＝50（万元），所以，项目监理机构应确认的逾期竣工罚金为 30 万元。

4.（1）施工单位提出工程款结算①～④的内容：

① 不妥。理由：实际工程量偏差超过 15％以上部分应调整综合单价。

② 不妥。理由：管理费已含综合单价。

③ 妥当。理由：计日工已经现场签证。

④ 不妥。理由：未计算措施费、规费和税金。

（2）项目监理机构应批准的结算价款：

调价后的分部分项工程费：

{1250×（1＋15％）×800＋[1500－1250×（1＋15％）]×750}÷10000＝119.69（万元）。

措施费：119.69×5％＝5.98（万元）。

应批准的结算价款：（119.69＋5.98＋4）×（1＋8％）×（1＋9％）＝152.65（万元）。

2025 预测试卷（二）

本试卷均为案例分析题，共 6 题，每题 20 分。要求分析合理，结论正确；有计算要求的，应简要写出计算过程。

试题一

某工程，实施过程中发生如下事件：

事件 1：项目监理机构监理职责分工如下：①总监理工程师代表组织审查施工组织设计；②专业监理工程师检查施工单位投入工程的人力、主要设备的使用及运行状况；③专业监理工程师组织分部工程验收；④监理员复核工程计量有关数据。

事件 2：总监理工程师组建的项目监理机构组织形式计划采用职能制，分工如下：

造价控制组：①研究制定预防索赔措施；②审查确认分包单位资格；③审查施工组织设计与施工方案。

质量控制组：①检查成品保护措施；②审查分包单位资格；③审批工程延期。

事件 3：总监理工程师要求专业监理工程师先编制监理实施细则，然后要求施工单位编制相应施工方案。

事件 4：为确保深基坑开挖工程的施工安全，施工项目经理兼任施工现场的安全生产管理员。为赶工期，施工单位在报审深基坑开挖工程专项施工方案的同时即开始该基坑开挖。

事件 5：监理招标文件规定，该项目施工合同价为 30000 万元，工期 36 个月，要求项目监理机构在配备专业监理工程师、监理员和行政文秘人员时，需综合考虑施工合同价款和工期因素。已知：上述人员配备定额分别为 0.5、0.4 和 0.1（人·年/千万元）。

【问题】

1. 针对事件 1，逐项指出监理机构监理职责分工是否妥当。

2. 简述职能制的优缺点，逐项指出事件 2 中总监理工程师对造价控制组和质量控制组的工作安排是否妥当。

3. 监理实施细则包括哪些内容，事件 3 中总监的做法是否妥当，为什么？

4. 指出事件 4 中施工单位做法的不妥之处，写出正确做法。

5. 针对事件 5，按施工合同价款计算的工程建设强度是多少（千万元/年）？需要配备的专业监理工程师、监理员和行政文秘人员的数量分别是多少？

试题二

某工程，建设单位与施工总包单位按《建设工程施工合同（示范文本）》GF—2017—0201 签订了施工合同。工程实施过程中发生如下事件：

事件 1：主体结构施工时，建设单位收到用于工程的商品混凝土不合格的举报，立刻指令施工总包单位暂停施工。经检测鉴定单位对商品混凝土的抽样检验及混凝土实体质量抽芯检测，质量符合要求。为此，施工总包单位向项目监理机构提交了暂停施工后人员窝工及机械闲置的费用索赔申请。

事件 2：施工总包单位按施工合同约定，将装饰工程分包给甲装饰分包单位。在装饰工程施工中，项目监理机构发现工程部分区域的装饰工程正在由乙装饰分包单位施工。经查实，施工总包单位未按时完工，擅自将部分装饰工程分包给乙装饰分包单位。

事件 3：室内空调管道安装工程隐蔽前，施工总包单位进行了自检，并在约定的时限内按程序书面通知项目监理机构验收。项目监理机构在验收前 6 小时通知施工总包单位因故不能到场验收，施工总包单位自行组织了验收，并将验收记录送交项目监理机构，随后进行工程隐蔽，进入下道工序施工。总监理工程师以"未经项目监理机构验收"为由下达了《工程暂停令》。

事件 4：工程保修期内，建设单位为使用方便，直接委托甲装饰分包单位对地下室进行了重新装修，在没有设计图纸的情况下，应建设单位要求，甲装饰分包单位在地下室承重结构墙上开设了两个 1800mm×2000mm 的门洞，造成一层楼面有多处裂缝，且地下室有严重渗水。

事件 5：施工中遇到不可抗力，①施工单位人员窝工损失 20 万元；②施工用周转性材料（模板）损失 5 万元；③应建设单位要求现场清理费费用 2 万元；④建设单位采购的已运至现场待安装的设备损失 5 万元。

【问题】

1. 事件 1 中，建设单位的做法是否妥当？项目监理机构是否应批准施工总包单位的索赔申请？分别说明理由。

2. 写出项目监理机构对事件 2 的处理程序。

3. 事件 3 中，施工总包单位和总监理工程师的做法是否妥当，分别说明理由。

4. 对于事件 4 中发生的质量问题，建设单位、监理单位、施工总包单位和甲装饰分包单位是否应承担责任？分别说明理由。

5. 事件 5 中，施工单位可以索赔哪些费用损失。

试题三

某工程，建设单位将工程发包给甲施工单位，按照合同约定，甲施工单位将钢结构屋架吊装工程分包给具有相应资质和业绩的乙专业施工单位。实施过程中发生如下事件：

事件1：甲施工单位完成下列施工准备工作后即向项目监理机构申请开工：①现场质量、安全生产管理体系已建立；②管理及施工人员已到位；③施工机具已具备使用条件；④主要工程材料已落实；⑤水、电、通信等已满足开工要求。项目监理机构认为上述开工条件不够完备。

事件2：项目监理机构审查了甲施工单位报送的试验室资料。其内容包括试验室资质等级和试验人员资格证书。

事件3：甲施工单位将施工控制测量成果报审表交给建设单位审查，建设单位代表给监理员检查了施工平面控制网、高程控制网和临时水准点的测量成果。

事件4：施工过程中，乙施工单位向项目监理机构提交了分包单位资格报审表及项目资料，专业监理工程师组织了审查。

事件5：乙专业施工单位将由其项目经理签字认可的专项施工方案直接报送项目监理机构，专业监理工程师审核后批准了该专项施工方案。

【问题】

1. 针对事件1，施工单位申请开工还应具备哪些条件？

2. 针对事件2，项目监理机构对试验室的审查还应包括哪些内容？

3. 针对事件3做法是否妥当，还应当检查、复核施工控制测量成果及保护措施的哪些内容？

4. 针对事件4做法是否妥当，说明原因。

5. 分别指出事件5中乙专业施工单位和专业监理工程师做法的不妥之处，写出正确做法。

试题四

某工程，在招标投标及实施过程中发生如下事件：

事件 1：招标投标过程中发生如下事项：

① 建设单位要求只组织外地施工单位踏勘项目现场；

② 建设单位不接受投标人在投标截止时间前 10 天后提出的疑问；

③ 给中标单位发中标通知书前要求其提交中标价 2％的投标保证金；

④ 某投标人对招标文件中的材料暂估价报价按照市场价格进行了报价。

事件 2：总监理工程师根据监理实施细则对巡视工作进行交底，其中对施工质量巡视提出的要求包括：①检查施工单位是否按批准的施工组织设计、专项施工方案进行施工；②检查施工现场管理人员，特别是施工质量管理人员是否到位。

事件 3：项目监理机构进行墙面质量影响因素的数据统计分析，出现了如下图所示的排列图。

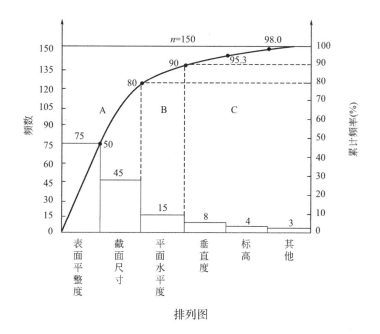

排列图

事件 4：工程竣工验收前，总监理工程师要求：①总监理工程师代表组织工程竣工预验收；②专业监理工程师组织编写工程质量评估报告，该报告经总监理工程师审核签字后方可直接报送建设单位。

事件 5：在基础工程施工中，项目监理机构发现有部分构件出现较大裂缝，为此总监理工程师签发《工程暂停令》，经检测及设计验算，需进行加固补强；施工单位向项目监理机构报送了质量事故调查报告和加固补强方案。项目监理机构按工作程序进行处置后，签发《工程复工令》。

【问题】

1. 指出事件 1 中的不妥之处，写出正确做法。

2. 事件 2 中，总监理工程师对现场施工质量巡视要求还应包括哪些内容？

3. 分别指出事件 3 中墙面质量影响因素的主次因素。

4. 指出事件 4 中总监理工程师要求的不妥之处，写出正确做法。

5. 针对事件 5，写出项目监理机构在签发《工程复工令》之前需要进行的工作程序。

试题五

某实施监理的工程，建设单位与施工单位按照《建设工程施工合同（示范文本）》GF—2017—0201 签订了施工合同。项目监理机构批准的施工进度计划如下图所示，各项工作均按最早开始时间安排，匀速进行。

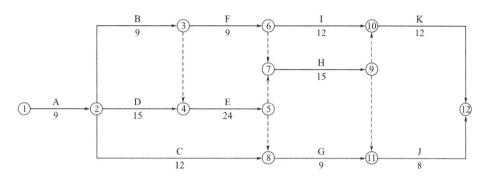

施工进度计划图（单位：天）

施工过程中发生如下事件：

事件 1：施工准备期间，由于施工设备未按期进场，施工单位在合同约定的开工日前第 5 天向项目监理机构提出延期开工的申请，总监理工程师审核后给予书面回复。

事件 2：施工准备完毕后，项目监理机构审查《工程开工报审表》及相关资料后认为：施工许可证已获政府主管部门批准，征地拆迁工作满足工程进度需要，施工单位现场管理人员已到位，但其他开工条件尚不具备。总监理工程师不予签发《工程开工报审表》。

事件 3：工程开工后第 20 天下班时刻，项目监理机构确认：A、B 工作已完成；C 工作已完成 6 天的工作量；D 工作已完成 5 天的工作量；B 工作未经监理人员验收的情况下，F 工作已进行 1 天。

【问题】

1. 总监理工程师是否应批准事件 1 中施工单位提出的延期开工申请？说明理由。

2. 根据《建设工程监理规范》GB 50319—2013，该工程还应具备哪些开工条件，总监理工程师方可签发《工程开工报审表》？

3. 针对网络图所示的施工进度计划，确定该施工进度计划的工期和关键工作。并分别计算 C 工作、D 工作、F 工作的总时差和自由时差。

4. 分析开工后第 20 天下班时刻施工进度计划的执行情况，并分别说明对总工期及紧后工作的影响。此时，预计总工期延长多少天？

5. 针对事件 3 中 F 工作在 B 工作未经验收的情况下就开工的情形，项目监理机构应如何处理？

试题六

某建设项目施工合同2月1日签订，合同总价6000万元，合同工期为6个月，双方约定3月1日正式开工。合同中规定：

（1）预付款为合同总价的30％，工程预付款应从未施工工程尚需主要材料及构配件价值相当于工程预付款数额时起扣，每月以抵充工程款方式陆续收回（主要材料及设备费比重为60％）。

（2）质量保证金为建安工程实际造价的5％，从每月承包商取得工程款中按5％比例扣留。缺陷责任期满，剩余部分退还承包商。

（3）当月承包商实际完成工程款少于计划工程款10％以上，则当月实际工程款的5％扣留不予支取，随着最后一个月工程款计算。

（4）每月应支付工程款少于900万元时，业主方不予支付，转至累计数超出时再予支付。

（5）物价以2月为基准，基准指数为100。施工过程中，物价变化的，人工费按实调整，材料费变化超过5％时，按造价指数调整，当月应结工程款应采用动态调值公式：$P=P_0 \times (0.15+0.25A/A_0+0.60B/B_0)$，式中0.15为不调值部分，0.25为人工费在合同总价中所占比重，0.60为材料费在合同总价中比重。

施工过程中出现如下事件（下列事件发生部位均为关键工序）：

事件1：发包人资金周转不善，预付款延期支付1个月（银行贷款月利率为1％，不扣质保金）。

事件2：3～4月，每月施工方均使用甲方提供的特殊材料20万元。

事件3：4月，施工单位采取防雨措施增加费用3万元，月中施工机械故障延误工期1d，窝工闲置费共计1万元。

事件4：5月，外部供水管道断裂停水2d，造成了停工损失共计3万元。

事件5：6月，施工单位为赶在雨季到来之前完工，经甲方同意，采取措施加快进度，增加赶工措施费6万元。

事件6：7月，业主方提出施工中必须采用乙方的特殊专利技术施工以保证工程质量，发生额外工程款10万元。

物价指数与各月工程款数据表（单位：万元）

月份	3	4	5	6	7	8
计划工程款	1000	1200	1200	1200	800	600
实际工程款（未考虑调价等）	1000	1000	1600	1500	900	550
人工费指数	100	100	100	103	115	120
材料费指数	100	100	100	104	130	130

【问题】

1. 根据上述背景材料，计算预付款、预付款起扣点、从几月起扣。

2. 分别计算3～8月应支付的工程款。

2025 预测试卷（二）参考答案

试题一

1. ①不妥。不得将"组织审查施工组织设计"委托给总监理工程师代表。②不妥。理由：检查施工单位投入工程的人力、主要设备的使用及运行状况是监理员的职责。③不妥。理由：应当由总监理工程师组织分部工程验收；④正确。

2. 优点：加强了目标控制的职能化分工；能发挥职能机构专业管理作用，高效管理；减轻总监负担；

缺点：下级受多头领导；直接指挥部门与职能部门双重指令易生矛盾，使下级无所适从。

总监理工程师对造价控制组和质量控制组的工作安排不妥。其中，②和③均应属于质量控制组工作。

总监理工程师对质量控制组的安排不妥当。理由：⑥属于进度控制组工作。

3. 监理实施细则包括专业工程特点、监理工作流程、监理工作控制要点以及监理工作方法及措施。

事件 3 中总监的做法不妥。因为施工方案是监理实施细则的编制依据，应当由施工单位先编制施工方案，然后专业监理工程师依据施工方案编制监理实施细则。

4. 事件 4 中：

（1）不妥之处：施工项目经理兼任施工现场的安全生产管理员。

正确做法：应安排专职安全生产管理员。

（2）不妥之处：施工单位在报审深基坑开挖工程专项施工方案的同时即开始深基坑开挖。

正确做法：应待专项施工方案报审批准后才能进行深基坑开挖。

5. 事件 5 中：

（1）按施工合同价款计算的工程建设强度是：

工程建设强度＝施工合同价款/工期＝30000/(36/12)＝10（千万元/年）。

（2）按人员配备定额要求，需要配备的专业监理工程师、监理员和行政文秘人员的数量分别是：

① 专业监理工程师＝$10 \times 0.5 = 5$（人）。

② 监理员＝$10 \times 0.4 = 4$（人）。

③ 行政文秘人员＝$10 \times 0.1 = 1$（人）。

试题二

1. 事件 1 中：

（1）建设单位的做法不妥。理由：建设单位的停工指令应通过总监理工程师下达。

（2）项目监理机构应批准施工总包单位的索赔申请。理由：事件 1 属于建设单位（或非施工单位）的责任。

2. 事件 2 中，项目监理机构对事件 2 的处理程序如下：

（1）由总监理工程师向施工总包单位签发《工程暂停令》，责令乙装饰分包单位退场，并要求对乙装饰分包单位已施工部分的质量进行检查验收。

（2）若检查验收合格，则由总监理工程师下达《工程复工令》。若检查验收不合格，则指令施工总包单位返工处理。

3. 事件 3 中：

（1）施工总包单位做法妥当。理由：项目监理机构不能按时验收，应在验收前 24 小时以书面形式向施工总包单位提出延期要求。未按时提出延期要求，又未参加验收，施工总包单位可自行组织验收，结果应被认可。

（2）总监理工程师做法不妥。理由：总监理工程师不能以"未经项目监理机构验收"为由下达《工程暂停令》。

4. 事件 4 中：

（1）建设单位应承担责任。理由：承重结构变动时，建设单位应委托原设计单位或有相应资质的设计单位进行设计后才能开工。

（2）监理单位不承担责任。理由：重新装修不属于监理合同约定的监理范围。

（3）施工总包单位不承担责任。理由：重新装修不属于施工总包合同约定的施工范围。

（4）甲装饰分包单位应承担责任。理由：未取得设计单位装修设计图纸就擅自施工。

5. 事件 5 中施工单位可以索赔的费用有：③应建设单位要求现场清理费费用 2 万元。

试题三

1. 施工单位申请开工还应具备的条件：(1)设计交底和图纸会审已完成；(2)施工组织设计已经由总监理工程师签认；(3)进场道路已满足开工要求。

2. 项目监理机构对试验室的审查还应包括：(1)试验室的试验范围；(2)法定计量部门对试验设备出具的计量检定证明；(3)试验室管理制度。

3. 施工单位应当将施工控制测量成果报审表交给项目监理机构，应当由专业监理工程师检查、复核施工控制测量成果及保护措施。

检查、复核施工控制测量成果及保护措施还有施工单位测量人员的资格证书及测量设备检定证书及控制桩的保护措施。

4. 事件 4 中，不妥之处有：

（1）乙施工单位向项目监理机构提交了分包单位资格报审表及项目资料。正确做法：

应该由甲施工单位向项目监理机构提交了分包单位资格报审表及项目资料。

（2）专业监理工程师组织了审查分包单位资格报审表及项目资料。正确做法：应该由总监理工程师组织审查分包单位资格报审表及项目资料。

5.（1）乙专业施工单位的不妥之处：分包单位将由其项目经理签字认可的专项施工方案直接报送项目监理机构。

正确做法：分包单位的专项施工方案应由分包单位技术负责人签字后，交给总包单位，经总包单位技术负责人审查、签字后，提交项目监理机构审核。

（2）专业监理工程师的不妥之处：专业监理工程师审核后批准了分包单位经项目经理签字的专项施工方案。

正确做法：在总监理工程师的组织下，专业监理工程师应审查总包单位报送的专项施工方案，并将审查意见提交给总监理工程师。

试题四

1. 事件 1 中，不妥之处：

① 不妥。正确做法：应当统一组织踏勘现场；

② 妥当。

③ 不妥。正确做法：应当在投标截止时间前提交投标保证金，投标保证金不得超过招标项目估算价的 2%。

④ 不妥。正确做法：应当按照招标文件的暂定价格报价。

2. 事件 2 中，总监理工程师对现场施工质量巡视要求的内容还应包括：

（1）是否按工程设计文件（或施工图）、工程建设标准进行施工；

（2）使用的工程材料、构配件和设备是否已检测合格；

（3）特种作业人员是否持证上岗。

3. 事件 3 中，影响质量问题的主要因素是表面平整度和截面尺寸；次要因素是平面水平度；一般因素是垂直度、标高和其他因素。

4. 事件 4 中，总监理工程师要求的不妥之处有：

① 不妥。正确做法：总监理工程师应组织竣工预验收。

② 不妥。正确做法：总监理工程师应组织编写工程质量评估报告。

③ 不妥。正确做法：工程质量评估报告应经监理单位技术负责人审核签字后方可报送建设单位。

5. 在加固补强完毕后，具备工程复工条件时，施工单位提出复工申请，项目监理机构应审查施工单位报送的工程复工报审表及有关资料，符合要求后，总监理工程师签署审核意见，报建设单位批准后，签发工程复工令。

试题五

1. 事件 1 中，总监理工程师的书面回复中应不批准施工单位的延期开工申请，理由是：

（1）施工单位因自身原因不能按期开工；

（2）按照《建设工程施工合同（示范文本）》GF—2017—0201 对延期开工条款的规定，承包人要求延期开工，应在合同约定的开工日 7 天前提出延期申请，施工单位在开工日前 5 天提交申请不符合合同规定的程序。

2. 事件 2 中，还应具备下列条件时，由总监理工程师签署审查意见，并报建设单位批准后，总监理工程师方可签发《工程开工令》：

（1）设计交底和图纸会审已完成；

（2）施工组织设计已由总监理工程师签认；

（3）施工单位现场质量、安全生产管理体系已建立，施工机械具备使用条件，主要工程材料已落实；

（4）进场道路及水、电、通信等已满足开工要求。

3. 针对工程网络计划图的分析结果如下：

（1）施工总工期 75 天；

（2）关键工作包括：A、D、E、H、K；

（3）C 工作的总时差为 37 天，自由时差为 27 天；D 工作的总时差和自由时差均为 0；F 工作的总时差为 21 天，自由时差为 0。

4. 开工后第 20 天下班时刻施工进度计划的执行情况如下：

（1）C 工作推迟 5 天，不影响总工期，不影响紧后工作的最早开始时间；D 工作推迟 6 天，影响总工期 6 天，影响紧后工作的最早开始时间 6 天；F 工作推迟 1 天，不影响总工期，影响紧后工作的最早开始时间 1 天。

（2）施工总工期将延长 6 天。

5. 事件 3 中，B 工作的完成是 F 工作开始的前提条件。为了保证工程施工的质量，项目监理机构应就 B 工作未经验收的情况下就开始 F 工作，应下达 F 工作的《工程暂停令》，要求施工单位先对完成的 B 工作进行报验。

试题六

1. 预付款＝合同总价×比例＝6000×30％＝1800（万元）。

起扣点＝6000×（1−30％/60％）＝3000（万元）。

即累计工程款超过 3000 万元时起扣预付款，由于 3 月、4 月、5 月三个月累计工程款达到 3600 万元。故从 5 月起扣。

2. 工程预付款延付属甲方责任，应向乙方支付延付利息。

4 月，施工机械故障属乙方责任，防雨措施费属乙方可预见事件。

5 月，外部供水停水属甲方责任，应予索赔。

6 月，增加赶工措施费为乙方施工组织设计中应预见的费用不能索赔。

7 月，特殊专利技术施工增加费用由甲方承担。

3 月，业主应支付的工程款＝1000×（1−5％）+1800×1％−20＝948（万元）。

4 月，业主应支付的工程款＝1000×（1−5％−5％）−20＝880（万元）。

4 月，实际工程量 1000＜1200×（1−10％）＝1080。故当月工程款扣留 5％。且本月应付工程款小于 900 万元，该月工程款转为 5 月支付。

5 月，扣预付款＝(3600－3000)×60％＝360（万元）。

5 月，业主应支付的工程款＝(1600＋3)×(1－5％)－360＋880＝2042.85（万元）。

6 月，扣除预付款＝1500×60％＝900（万元）。

6 月，业主应支付的工程款＝1500×(0.15＋0.25×1.03＋0.6×1.0)×(1－5％)－900＝535.69（万元）。

6 月，人工费按时调整，材料费上涨 4％，在风险范围内，应付工程款小于 900 万元当月不予支付。

7 月，扣除预付款＝900×60％＝540（万元）。至此预付款已完全扣回。

7 月，业主应支付的工程款＝[900×(0.15＋0.25×1.15＋0.6×1.3)＋10]×(1－5％)－540＋535.69＝1046.15（万元）。

8 月，业主应支付的工程款＝[550×(0.15＋0.25×1.2＋0.6×1.3)]×(1－5％)＋1000×5％＝692.68（万元）。

1000×5％是 4 月扣的。

2025 预测试卷 (三)

本试卷均为案例分析题，共6题，每题20分。要求分析合理，结论正确；有计算要求的，应简要写出计算过程。

试题一

某住宅工程，在施工图设计阶段招标委托监理，按《建设工程监理合同（示范文本）》GF—2017—0201 签订了工程监理合同，该合同未委托相关服务工作，实施中发生以下事件：

事件1：监理单位未经建设单位同意，同时要求总监理工程师担任三个项目的总监理工程师，调换总监理工程师只需要书面通知建设单位。项目监理机构采用直线职能制组织结构，总监理工程师要求专业监理工程师具有中级及以上专业技术职称、2年及以上工程经验并经监理业务培训的人员担任。

事件2：建设单位要求监理单位在施工招标前向建设单位报送监理规划。总监理工程师委托总监理工程师代表组织编制监理规划，并要求由总监理工程师代表审核批准后尽快报送建设单位。要求监理员进行工程计量。

事件3：编制的监理规划中提出"三控制"的基本工作任务，分别设有"工程质量控制""工程造价控制""工程进度控制"的章节内容。

事件4：在深基坑开挖工程准备会议上，建设单位要求项目监理机构尽早提交《深基坑工程监理实施细则》，并要求施工单位根据该细则尽快编制《深基坑工程施工方案》。

事件5：工程某部位大体积混凝土工程施工前，土建专业监理工程师编制了《大体积混凝土工程监理实施细则》，经总监理工程师审批后实施。实施中由于外部条件变化，土建专业监理工程师对监理实施细则进行了补充，考虑到总监理工程师比较繁忙，拟报总监理工程师代表审批后继续实施。

【问题】

1. 事件1中监理单位和总监理工程师的要求有何不妥？
2. 事件2中总监理工程师的做法有何不妥？说明理由。
3. 指出事件3中监理规划还应当包括哪些内容。
4. 事件4中建设单位的做法是否妥当？说明理由。
5. 指出事件5中项目监理机构做法的不妥之处？说明理由。

试题二

某监理单位承担了一工业项目的施工监理工作。经过招标，建设单位选择了甲、乙施工单位分别承担 A、B 标段工程的施工，并按照《建设工程施工合同（示范文本）》GF—2017—0201 分别与甲、乙施工单位签订了施工合同。建设单位与乙施工单位在合同中约定，B 标段所需的部分设备由建设单位负责采购。乙施工单位按照正常的程序将 B 标段的安装工程分包给丙施工单位。在施工过程中，发生了如下事件：

事件 1：建设单位在采购 B 标段的锅炉设备时，设备生产厂商提出由自己的施工队伍进行安装更能保证质量，建设单位便与设备生产厂商签订了供货和安装合同，并通知了监理单位和乙施工单位。

事件 2：总监理工程师根据现场反馈信息及质量记录分析，对 A 标段某部位隐蔽工程的质量有怀疑，随即指令甲施工单位暂停施工，并要求剥离检验。甲施工单位称：该部位隐蔽工程已经专业监理工程师验收，若剥离检验，监理单位需赔偿由此造成的损失并相应延长工期。

后期甲施工单位在施工中突遇合同中约定属于不可抗力的事件，造成经济损失（见下表）和工地全面停工 15 天。由于合同双方均未投保，甲施工单位在合同约定的有效期内，向项目监理机构提出了费用补偿和工程延期 15 天申请。

由不可抗力的事件造成的经济损失

序号	项目	全费用金额(万元)
1	甲施工单位采购的已运至现场待安装的设备修理费	5.0
2	现场甲施工人员受伤医疗补偿费	2.0
3	已通过工程验收的供水管爆裂修复费	0.5
4	建设单位采购的已运至现场的水泥损失费	3.5
5	甲施工单位配备的停电时用于应急施工的发电机修复费	0.2
6	停工期间甲施工作业人员窝工费和模板损失费	8.0 和 2.0
7	停工期间建设单位要求的甲施工单位留守管理人员工资	1.5
8	现场清理费	0.3
合计		21.0

事件 3：专业监理工程师对 B 标段进场的配电设备进行检验时，发现由建设单位采购的某设备不合格，建设单位对该设备进行了更换，从而导致丙施工单位停工。因此，丙施工单位致函监理单位，要求补偿其被迫停工所遭受的损失并延长工期。

【问题】

1. 请画出建设单位开始设备采购之前该项目各主体之间的合同关系图。

2. 在事件 1 中，建设单位将设备交由厂商安装的做法是否正确？说明理由。

3. 在事件 2 中，发生的经济损失分别由谁承担？甲施工单位总共可获得费用补偿为多少？工程延期要求是否成立？

4. 在事件 2 中，总监理工程师的做法是否正确？为什么？试分析剥离检验的可能结果及总监理工程师相应的处理方法。

5. 在事件 3 中，丙施工单位的索赔要求是否应该向监理单位提出？为什么？对该索赔事件应如何处理。

试题三

某实施监理的工程，甲施工单位选择乙施工单位分包基坑支护及土方开挖工程。

施工过程中发生如下事件：

事件 1：乙施工单位开挖土方时，因雨季下雨导致现场停工 3 天，在后续施工中，乙施工单位挖断了一处在建设单位提供的地下管线图中未标明的煤气管道，因抢修导致现场停工 7 天。为此，甲施工单位通过项目监理机构向建设单位提出工期延期 10 天和费用补偿 2 万元（合同约定，窝工综合补偿 2000 元/天）的要求。

事件 2：为赶工期，甲施工单位调整了土方开挖方案，并按约定程序进行了报批。总监理工程师在现场发现乙施工单位未按调整后的土方开挖方案施工并造成围护结构变形超限的严重隐患，立即向甲施工单位签发《工程暂停令》，同时报告了建设单位。乙施工单位未执行指令仍继续施工，总监理工程师及时报告了有关主管部门。后因围护结构变形过大引发了基坑局部烧塌事故。

事件 3：甲施工单位凭施工经验，未经安全验算就编制了高大模板工程专项施工方案，经项目经理签字后报总监理工程师审批的同时，就开始搭设高大模板。施工现场安全生产管理人员则由项目总工程师兼任。

事件 4：甲施工单位为便于管理，将施工人员的集体宿舍安排在本工程尚未竣工验收的地下车库内。

【问题】

1. 指出事件 1 中挖断煤气管道事故的责任方，说明理由。项目监理机构批准的工程延期和费用补偿各多少？说明理由。

2. 根据《建设工程安全生产管理条例》，分析事件 2 中甲、乙施工单位和监理单位对基坑局部坍塌事故应承担的责任，说明理由。

3. 指出事件 3 中甲施工单位的做法有哪些不妥，写出正确做法。

4. 指出事件 4 中甲施工单位的做法是否妥当，说明理由。

试题四

某工程，实施过程中发生如下事件：

事件1：开工前，项目监理机构审查施工单位报送的工程开工报审表及相关资料时，总监理工程师要求：首先由专业监理工程师签署审查意见，之后由总监理工程师代表签署审核意见。总监理工程师依据总监理工程师代表签署的同意开工意见，签发了工程开工令。

事件2：总监理工程师根据监理实施细则对巡视工作进行交底，其中对施工质量巡视提出的要求包括：①检查施工单位是否按批准的施工组织设计、专项施工方案进行施工；②检查施工现场管理人员，特别是施工质量管理人员是否到位。

事件3：项目监理机构进行桩基混凝土试块抗压强度数据统计分析，出现了如下图所示的四种非正常分布的直方图。

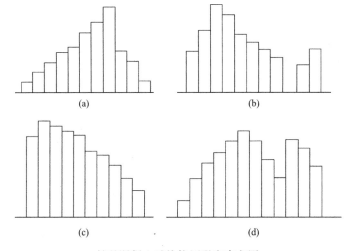

桩基混凝土试块抗压强度直方图

事件4：工程竣工验收前，总监理工程师要求：①总监理工程师代表组织工程竣工预验收；②专业监理工程师组织编写工程质量评估报告，该报告经总监理工程师审核签字后方可直接报送建设单位。

事件5：建设单位发现施工单位在进度款申报中工程量多计，索赔虚报价款，指令施工单位暂停施工。

【问题】

1. 指出事件1中总监理工程师做法的不妥之处，写出正确做法。

2. 事件2中，总监理工程师对现场施工质量巡视要求还应包括哪些内容？

3. 分别指出事件3中四种直方图的类型，并说明其形成的主要原因。

4. 指出事件4中总监理工程师要求的不妥之处，写出正确做法。

5. 指出事件5中建设单位做法是否正确，签发暂停令的情况有哪些？

试题五

某工程项目，发包人和承包人按工程量清单计价方式和《建设工程施工合同（示范文本）》GF—2017—0201 签订了施工合同，合同工期 180d。合同约定：措施费按分部分项工程费的 25% 计取；管理费和利润为人工、材料、机械费用之和的 16%，规费和税金为人工、材料、机械费用，管理费与利润之和的 13%，人工单价 200 元/工日（窝工按照 100 元/工日计算），机械 1000 元/台班（折旧 500 元/台班）。

开工前，承包人编制并经项目监理机构批准的施工网络进度计划如下图所示。

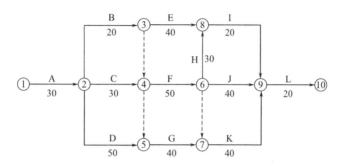

施工网络进度计划（单位：d）

实施过程中发生了如下事件：

事件 1：基坑开挖（A 工作）施工过程中，由于地质资料不准确，基坑开挖工期延长 5d，施工单位窝工人工 10 工日，机械 5 台班，由于设计变更增加分部分项人工、材料、机械费 10 万元。

事件 2：建设单位负责采购的部分装配式混凝土构件提前一个月运抵合同约定的施工现场，按照合同约定会同承包人和监理单位共同清点验收后存放在施工现场。由于保管不善，在使用之前发现部分材料损毁，承包人要求增加支付一个月的材料保管费和建设单位采购材料的检验费，并要求建设单位负责部分材料损毁费。

事件 3：原设计 J 工作分项估算工程量为 400m³，由于发包人提出新的使用功能要求，进行了设计变更。该变更增加了该分项工程量 200m³。已知 J 工作人工、材料、机械费用为 360 元/m³，合同约定超过原估算工程量 15% 以上部分综合单价调整系数为 0.9；变更前后 J 工作的施工方法和施工效率保持不变。

【问题】

1. 事件 1 中，计算承包人可向发包人主张的工程索赔款。
2. 事件 2 中，分别指出承包人要求是否正确？并说明理由。
3. 事件 3 中，计算承包人可以索赔的工程款为多少元？
4. 承包人可以得到的工期索赔合计为多少天（写出分析过程）？
5. 事件 3 发生后，若该项目提前一天投入使用给业主带来的收益是 20 万元，各工作可缩短的时间及赶工费见下表，监理工程师从经济角度考虑拟定一个赶工方案。（计算结果保留两位小数）

各工作可缩短的时间及赶工费

工作名称	I	K	J	L
赶工费率(万元/天)	20	10	8	22
可缩短时间(天)	3	5	15	5

试题六

某工程施工合同约定：

（1）签约合同价为 3000 万元，工期 6 个月。

（2）工程预付款为签约合同价的 15%，工程预付款分别在开工后第 3、4、5 月等额扣回。

（3）工程进度款按月结算，每月实际付款金额按承包人实际结算款的 90% 支付。

（4）当工程量偏差超过 15%，且对应项目的投标综合单价与招标控制价偏差超过 15% 时，按《建设工程工程量清单计价规范》GB 50500—2013 中"工程量偏差"调价方法，结合承包人报价浮动率确定是否调价。

（5）竣工结算时，发包人按结算总价的 5% 扣留质量保证金。

施工过程中发生如下事件：

事件 1：基础工程施工中，遇未探明的地下障碍物。施工单位按变更的施工方案处理该障碍物既增加了已有措施项目的费用，又新增了措施项目，并造成工程延期。

事件 2：事件 1 发生后，为确保工程按原合同工期竣工，建设单位要求施工单位加快施工。为此，施工单位向项目监理机构提出补偿赶工费的要求。

事件 3：施工中由于设计变更，导致土方工程量由 1520m³ 变更为 1824m³。已知土方工程招标控制价的综合单价为 60 元/m³，施工单位投标报价的综合单价为 50 元/m³，承包人的报价浮动率为 6%。

事件 4：经项目监理机构审定的 1～6 月实际结算款（含设计变更和索赔费用）见下表。

1～6 月实际结算款

月份	1	2	3	4	5	6
实际结算款(万元)	400	550	500	450	400	460

【问题】

1. 事件 1 中，处理地下障碍物对已有措施项目增加的措施费应如何调整？新增措施项目的措施费应如何调整？

2. 事件 2 中，项目监理机构是否应批准施工单位的费用补偿要求？说明理由。

3. 事件 3 中，分析土方工程综合单价是否可以调整。

4. 工程预付款及第 3、4、5 月应扣回的工程款各是多少？依据上表中金额，项目监理机构 1～5 月应签发的实际付款金额分别是多少？6 月办理的竣工结算款是多少？

2025 预测试卷（三）参考答案

试题一

1. （1）监理单位要求总监理工程师未经建设单位同意，同时担任三个项目的总监理工程师不妥，应当经建设单位同意，最多同时担任三个项目的总监理工程师。

（2）调换总监理工程师只需要书面通知建设单位不妥。应在调换总监理工程师之前经建设单位书面同意。

2. 总监理工程师委托总监理工程师代表组织编制监理规划不妥，因为违反《建设工程监理规范》GB/T 50319—2013 对总监理工程师职责的规定；由总监理工程师代表审核批准监理规划不妥，根据《建设工程监理规范》GB/T 50319—2013，监理规划应在总监理工程师签字后由监理单位技术负责人审核批准，方可报送建设单位。要求监理员进行工程计量不妥，进行工程计量应当是专业监理的岗位职责。

3. 监理规划中还应当包括工程概况；监理工作的范围、内容、目标；监理工作依据；监理组织形式、人员配备及进退场计划、监理人员岗位职责；监理工作制度；安全生产管理的监理工作；合同与信息管理；组织协调；监理工作设施。

4. 建设单位要求项目监理机构先于施工单位专项施工方案编制监理实施细则的做法不妥，因为专项施工方案是监理实施细则的编制依据之一。

5. 项目监理机构对监理实施细则进行了补充后，拟报总监理工程师代表审批后继续实施的考虑不妥。根据《建设工程监理规范》GB/T 50319—2013，总监理工程师不得将审批监理实施细则的职责委托给总监理工程师代表，监理实施细则补充、修改后，仍应由总监理工程师审批后方可实施。

试题二

1. 建设单位开始设备采购之前该项目各主体之间的合同关系图，如下图所示。

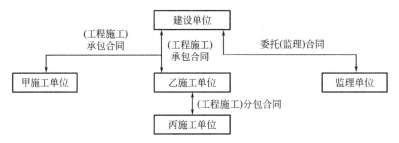

设备采购之前该项目各主体之间的合同关系图

2. 事件 1 中，建设单位将设备交由厂商安装的做法不正确。

理由：建设单位在与乙施工单位签订了 B 标段工程施工与安装的合同后，在采购 B 标段所需的部分设备时，又与设备生产厂商签订了供货和安装合同，建设单位与设备生产厂商签订的供货和安装合同违反了与乙施工单位签订的施工合同的约定，其做法属于违约行为。

3. 事件 2 中，建设单位承担的经济损失：①待安装的设备修理费；②供水管爆裂修复费；③水泥损失费；④留守管理人员工资；⑤现场清理费。

施工单位承担的经济损失：①现场施工人员受伤医疗补偿费；②应急发电机修复费；③施工作业人员窝工费和模板损失费。

费用补偿总额：5＋0.5＋1.5＋0.3＝7.3（万元）。

工程延期要求成立。

4.（1）在事件 2 中，总监理工程师的做法是正确的。

理由：无论工程师是否参加了验收，当工程师对某部分的工程质量有怀疑，均可要求施工单位对已经隐蔽的工程进行重新检验。

（2）剥离检验的可能结果及总监理工程师相应的处理方法：重新检验质量合格，建设单位承担此发生的全部追加合同价款，赔偿施工单位的损失，并相应顺延工期；检验不合格，施工单位承担发生的全部费用，工期不予顺延。

5. 对事件 3 中，丙施工单位的判断和对该索赔事件的处理如下：

（1）在事件 3 中，丙施工单位的索赔要求不应该向监理单位提出，因为建设单位和丙施工单位没有合同关系。

（2）该索赔事件的处理方法：

① 丙向乙提出索赔，乙向监理单位提出索赔意向书；

② 监理单位收集与索赔有关的资料；

③ 监理单位受理乙单位提交的索赔意向书；

④ 总监理工程师对索赔申请进行审查，初步确定费用额度和工程延期时间，与乙施工单位和建设单位协商；

⑤ 总监理工程师对索赔费用和工程延期作出决定；

⑥ 按时通知乙施工单位复工。

试题三

1. 事件 1 中事故的责任方和监理机构批准的工程延期和费用补偿如下：

（1）事件 1 中挖断煤气管道事故的责任方为建设单位。

理由：建设单位应提供施工现场地下埋藏物的有关详细资料，因此，施工单位挖断建设单位未提供地下管图的煤气管道，损失责任应由建设单位承担。

（2）项目监理机构批准的工程延期为 7 天。

理由：雨季下雨停工 3 天不予批准延期，只批准因抢修导致现场停工 7 天的工期延期。

（3）项目监理机构批准的费用补偿为 14000 元。

理由：费用补偿＝7×2000＝14000（元）。

2. 根据《建设工程安全生产管理条例》，事件 2 中甲、乙施工单位和监理单位对基坑局部坍塌事故应承担的责任及理由如下：

（1）甲施工单位和乙施工单位对事故承担连带责任，由乙施工单位承担主要责任。

理由：甲施工单位属于总承包单位，乙施工单位属于分包单位，他们对分包工程的安全生产承担连带责任；分包单位不服从管理导致的生产安全事故的，由分包单位承担主要责任。

（2）监理单位对本次安全生产事故不承担责任。

理由：监理单位在现场对乙施工单位未按调整后的土方开挖方案施工的行为及时向甲施工单位签发《工程暂停令》，同时报告了建设单位，已履行了应尽的职责。按照《建设工程安全生产管理条例》和合同约定，对本次安全生产事故不承担责任。

3. 事件 3 中甲施工单位做法的不妥以及正确做法如下：

（1）不妥之处：甲施工单位凭施工经验，未经安全验算编制高大模板工程专项施工方案。

正确做法：对高大模板工程应编制专项施工方案，且有详细的安全验算书。

（2）不妥之处：专项施工方案仅经项目经理签字后报总监理工程师审批。

正确做法：专项施工方案经甲施工单位技术负责人审查签字后报总监理工程师审批。

（3）不妥之处：高大模板工程施工方案未经专家论证、评审。

正确做法：应由甲施工单位组织专家进行论证和评审。

（4）不妥之处：甲施工单位在专项施工方案报批的同时开始搭设高大模板。

正确做法：按照合同的规定的管理程序，施工组织设计和专项施工方案应经总监理工程师签字后才可以实施。

（5）不妥之处：施工现场安全生产管理人员由项目总工程师兼任。

正确做法：应该由专职安全生产管理人员进行现场监督。

4. 事件 4 中甲施工单位的做法不妥。

理由：《建设工程安全生产管理条例》明确规定，施工单位不得在尚未竣工的建筑物内设置员工集体宿舍。

试题四

1. 事件 1 中总监理工程师做法的不妥之处及正确做法：

（1）不妥之处：安排总监理工程师代表在工程开工报审表上签署审核意见。

正确做法：总监理工程师应签署审核意见。

（2）不妥之处：总监理工程师依据总监理工程师代表签署的同意开工意见，签发了工程开工令。

正确做法：总监理工程师应将工程开工报审表报建设单位批准后，再签发工程开工令。

2. 事件 2 中，总监理工程师对现场施工质量巡视要求还应包括的内容：

（1）施工单位是否按工程设计文件及工程建设标准施工。

（2）使用的工程材料、构配件和设备是否合格。

（3）特种作业人员是否持证上岗。

3. 事件 3 中四种直方图的类型及其形成的主要原因：

（1）（a）属于左（右）缓坡型。

形成原因：操作中对上限（下限）控制太严造成的。

（2）（b）属于孤岛型。

形成原因：原材料发生变化，或者临时他人顶班作业造成的。

（3）（c）属于绝壁型。

形成原因：数据收集不正常，可能有意识地去掉下限以下的数据，或是在检测过程中存在某种人为因素所造成的。

（4）（d）属于双峰型。

形成原因：用两种不同方法或两台设备或两组工人进行生产，然后把两方面数据混在一起整理产生的。

4. 事件 4 中总监理工程师要求的不妥之处及正确做法：

（1）不妥之处：要求总监理工程师代表组织工程竣工预验收。

正确做法：总监理工程师应组织竣工预验收。

（2）不妥之处：要求专业监理工程师组织编写工程质量评估报告。

正确做法：工程竣工预验收合格后，由总监理工程师组织专业监理工程师编制工程质量评估报告。

（3）不妥之处：要求工程质量评估报告经总监理工程师审核签字后直接报建设单位。

正确做法：工程质量评估报告编制完成后，由项目总监理工程师及监理单位技术负责人审核签认并加盖监理单位公章后报建设单位。

5. 事件 5 中建设单位下达暂停令不正确，暂停令的签发情况有：

（1）建设单位要求暂停施工且工程需要暂停施工的；

（2）施工单位未经批准擅自施工或拒绝项目监理机构管理的；

（3）施工单位未按审查通过的工程设计文件施工的；

（4）施工单位违反工程建设强制性标准的；

（5）施工存在重大质量、安全事故隐患或发生质量、安全事故的。

试题五

1. 承包人可向发包人主张的工程索赔款计算如下：

工程索赔 $=(10 \times 100 + 5 \times 500) \times (1 + 13\%) + 100000 \times (1 + 16\%) \times (1 + 13\%) \times (1 + 25\%) = 3955 + 163850 = 167805$（元）。

2. 事件 2 中，承包人不同意进行检测和承担损失的做法是否正确的判断及理由如下：

（1）承包人要求增加支付一个月的材料保管费和建设单位采购材料的检验费正确的。

建设单位负责采购的材料提前进场增加保管费和检验费由建设单位承担。

（2）承包人要求建设单位负责部分材料损毁费不正确的。

理由：建设单位负责采购材料与施工单位清点移交后由施工单位负责保管，保管不善导致的损失由施工单位承担。

3. J工作增加了该分项工程量 200m³，工程量变动率＝200/400×100%＝50%＞15%，超出部分的综合单价应进行调整。

可以索赔的工程款＝[400×15%×360＋(200－400×15%)×360×0.9]×(1＋16%)×(1＋13%)×(1＋25%)＝109713.96（元）。

4. 承包人可以得到的工期索赔合计为 15 天。

事件1：基坑开挖（A工作）在关键线路，且承包人发现的废井是在基坑开挖部位，地勘资料并未标明的构筑物，属于发包人原因造成的，是发包人应承担的责任，因此工期延长时，索赔成立。

事件3中：原关键线路是 A→D→G→K→L，J工作有 10 天的总时差。按原合同，J工作工程量为 400m³，工期是 40 天；变更前后 J工作的施工方法和施工效率保持不变，则 J工作增加工程量 200m³，所需的工期是 200m³/(400m³/40d)＝20（天），超过了 J工作的总时差 10 天，则 J工作可索赔的工期＝20－10＝10（天）。

故承包人可以得到的工期索赔合计：10＋5＝15（天）。

5. 事件3发生后关键线路变化为 A→C→F→J→L，J工作赶工 10 天增加赶工费 80 万元，少于业主收益 200 万元，所以应当将 J工作赶工 10 天。

试题六

1. 事件1中，已有措施项目增加的措施费，按原有措施费的组价方法调整；新增措施项目的费用，由施工单位提出，经建设单位确认。

2. 事件2中，项目监理机构应批准施工单位的费用补偿要求。理由：造成工程延期的原因不是施工单位责任。

3. 事件3中，由于如下：

(50－60)/60×100%＝－16.67%。

或(60－50)/60×100%＝16.67%＞15%。

(1824－1520)/1520×100%＝20%＞15%。

60×(1－6%)×(1－15%)＝47.94（元）。

而投标报价 50 元/m³＞47.94 元/m³，因此，变更后土方工程综合单价可不予调整。

4.（1）预付款＝3000×15%＝450（万元）。

第3、4、5月每月应扣回的工程款＝450/3＝150（万元）。

(2) 依据表中金额，1～5月应签发的实际付款金额如下：

1月：400×0.9＝360（万元）。

2月：550×0.9＝495（万元）。

3月：500×0.9－150＝300（万元）。

4月：450×0.9－150＝255（万元）。

5月：400×0.9－150＝210（万元）。

(3) 6月累计完成合同价＝2760（万元）。

6 月结算价：$2760 \times (1-5\%) - (450+360+495+300+255+210) = 2622 - 2070 = 552$（万元）。

或 $460 \times 0.9 + 2760 \times (95\% - 90\%) = 552$（万元）。

2025 预测试卷（四）

本试卷均为案例分析题，共 6 题，每题 20 分。要求分析合理，结论正确；有计算要求的，应简要写出计算过程。

试题一

某工程分为 A、B 两个施工标段进行发包，建设单位已办理建设工程规划许可证，完成相关拆迁工作，并委托一家工程监理单位实施监理。监理合同履行过程中发生如下事件：

事件 1：工程开工前，建设单位要求工程监理单位协助施工单位尽快办理施工许可证。

事件 2：工程监理单位根据工程特点和监理工作需要，确定的项目监理机构组织形式如下图所示。

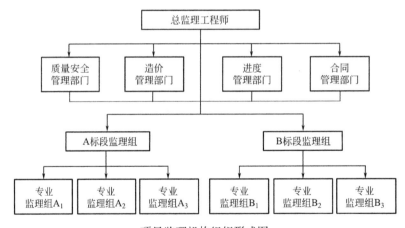

项目监理机构组织形式图

事件 3：第一次工地会议上，建设单位要求项目监理机构负责如下工作：①组织施工图纸会审；②分别编制 A、B 两个标段施工总进度计划；③查验施工单位报送的施工测量放线成果；④审查施工单位报送的专项施工方案；⑤组织工程竣工验收；⑥审核工程竣工结算。

事件 4：工程施工中，工程监理单位因工作需要，决定更换总监理工程师和 1 名专业监理工程师，并要求新任总监理工程师与建设单位进行电话沟通，报告更换事宜。

【问题】

1. 事件 1 中，建设单位的要求是否妥当？说明理由。依据《中华人民共和国建筑法》，办理施工许可证还应具备哪些条件？

2. 上图项目监理机构属于哪种组织形式？这种组织形式有哪些优点？

3. 事件 3 中，建设单位要求项目监理机构负责的工作中，哪些必须由总监理工程师负责组织？哪些不属于项目监理机构职责？

4. 指出事件 4 中的不妥之处，并写出正确做法。

试题二

某工程，实施过程中发生如下事件：

事件1：专业监理工程师在巡视时发现，正在焊接钢骨架的一名电焊工资格未经项目监理机构审查认可。

事件2：受疫情影响，施工所需工程材料不能正常供应。施工项目经理组织调整施工组织设计报送项目监理机构审查的同时，便直接安排施工。

事件3：工程材料进场后，专业监理工程师指派监理员审查了施工单位报送的相关质量证明文件。确认符合要求后，专业监理工程师在《工程材料、构配件、设备报审表》中签署了审查意见。

事件4：施工过程中，项目监理机构发现设计图纸有误。总监理工程师组织修改图纸后直接交由施工单位执行。

事件5：为了加强安全生产管理，根据《危险性较大的分部分项工程安全管理规定》，施工单位将专项施工方案及审核、验收及整改等相关资料纳入档案管理，工程监理单位将监理实施细则、专项施工方案审查、验收及整改等相关资料纳入档案管理。

【问题】

1. 事件1中，针对巡视发现的问题，专业监理工程师应进行哪些工作？若电焊工的资格不符合要求，专业监理工程师应对施工单位提出哪些要求？

2. 事件2中，施工项目经理的做法是否妥当？说明理由。

3. 指出事件3中专业监理工程师做法的不妥之处，说明理由。施工单位需报送哪些质量证明文件？

4. 指出事件4中总监理工程师做法的不妥之处，并写出正确做法。

5. 事件5中，施工单位、工程监理单位还应分别将哪些资料纳入各自档案管理？

试题三

某工程，甲施工单位按合同约定将深基坑工程分包给乙施工单位。工程实施过程中发生如下事件：

事件1：在第一次工地会议上，建设单位要求项目监理机构尽早编制深基坑工程监理实施细则，将其作为施工单位编制深基坑工程专项施工方案的依据，并要求甲施工单位、项目监理机构组织相关人员对深基坑工程施工质量进行验收。

事件2：专业监理工程师在巡视桩基工程施工时发现，乙施工单位擅自将桩基工程分包给丙施工单位，且存在重大安全隐患，随即报告总监理工程师。

事件3：项目监理机构在统计分析桩基混凝土试块抗压强度数据时，绘制的直方图如下图（a，b，c）所示。

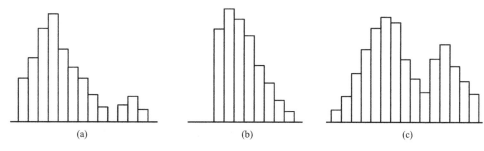

(a)   (b)   (c)

桩基混凝土试块抗压强度直方图

事件4：工程监理人员巡视时发现，乙施工单位未按深基坑工程专项施工方案进行施工，存在严重安全事故隐患。总监理工程师立即向乙施工单位签发《工程暂停令》。乙施工单位以雨季马上来临、需抓紧施工为由拒绝停工。

【问题】

1. 根据《危险性较大的分部分项工程安全管理规定》，逐项指出事件1中建设单位的要求是否妥当，说明理由。

2. 事件2中，总监理工程师接到报告后应采取哪些处置措施？

3. 指出事件3中（a），（b），（c）三个直方图属于哪种非正常型直方图，并分别说明其形成原因。

4. 事件4中，总监理工程师向乙施工单位签发《工程暂停令》是否妥当？说明理由。针对乙施工单位拒绝停工的行为，总监理工程师应采取什么措施？

试题四

某工程，建设单位通过招标选定施工单位，并按《建设工程施工合同（示范文本）》GF—2017—0201签订了施工合同，签约合同价为12258万元。工程实施中发生如下事件：

事件1：工程施工招标时建设单位提出要求：①施工单位要在签约时提供1500万元的履约保证金；②施工单位项目经理必须常驻现场，项目经理确需离开施工现场时，应事先通知监理人，并取得发包人的书面同意；③玻璃幕墙工程由建设单位直接选定施工队伍，然后与施工单位签订施工分包合同；④施工单位必须在招标文件规定的时间内完成工程施工。

事件2：工程施工中，工程质量监督机构接到举报，部分工程未按设计图纸施工，存在严重质量问题。建设单位接到工程质量监督机构要求核查的通知后，直接指令施工单位暂停施工。后经项目监理机构检查，工程质量全部合格。为此，施工单位提出了施工人员窝工、机械闲置费用索赔。

事件3：因施工合同通用条款和专用条款中关于知识产权问题的表述不一致，建设单位与施工单位就此产生争议。

事件4：工程结算价款为12500万元，建设单位扣留的质量保证金为400万元。工程竣工验收交付使用1年后，外墙在雨季发生大面积渗漏。为此，施工单位进行维修共发生费用160万元。再次下雨仍有渗漏时，施工单位因建设单位未支付160万元维修费用拒绝再次维修。建设单位另行委托他人维修，产生费用180万元。

【问题】

1. 逐项指出事件1中建设单位提出的要求是否妥当，分别说明理由。

2. 事件2中，建设单位的做法是否妥当？说明理由；项目监理机构是否应批准施工单位的费用索赔？说明理由。

3. 总监理工程师应如何协调事件3中的合同争议？根据《建设工程施工合同（示范文本）》GF—2017—0201，优先解释顺序排在专用合同条款之前的合同文件有哪些？

4. 指出事件4中建设单位做法的不妥之处，并写出正确做法。维修费用160万元应由谁承担？说明理由。建设单位另行委托他人维修是否妥当？维修费用180万元应由谁承担？

试题五

某工程，建设单位与甲、乙两家施工单位分别签订了土建工程施工合同和设备安装工程合同，合同工期分别为 120 天和 60 天。经各方协商确认和总监理工程师审核批准的施工总进度计划如下图所示。其中：工作 A_1~A_{10}：属于甲施工单位的施工任务；工作 B_1、B_2 属于乙施工单位的施工任务。已知该计划中各项工作均按最早开始时间安排且匀速施工。

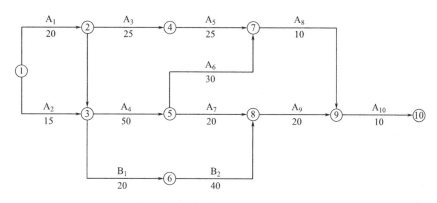

施工总进度计划（时间单位：天）

工程实施过程中发生如下事件：

事件 1：工作 A_2（土方开挖）开始施工后，甲施工单位发现实际地质情况与建设单位提供的原始资料中载明的地质条件不符。随即耗费 10 天时间修改专项施工方案、重新组织专家论证、完成报批等工作，然后继续进行施工。甲施工单位就此向项目监理机构提出工程延期 10 天的索赔申请。

事件 2：受到工作 A_2 实际进度拖后的影响，工作 B_1 未能按原计划开始施工，造成乙施工单位人员窝工、机械闲置等费用损失合计 20 万元。为此，乙施工单位通过项目监理机构向甲施工单位提出补偿费用损失 20 万元的索赔要求，并申请工程延期 10 天。

事件 3：为确保工程按合同约定完工，甲施工单位综合考虑各种因素及压缩的可能性，拟选择压缩工作 A_4 和工作 A_6 的持续时间来调整施工总进度计划。

【问题】

1. 依据上图所示施工总进度计划，分别确定建设单位与甲施工单位、乙施工单位的关键线路，根据建设单位与乙施工单位的合同确定工作 B_1 的总时差和自由时差。

2. 事件 1 中，专项施工方案修改后的专家论证应由谁组织？项目监理机构应批准工程延期多少天？说明理由。

3. 事件 2 中，工作 B_1 的实际开始时间应延后多少天？指出乙施工单位的不妥之处，并写出正确做法。

4. 事件 3 中，甲施工单位在选择压缩持续时间的关键工作时应考虑哪些因素？

在工作 A_4 和工作 A_6 中应首先选择哪项工作压缩其持续时间？说明理由，对于选定的压缩对象，应压缩其持续时间多少天？说明理由。

试题六

某工程，依据《建设工程施工合同（示范文本）》GF—2017—0201 建设单位与施工单位签订了施工合同，合同工期 8 个月，签约合同价 2560 万元，其中暂列金额 200 万元（含规税）。施工合同有关工程款的约定如下：

（1）开工前，建设单位按签约合同价（扣除暂列金额）的 10％向施工单位支付预付款。工程款累计达到签约合同价 40％的次月起，预付款开始分 4 个月平均扣回。

（2）措施费按分部分项工程费的 25％计取。

（3）管理费率为 10％（以人材机费之和为基数），利润率为 7％（以人材机费、管理费之和为基数），规费综合费率为 8％（以分部分项工程费、措施项目费、其他项目费之和为基数），增值税率为 9％（费用计算时均不考虑进项税额抵扣）。

（4）工程款按月结算，并按施工单位当月工程款的 3％扣留质量保证金。

（5）分项工程累计实际完成工程量超出计划完成工程量的 15％时，超出部分的综合单价应予以调整，调整系数为 0.9。

经项目监理机构核实的工程费用情况如下表所示。

工程费用情况表（单位：万元）

	1	2	3	4	5	6	7	8
计划工作预算投资（BCWS）(含税费)	200	220	350	380	360	325	325	200
已完工作预算投资（BCWP）(含税费)	180	240	350	380	380	390		
已完工作实际投资（ACWP）(含税费)	190	245	360					

工程实施过程中发生如下事件：

事件1：A 分项工程清单计划工程量 $350\,m^3$，施工单位投标时所报综合单价为 2400 元/m^3。工程施工进行到第 6 个月时，因设计变更使实际工程量增加 $130\,m^3$。

事件2：因施工现场发生不可抗力事件，造成的损失如下表所示。

不可抗力事件造成的损失表

序号	原因	损失（含规税）
1	因工程损害造成现场配合施工的设计人员受伤	1.2 万元
2	施工单位采购的进场待安装的工程设备损坏	1.5 万元
3	施工单位施工人员受伤	2.5 万元
4	施工设备损坏	1.7 万元
5	停工期应建设单位要求施工单位照管和清理工程发生的费用	2.3 万元
6	停工期间施工单位机械、人员窝工费用	1.3 万元

【问题】

1. 该工程预付款为多少万元？每月应扣预付款多少万元？若以计划工作预算投资考虑，应从开工后第几个月起扣预付款？

2. 依据上表，用赢得值法计算第 3 个月底时的工程投资绩效指数和进度绩效指数，并据此判断工程实际投资和实际进度偏差情况（投资额表示）。

3. 事件 1 中，A 分项工程综合单价是否应调整？说明理由。A 分项工程费和相应的工程款分别为多少万元？

4. 项目监理机构应签发的第 6 个月工程款支付凭证金额为多少万元？

5. 针对事件 2，逐项指出上表中的损失应由谁承担（不考虑保险）。项目监理机构应批准补偿施工单位多少万元？

（涉及金额的，计算结果保留小数点后两位）

2025 预测试卷（四）参考答案

试题一

1.（1）不妥当。

建筑工程开工前，建设单位应当按照国家有关规定向工程所在地县级以上人民政府建设主管部门申请领取施工许可证。

（2）办理施工许可证还应具备的条件：

① 已经办理该建筑工程用地批准手续；

② 已经确定建筑施工企业；

③ 有满足施工需要的资金安排、施工图纸及技术资料；

④ 有保证工程质量和安全的具体措施。

2. 属于职能制组织形式。

优点：加强了项目监理目标控制的职能化分工，可以发挥职能机构的专业管理作用，提高管理效率，减轻总监理工程师负担。

3. 必须由总监理工程师负责组织有：④审查施工单位报送的专项施工方案；⑥审核工程竣工结算。

不属于项目监理机构职责有：①组织施工图纸会审（建设单位责任）；②分别编制 A、B 两个标段施工总进度计划（施工单位责任）；⑤组织工程竣工验收（建设单位责任）。

③查验施工单位报送的施工测量放线成果属于专业监理工程师职责。

4. 要求新任总监理工程师与建设单位进行电话沟通，报告更换事宜不妥。

正确做法：

（1）工程监理单位调换总监理工程师时，应征得建设单位书面同意；

（2）调换专业监理工程师时，总监理工程师应书面通知建设单位。

试题二

1. 专业监理工程师应进行的工作：通知该电焊工立即停止操作，检查其技术资质证明。若审查认可，可继续进行操作；若无技术资质证明，不得再进行电焊操作。对其完成的焊接部分进行质量检查。

若电焊工的资格不符合要求，专业监理工程师应对施工单位提出的要求：对其完成的焊接部分进行质量检查，质量检查不合格的要求具有资质并经过项目监理机构认可的电焊工进行返工处理，进一步审查合格方可。

2. 施工项目经理的做法不妥当。

理由：施工单位编制调整的施工组织设计经施工单位技术负责人审核签认后（编制人、施工单位技术负责人签名、施工单位公章），与施工组织设计报审表一并报送项目监理机构。总监理工程师应及时组织专业监理工程师进行审查，需要修改的，由总监理工程师签发书面意见退回修改；符合要求的，由总监理工程师签认。已签认的施工组织设计，由项目监理机构报送建设单位后才可以安排施工，不能直接安排施工。

3. 专业监理工程师做法的不妥之处：

（1）专业监理工程师指派监理员审查了施工单位报送的相关质量证明文件。

理由：应该由专业监理工程师审查。

（2）确认符合要求后，专业监理工程师在《工程材料、构配件、设备报审表》中签署了审查意见。

理由：还需要有项目监理机构盖章。并应按有关规定、建设工程监理合同约定，对用于工程的材料进行见证取样、平行检验。

施工单位需报送的质量证明文件：进场材料出厂合格证、质量检验报告、性能检测报告以及施工单位的质量抽检报告。

4. 总监理工程师做法的不妥之处：总监理工程师组织修改图纸后直接交由施工单位执行。

正确做法：项目监理机构收到施工单位提交的工程变更申请后，正确处理程序如下：

① 由建设单位转交原设计单位修改工程设计文件；

② 收到设计文件后，总监理工程师组织专业监理工程师对工程变更费用及工期影响进行评估；

③ 总监理工程师组织建设单位、施工单位等共同协商确定工程变更费用及工期变化，会签工程变更单；

④ 项目监理机构根据批准的工程变更文件监督施工单位实施工程变更。

5. 根据《危险性较大的分部分项工程安全管理规定》，施工单位还应将专家论证、交底、现场检查纳入档案管理。工程监理单位还应将专项巡视检查纳入档案管理。

试题三

1. 建设单位要求项目监理机构尽早编制深基坑工程监理实施细则，将其作为施工单位编制深基坑工程专项施工方案的依据，不妥。

理由：监理单位应当结合危大工程专项施工方案编制监理实施细则，并对危大工程施工实施专项巡视检查。并不是作为施工单位编制深基坑工程专项施工方案的依据。

2. （1）给甲施工单位下达《工程暂停令》，并向建设单位报告。

（2）通知甲施工单位，要求丙施工分包单位立即退场；禁止分包单位将其承包的工程再分包。

（3）对已完工程进行检查验收或质量鉴定；不合格，要求乙施工单位整改。

3. （a）属于孤岛型，形成原因：原材料发生变化，或者临时他人顶班作业造成的。

（b）属于绝壁型，形成原因：是由于数据收集不正常，可能有意识地去掉下限以下的数据，或是在检测过程中存在某种人为因素影响所造成的。

（c）属于双峰型，形成原因：是由于用两种不同方法或两台设备或两组工人进行生产，然后把两方面数据混在一起整理产生的。

4. 不妥当。发现未按专项施工方案实施，总监理工程师向甲施工单位签发《工程暂停令》，指令甲单位要求乙单位暂停施工。

因为乙单位是分包单位，甲单位是施工总包单位。

针对乙施工单位拒绝停工的行为，总监理工程师应及时报告建设单位和工程所在地住房城乡建设主管部门。

试题四

1. ① 施工单位要在签约时提供 1500 万元的履约保证金，不妥。

理由：履约保证金不得超过中标合同金额的 10%。1500/12258＝12.24%，比例偏高。

② 妥当。

③ 玻璃幕墙工程由建设单位直接选定施工队伍，然后与施工单位签订施工分包合同，不妥。

理由：招标人不得直接选定分包人。

④ 不妥。

理由：出现建设单位责任、不可抗力等顺延工期情况，建设单位应当顺延工期。

2. 事件 2 中：

（1）建设单位的做法不妥。理由：建设单位的停工指令应通过总监理工程师下达。

（2）项目监理机构应批准施工总包单位的索赔申请。理由：事件 2 属于建设单位（或非施工单位）的责任。

3. 事件 3 中的合同争议处理如下：

（1）项目监理机构提出调解方案，由总监理工程师进行争议调解。

（2）当调解未能达成一致时，总监理工程师应在施工合同规定期限内提出处理该合同争议意见。

（3）在争议调解过程中，除已达到了施工合同规定的暂停履行合同条件外，项目监理机构应要求施工合同双方继续履行。

（4）在总监签发合同争议处理意见后，建设单位或承包单位在施工合同规定期限内未对合同争议处理决定提出异议，在符合施工合同前提下，此意见应成为最后决定，双方必须执行。

根据《建设工程施工合同（示范文本）》GF—2017—0201，优先解释顺序排在专用合同条款之前的合同文件有合同协议书、中标通知书、投标函及附录。

4. 建设单位做法的不妥之处：工程结算价款为 12500 万元，建设单位扣留的质量保证金为 400 万元。理由：发包人累计扣留的质量保证金不得超过工程价款结算总额的 3%。

维修费用 160 万元应由承包人承担。缺陷责任期内，由承包人原因造成的缺陷，承包人应负责维修，并承担鉴定及维修费用。

建设单位另行委托他人维修妥当，维修费用 180 万元应由承包人承担。

试题五

1. 建设单位与甲施工单位关键线路：A_1-A_4-A_6-A_8-A_{10}；A_1-A_4-A_7-A_9-A_{10}。

建设单位与乙施工单位关键线路：B_1-B_2。

根据建设单位与乙施工单位的合同，工作 B_1 的总时差为 0 天，自由时差为 0 天。

2. 事件 1 中，专项施工方案修改后的专家论证应由甲施工单位组织，施工单位应当组织召开专家论证会对专项施工方案进行论证。

项目监理机构应批准工程延期 5 天，因为事件 1 属于非施工单位责任，并且工作 A_2 总时差为 5 天，超过总时差 5 天。

3. 事件 2 中，工作 B_1 的实际开始时间应延后 5 天。

乙施工单位的不妥之处：乙施工单位通过项目监理机构向甲施工单位提出补偿费用和工期。

正确做法：应该通过项目监理机构向建设单位提出，乙施工单位与甲施工单位没有合同关系。

申请工程延期 10 天，不妥。

正确做法：申请工程延期 5 天。因为 A_2 和 B_1 之间有 5 天间隔，只影响 B_1 晚开始 5 天。

4. 甲施工单位在选择压缩持续时间的关键工作时应考虑：压缩有压缩潜力的、压缩后质量有保证的、增加的赶工费最少的关键工作。

在工作 A_4 和工作 A_6 中应首先选择 A_4 工作压缩其持续时间。因为事件 1 发生后，关键线路变为 A_2-A_4-A_6-A_8-A_{10}、A_2-A_4-A_7-A_9-A_{10}，压缩工作 A_6 不能同时将两条关键线路进行压缩。

对于选定的压缩对象，应压缩其持续时间 5 天。事件 1 导致工期延误为 5 天。

试题六

1. 工程预付款＝（2560－200）×10％＝236（万元）。

每月应扣预付款＝236/4＝59（万元）。

开始扣预付款的累计产值＝2560×40％＝1024（万元）。

前 4 个月累计产值：200＋220＋350＋380＝1150（万元）＞1024 万元。所以应该第 5 个月开始扣除预付款。

2. 第 3 个月底计划工作预算投资（BCWS）＝200＋220＋350＝770（万元）。

第 3 个月底已完工作预算投资（BCWP）＝180＋240＋350＝770（万元）。

第 3 个月底已完工作实际投资（ACWP）＝190＋245＋360＝795（万元）。

第 3 个月底进度绩效指数＝已完工作预算投资（$BCWP$）/计划工作预算投资（$BCWS$）＝770/770＝1；第 3 个月底进度绩效指数为 1，说明到第 3 个月底为止，进度没有偏差。

第 3 个月底投资绩效指数＝已完工作预算投资（$BCWP$）/已完工作实际投资

（ACWP）＝770/795＝0.97；第 3 个月底投资绩效指数为 0.97＜1，说明到第 3 个月底为止，投资超支。

3. A 分项工程超出部分的综合单价应该调整。因为变更增加工程量 130/350＝0.37＞15％。

A 超出 15％，超出部分综合单价应调为：2400×0.9＝2160 元/m³。

A 分项工程费＝350×1.15×2400/10000＋[（350＋130）－350×1.15]×2160/10000＝96.60＋16.74＝113.34（万元）。

A 分项工程款＝113.34×（1＋8％）×（1＋9％）＝133.42（万元）。

A 措施项目工程款＝113.34×（1＋8％）×（1＋9％）×25％＝33.36（万元）。

A 工程款＝113.34×（1＋25％）×（1＋8％）×（1＋9％）＝166.78（万元）。

4. A 超出 15％部分价格下降 10％，导致投资降低额：[（350＋130）－350×1.15]×2400×0.1×（1＋25％）×（1＋8％）×（1＋9％）＝77.5×2400×0.1×（1＋25％）×（1＋8％）×（1＋9％）＝2.74（万元）。

第 6 个月监理应签发支付凭证＝（390－2.74）×（1－3％）－59＝316.64（万元）。

5. 工程损害造成现场设计人员损失 1.2 万元应由建设单位承担；

施工采购进场设备待安装设备损坏 1.5 万元应由建设单位承担；

施工单位人员受伤损失 2.5 万元应当由施工单位承担；

施工设备损坏 1.7 万元应当由施工单位承担；

停工期应建设单位要求清理照管损失 2.3 万元应当由建设单位承担；

停工期施工机械人员窝工损失 1.3 万元应当由施工单位承担。

监理应批准补偿施工单位＝1.5＋2.3＝3.8（万元）。

2025 预测试卷（五）

本试卷均为案例分析题，共 6 题，每题 20 分。要求分析合理，结论正确；有计算要求的，应简要写出计算过程。

试题一

某工程，实施过程中发生如下事件：

事件 1：监理合同签订后，项目监理机构技术负责人组织编制了监理规划并报总监理工程师审批，在第一次工地会议后，项目监理机构将监理规划报送建设单位。

事件 2：总监理工程师委托总监理工程师代表完成下列工作：①组织审核施工单位的付款申请；②组织审查施工组织设计；③组织审查单位工程质量检验资料；④组织审查工程变更；⑤签发工程款支付证书；⑥调解建设单位与施工单位的合同争议。

事件 3：总监理工程师在巡视中发现，施工现场有一台起重机械安装后未经验收即投入使用，且存在严重安全事故隐患，总监理工程师随即向施工单位签发监理通知单要求整改，并及时报告建设单位。

事件 4：工程完工经自检合格后，施工单位向项目监理机构报送了工程竣工验收报审表及竣工资料，申请工程竣工验收。总监理工程师组织各专业监理工程师审查了竣工资料，认为施工过程中已对所有分部分项工程进行过验收且均合格，随即在工程竣工验收报审表中签署了预验收合格的意见。

【问题】

1. 指出事件 1 中的不妥之处，写出正确做法。

2. 逐条指出事件 2 中，总监理工程师可委托和不可委托总监理工程师代表完成的工作。

3. 指出事件 3 中，总监理工程师的做法不妥之处，说明理由。写出要求施工单位整改的内容。

4. 根据《建设工程监理规范》GB/T 50319—2013，指出事件 4 中总监理工程师做法的不妥之处，写出总监理工程师在工程竣工预验收中还应组织完成的工作，质量评估报告主要内容。

试题二

某建设工程实施监理，周围地质环境复杂毗邻高层建筑物，实施过程中发生如下事件：

事件 1：项目监理机构发现某分项工程混凝土强度未达到设计要求。经分析，造成该质量问题的主要原因为：①工人操作技能差；②砂石含泥量大；③养护效果差；④气温过低；⑤未进行施工交底；⑥搅拌机失修。

事件2：对于开挖深度3m的基坑工程，施工项目经理将组织编写的专项施工方案直接报送项目监理机构审核的同时，即开始组织基坑开挖。

事件3：施工中发现地质情况与地质勘查报告不符，施工单位提出工程变更申请。项目监理机构审查后，认为该工程变更涉及设计文件修改，在提出审查意见后，将工程变更申请报送建设单位。建设单位委托原设计单位修改了设计文件，项目监理机构收到修改的设计文件后，立即要求施工单位据此安排施工，并在施工前组织了设计交底。

事件4：建设单位收到某材料供应商的举报，称施工单位已用于工程的某批装饰材料为不合格产品。据此，建设单位立即指令施工单位暂停施工，指令项目监理机构见证施工单位对该批材料的取样检测。经检测，该批材料为合格产品。为此，施工单位向项目监理机构提交了暂停施工后的人员窝工和机械闲置的费用索赔申请。

【问题】

1. 针对事件1中的质量问题绘制包含人员、机械、材料、方法、环境五大因果分析图，并将①～⑥项原因分别归入五大要因之中。

2. 指出事件2中，开挖深度3m的基坑工程是否需要组织专家论证，说明原因，针对事件2中的不妥之处，写出正确做法。

3. 指出事件3中，项目监理机构做法的不妥之处，写出正确的处理程序。

4. 事件4中，建设单位的做法是否妥当？项目监理机构是否应批准施工单位提出的索赔申请？分别说明理由，项目监理机构按照监理规范下达暂停令的情况有哪些？

试题三

某工程，实施过程中发生如下事件：

事件1：为控制工程质量，项目监理机构确定的巡视内容包括：①施工单位是否按工程设计文件进行施工；②施工单位是否按批准的施工组织设计、（专项）施工方案进行施工；③施工现场管理人员，特别是施工质量管理人员是否到位。

事件2：专业监理工程师收到施工单位报送的施工控制测量成果报验表后，检查员复核了施工单位测量人员的资格证书及测量设备检定证书。

事件3：项目监理机构在巡视中发现，施工单位正在加工的一批钢筋未经报验，随即签发了工程暂停令，要求施工单位暂停钢筋加工、办理见证取样检测及完善报验手续。施工单位质检员对该批钢筋取样后将样品送至项目监理机构，项目监理机构确认样品后要求施工单位将试样送检测单位检验。

事件4：在质量验收时，专业监理工程师发现某设备基础的预埋件位置偏差过大，即向施工单位签发了监理通知单要求整改。施工单位整改完成后电话通知项目监理机构进行检查，监理员检查确认整改合格后，即同意施工单位进行下道工序施工。

【问题】

1. 针对事件1，项目监理机构对工程质量的巡视还应包括哪些内容？

2. 针对事件2，专业监理工程师对施工控制测量成果及保护措施还应检查、复核哪些内容？

3. 分别指出事件 3 中施工单位和项目监理机构做法的不妥之处，写出正确做法。

4. 分别指出事件 4 中施工单位和监理员做法的不妥之处，写出正确做法。

试题四

某工程的桩基工程和内装饰工程属于依法必须招标的暂估价分包工程，施工合同约定由施工单位负责招标。施工单位通过招标选择了 A 单位分包桩基工程施工。工程实施过程中发生如下事件：

事件 1：工程开工前，项目监理机构审查了施工单位报送的工程开工报审表及相关资料。确认具备开工条件后，总监理工程师在工程开工报审表中签署了同意开工的审核意见，同时签发了工程开工令。

事件 2：项目监理机构在巡视时发现，有 A、B 两家桩基工程施工单位在现场施工，经调查核实，为了保证施工进度，A 单位安排 B 单位准备进场施工，且 A、B 两单位之间签了承包合同，承包合同中明确主楼区域外的桩基工程由 B 单位负责施工。

事件 3：建设单位负责采购的一批工程材料提前运抵现场后，临时放置在现场备用仓库。该批材料使用前，按合同约定进行了清点和检验，发现部分材料损毁。为此，施工单位向项目监理机构提出申请，要求建设单位重新购置损毁的工程材料，并支付该批工程材料检验费。

事件 4：室内装饰工程招标工作启动后，施工单位在向项目监理机构报送的招标方案中提出：

（1）允许施工单位的参股公司参与投标；

（2）投标单位必须具有本地类似工程业绩；

（3）招标控制价由施工单位最终确定；

（4）建设单位和施工单位共同确定中标人；

（5）由施工单位发出中标通知书；

（6）建设单位和施工单位共同与中标人签订合同。

【问题】

1. 指出事件 1 中的不妥之处，写出正确做法。

2. 事件 2 中，A、B 两单位之间签订的承包合同是否有效？说明理由。写出项目监理机构对该事件的处理程序。

3. 逐项回答事件 3 中施工单位的要求是否合理，说明理由。

4. 逐项指出事件 4 招标方案中的提法是否妥当，不妥之处说明理由。

试题五

某国有企业投资的建设项目，采用工程量清单方式招标，发承包双方签订了工程施工合同。合同约定工期 320 天，签约合同价 8000 万元（含税），管理费为人材机费之和的 8%，利润为人材机费和管理费之和的 3%。规费为人工费的 20%，增值税率为 9%，因市场价格波动、人工费和钢材变化部分据实调整。施工机械闲置费用按机械台班单价的60%计算（不计取管理费和利润）。

合同签订后，经监理工程师批准的施工进度计划如下图所示。承包人安排 E 工作与 I 工作使用同一台施工机械（按每天 1 台班计），机械台班单价为 1000 元/台班。各项工作均按最早时间安排。

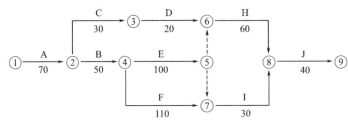

施工进度计划

工程实施过程中发生如下事件：

事件 1：该工程 F 工作招标工程量清单中空调机组共计 12 套，设备暂估价 20 万元/套，F 工作开始前发包人经询价选择了某设备供应商，并按 18 万元/套认定价格，由承包人采购，合同价款按发包人认定价格调整。

事件 2：因工程变更增加 G 工作，G 工作是 E 工作的紧后工作，是 I 工作的紧前工作，工作时间为 40 天，经确认，该工作人材机费用分别为 20 万元、40 万元、10 万元。

事件 3：由于功能调整需要，对施工图进行了修改，因修改后的施工图延迟移交承包人，导致 H 工作开始时间延误 40 天。经双方协商，对因延迟交付施工图导致的工期延误，发包人同意按签约合同价和合同工期分摊的每天管理费标准补偿承包人。

事件 4：上述事件发生后，J 工作施工期间发生市场价格波动，经发包人确认，钢材下跌 200 元/吨（合同钢材单价 3600 元/吨），J 工作的钢材用量为 30 吨，人工费上调 6%。合同价中 J 工作的人工费为 30 万元。

事件 5：工程进行中遇强台风，造成工作 J 实际进度拖后 1 个月，同时造成人员窝工损失 60 万元，施工机械闲置损失 100 万元，施工机械损坏损失 110 万元。施工单位提出工程延期 1 个月和费用补偿 270 万元的索赔。

以上事件发生后，承包人均及时向项目监理机构提出工期及费用索赔申请。除注明外，各事件中的费用项目价格均不含增值税。

【问题】

1. 针对事件 1，请指出发包人处理该事件的做法不妥之处，并给出正确的做法。

2. 针对事件 2，请指出变更后的关键线路。承包人可以索赔工期是多少天？G 工作的工程造价是多少万元？除 G 工作的工程造价外，由该事件导致的费用索赔工程款是多少万元？

3. 针对事件 3，承包人可以获得的工期索赔是多少天？假设签约合同价中的规费为 300 万元，按签约合同价和合同工期分摊的每天管理费是多少万元？承包人可以获得补偿的管理费是多少万元？

4. 针对事件 4，钢材单价下跌和人工费上涨是否需要调整价款？请说明原因。

5. 事件 5 中，项目监理机构应批准的工程延期和费用补偿分别为多少？说明理由。
（费用计算部分以万元为单位，计算结果保留三位小数）

试题六

某工程项目发承包双方签订了施工合同，工期为 6 个月。

合同中有关工程内容及价款约定如下：

1. 分项工程（含单价措施，下同）项目 4 项，总费用 162.16 万元，各分项工程项目造价数据和计划施工时间如下表。

各分项工程项目造价数据和计划施工时间表

分项工程项目	A	B	C	D
工程量	800m³	960m³	1200m³	1100m³
综合单价	320 元/m³	410 元/m³	480 元/m³	360 元/m³
费用(万元)	25.60	39.36	57.60	39.6
计划施工时间(月)	1~2	2~4	3~5	4~6

2. 总价措施项目费用 21 万元（其中安全文明施工费为分项工程项目费用的 6.8%，该费用在竣工结算时根据计取基数变化一次性调整），其余总价措施项目费用不予调整。暂列金额为 12 万元。

3. 管理费和利润为人、材、机费用之和的 17%，规费费率和增值税税率合计为 16%（以不含规费、税金的人工、材料、机械费、管理费和利润为基数）。

有关工程价款结算与支付约定如下：

1. 开工 10 日前，发包人按签约合同价（扣除安全文明施工费和暂列金额）的 20% 支付给承包人作为工程预付款（在施工期间第 2~5 月的每个月工程款中等额扣回），并同时将安全文明施工费工程款的 70% 支付给承包人。

2. 分项工程项目工程款按施工期间实际完成工程量逐月支付。

3. 除开工前支付的安全文明施工费工程款外，其余总价措施项目工程款按签约合同价，在施工期间第 1~5 月分 5 次等额支付。

4. 其他项目工程款在发生当月支付。

5. 在开工前和施工期间，发包人按每次承包人应得工程款的 90% 支付。

6. 发包人在竣工验收通过，并收到承包人提交的工程质量保函（额度为工程结算总造价的 3%）后 20 天内，一次性结清竣工结算款。

该工程如期开工，施工期间发生了经发承包双方确认的下列事项：

1. 因发包人提供场地问题，B 按计划施工当月工效降低，2 月、3 月、4 月、5 月每月实际完成的工程量分别为 200m³、320m³、320m³、120m³。分项工程 B 开工当月每立方米人工费和机械费增加 40 元。

2. 发包人委托的施工设计图绿建预评价健康舒适指标评价分较低，为达到预期星级标准，将分项工程 C 的主材 C1（消耗量 1210m²，不含税单价为 150 元/m²）更换为带有绿建标识的新品牌同规格材料（消耗量不变，需要通过询价或聘请专家评审确定价格）。

3. 施工期间第 5 个月，发生现场签证费用 2.6 万元。

其他工程内容的施工时间和费用均与原合同约定相符。

【问题】

1. 该工程项目安全文明施工费为多少万元？签约合同价为多少万元？开工前发包人支付给承包人的工程预付款和安全文明施工费工程款分别为多少万元？

2. 分项工程 B 的分部分项工程费增加多少万元？施工期间第 2 月，承包人完成分项工程项目工程费为多少万元？发包人应支付给承包人的工程进度款为多少万元？投资偏差和进度偏差为多少万元（不考虑总价措施项目变化的影响)？

3. 经过询价，甲、乙、丙、丁四家供应商对 C1 材料的不含税报价分别为 165 元/m²、196 元/m²、205 元/m²、210 元/m²，评审专家意见为：甲供应商报价缺项，应采用其余 3 家报价加权（权重分别为 0.5、0.3、0.2）平均数作为材料单价，计算 C1 材料单价。C 分项工程费增加多少万元？

4. 该工程项目安全文明施工费增减额为多少万元？合同价增加额为多少万元？如果开工前和施工期间发包人均按约定支付了各项工程款，则竣工结算时，发包人应向承包人一次性结清工程结算款为多少万元？

（计算过程和结果以万元为单位的保留三位小数，以元为单位的保留两位小数）

2025 预测试卷（五）参考答案

试题一

1.（1）不妥之处：项目监理机构技术负责人组织编制监理规划并报总监理工程师审查；

正确做法：监理规划应由总监理工程师组织编制，并报监理单位技术负责人审批。

（2）不妥之处：监理单位在第一次工地会议后报送监理规划；

正确做法：在第一次工地会议前报委托人。

2. 可委托的工作有①、③、④；不可委托的工作有②、⑤、⑥。

3.（1）向施工单位签发《监理通知单》要求整改不妥；理由：存在严重安全事故隐患时，应签发《工程暂停令》。

（2）应要求施工单位：①立即排除安全事故隐患；②组织相关单位共同验收起重机械。

4. 不妥之处：直接在工程竣工验收报审表中签署预验收合格的意见。

工作内容：

（1）组织各专业监理工程师对工程质量进行预验收；

（2）组织编写工程质量评估报告；

（3）组织报送建设单位。

质量评估报告主要内容包括：

（1）工程概况；

（2）工程参建单位；

（3）工程质量验收情况；

（4）工程质量事故及其处理情况；

（5）竣工资料审查情况；

（6）工程质量评估结论。

试题二

1. 正确绘制因果分析图，原因归入正确。

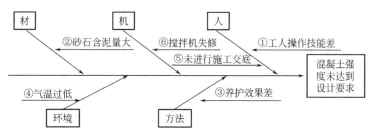

237

2. 开挖深度 3m 的基坑工程需要组织专家论证，因为开挖深度虽未超过 3m，但地质条件、周围环境复杂，影响毗邻建筑物安全的基坑（槽）的土方开挖工程。

（1）不妥之处：施工项目经理将深基坑工程专项施工方案直接报送项目监理机构。

正确做法：应组织专家论证，并应附具安全验算结果。

（2）不妥之处：施工项目经理在将专项施工方案报项目监理机构审核的同时，即开始组织深基坑开挖。

正确做法：专项施工方案应经施工单位技术负责人、总监理工程师签认后方可实施。

3.（1）不妥之处：收到修改的设计文件后，立即要求施工单位据此安排施工；

正确处理程序：

① 收到设计文件后，对工程变更费用及工期影响作出评估；

② 组织建设单位、施工单位等共同协商确定工程变更费用及工期变化；

③ 会签工程变更单；

④ 据批准的工程变更监督施工单位实施。

（2）不妥之处：组织设计交底；处理程序：应报请建设单位组织设计交底。

4.（1）建设单位立即指令施工单位暂停施工不妥。理由：建设单位的停工指令应通过项目监理机构下达（或不能直接给施工单位下达）。

（2）项目监理机构应当批准施工单位的索赔。理由：暂停施工属于建设单位（或非施工单位）的责任。

项目监理机构按照监理规范下达暂停令的情况有：

（1）建设单位要求暂停施工且工程需要暂停施工的；

（2）施工单位未经批准擅自施工或拒绝项目监理机构管理的；

（3）施工单位未按审查通过的工程设计文件施工的；

（4）施工单位违反工程建设强制性标准的；

（5）施工存在重大质量、安全事故隐患或发生质量、安全事故的；

试题三

1. 还应包括：①施工单位是否按工程建设标准进行施工；②使用的工程材料、构配件和设备是否合格；③特种作业人员是否持证上岗。

2. 还应检查复核：①施工平面控制网；②高程控制网；③临时水准点的测量成果；④控制桩的保护措施。

3. 施工单位：

（1）不妥之处：钢筋未经报验即开始加工。正确做法：钢筋加工前应报验。

（2）不妥之处：独自对钢筋进行取样。正确做法：应有监理人员见证取样。

项目监理机构：

（1）不妥之处：签发工程暂停令。正确做法：应签发监理通知单。

（2）不妥之处：确认样品后即要求施工单位将试样送检测单位检验。正确做法：应要求施工单位重新抽样、封样、送检，并进行现场见证。

4.（1）不妥之处：施工单位电话通知项目监理机构进行现场检查。正确做法：施工单位应报送监理通知回复单。

（2）不妥之处：监理员检查确认整改合格后同意施工单位进行下道工序施工。正确做法：监理员应报专业监理工程师检查。

试题四

1. 不妥之处：总监理工程师在签署同意开工意见的同时，签发了工程开工令。

正确做法：总监理工程师在签发工程开工令前，应报建设单位批准。

2.（1）无效。理由：属于违法分包。

（2）项目监理机构处理程序：①向施工单位签发监理通知单，要求 B 单位退场；②要求施工单位对 B 单位已完工程进行检查验收或质量鉴定；③收到施工单位提交的监理通知回复单后，组织验收。

3.（1）要求建设单位重新购置损毁的工程材料合理。理由：工程材料清点移交前造成的损失由建设单位负责。

（2）付工程材料检验费合理。理由：建设单位负责采购的材料检验费用应由建设单位承担。

4.（1）不妥；理由：投标人与招标人之间存在利益关系。

（2）不妥；理由：设置不合理条件排斥潜在投标人。

（3）不妥；理由：建设单位应参与确定招标控制价。

（4）妥当。

（5）妥当。

（6）不妥；理由：建设单位不应与中标人有承发包合同关系。

试题五

1. 不妥之处：由发包人经询价选择设备供应商不妥。

正确做法：该暂估价设备金额为 $12 \times 20 = 240$ 万，属于依法必须招标的项目。应由发承包双方以招标的方式选择供应商。依法确定中标价格后，以此为依据取代暂估价，调整合同价款。

2.（1）变更后的关键线路为 A—B—E—G—I—J；

（2）工期索赔 $330 - 320 = 10$（天）；

G 工作增加的造价 $= [(20 + 40 + 10) \times (1 + 8\%) \times (1 + 3\%) + 20 \times 20\%] \times (1 + 9\%) = 89.236$（万元）；

费用索赔工程款 $= (40 - 10) \times 1000 \times 60\% \times (1 + 9\%) = 1.962$（万元）。

3. 工期索赔 30 天；

甲方图纸问题，H 延迟 40 天，经过事件 2 发生后 H 有 10 天总时差，工期索赔 $40 - 10 = 30$（天）。

设原合同每天管理费 $= [8000 / (1 + 9\%) - 300] / [(1 + 8\%) \times (1 + 3\%)] / 320 \times 8\% = 19.77 \times 8\% = 1.582$（万元）；

索赔管理费＝1.582×30＝47.460（万元）。

4. 由于发包人导致工期延误，在延误期间遇到价格下降还按照原价格计算，所以钢材价格不调；

人工调整：[30×6‰×（1+8％）×（1+3％）+30×6‰×20％]×（1+9％）＝2.575（万元）。

5.（1）应批准工程延期1个月。理由：强台风影响为不可抗力（非施工单位原因）；

工作J为关键工作（总时差为0），实际进度拖后1个月，影响工期1个月。

（2）不应批准费用补偿60+100+110＝270（万元）。理由：强台风影响为不可抗力，人员窝和施工机械闲置损失应由施工单位承担（或施工机械损坏损失应由施工单位自行承担）。

试题六

1. 安全文明施工费＝162.16×6.8％＝11.027（万元）；

签约合同价＝（162.16+21+12）×（1+16％）＝226.386（万元）；

预付款＝[226.386－（11.027+12）×（1+16％）]×20％＝39.935（万元）；

支付的安全文明施工费工程款＝11.027×（1+16％）×70％×90％＝8.059（万元）。

2. B工作分部分项工程费增加＝200×40×（1+17％）/10000＝0.936（万元）；

2月份完成的分部分项工程费＝25.6/2+200×410/10000+0.936＝21.936（万元）；

2月份支付的工程款＝[21.936+（21－11.027×70％）/5]×（1+16％）×90％－39.935/4＝15.691（万元）；

分项工程投资偏差＝－0.936×（1+16％）＝－1.086（万元），投资增加1.086万元；

分项工程进度偏差＝（200－960/3）×410/10000×（1+16％）＝－5.707（万元），进度延后5.707万元。

3. C1材料加权平均单价＝（196×0.5+205×0.3+210×0.2）＝201.500（元/m³）；

C增加的分项工程费＝1210×（201.5－150）×（1+17％）/10000＝7.291（万元）。

4. 安全文明施工费的变化额＝（0.936+7.291）×6.8％＝0.559（万元）；

[（0.936+7.291）×（1+6.8％）+2.6－12]×（1+16％）＝－0.712（万元）；

（226.386－0.712－0.559×1.16）×（1－90％）+0.559×（1+16％）＝23.151（万元）。

附　录

附录一 《建设工程监理规范》GB/T 50319—2013

中华人民共和国住房和城乡建设部

公　告

第 35 号

住房城乡建设部关于发布国家标准

《建设工程监理规范》的公告

现批准《建设工程监理规范》为国家标准，编号为 GB/T 50319—2013，自 2014 年 3 月 1 日起实施。原国家标准《建设工程监理规范》GB 50319—2000 同时废止。本规范由我部标准定额研究所组织中国建筑工业出版社出版发行。

中华人民共和国住房城乡建设部

2013 年 5 月 13 日

中华人民共和国国家标准

建设工程监理规范

Code of construction project management

GB/T 50319—2013

主编部门：中华人民共和国住房和城乡建设部

批准部门：中华人民共和国住房和城乡建设部

施行日期：2014 年 3 月 1 日

目　次

附录A 工程监理单位用表
附录B 施工单位报审、报验用表
附录C 通用表
本规范用词说明

1 总　则

1.0.1　为规范建设工程监理与相关服务行为，提高建设工程监理与相关服务水平，制定本规范。

1.0.2　本规范适用于新建、扩建、改建建设工程监理与相关服务活动。

1.0.3　实施建设工程监理前，建设单位应委托具有相应资质的工程监理单位，并以书面形式与工程监理单位订立建设工程监理合同，合同中应包括监理工作的范围、内容、服务期限和酬金，以及双方的义务、违约责任等相关条款。

在订立建设工程监理合同时，建设单位将勘察、设计、保修阶段等相关服务一并委托的，应在合同中明确相关服务的工作范围、内容、服务期限和酬金等相关条款。

1.0.4　工程开工前，建设单位应将工程监理单位的名称，监理的范围、内容和权限及总监理工程师的姓名书面通知施工单位。

1.0.5　在建设工程监理工作范围内，建设单位与施工单位之间涉及施工合同的联系活动，应通过工程监理单位进行。

1.0.6　实施建设工程监理应遵循下列主要依据：

1　法律法规及工程建设标准。

2　建设工程勘察设计文件。

3　建设工程监理合同及其他合同文件。

1.0.7　建设工程监理应实行总监理工程师负责制。

1.0.8　建设工程监理宜实施信息化管理。

1.0.9　工程监理单位应公平、独立、诚信、科学地开展建设工程监理与相关服务活动。

1.0.10　建设工程监理与相关服务活动，除应符合本规范外，尚应符合国家现行有关标准的规定。

2 术　语

2.0.1　工程监理单位　construction project management enterprise

依法成立并取得建设主管部门颁发的工程监理企业资质证书，从事建设工程监理与相关服务活动的服务机构。

2.0.2　建设工程监理　construction project management

工程监理单位受建设单位委托，根据法律法规、工程建设标准、勘察设计文件及合同，在施工阶段对建设工程质量、造价、进度进行控制，对合同、信息进行管理，对工程建设相关方的关系进行协调，并履行建设工程安全生产管理法定职责的服务活动。

2.0.3　相关服务　related services

工程监理单位受建设单位委托，按照建设工程监理合同约定，在建设工程勘察、设计、保修等阶段提供的服务活动。

2.0.4　项目监理机构　project management department

工程监理单位派驻工程负责履行建设工程监理合同的组织机构。

2.0.5 注册监理工程师 registered project management engineer

取得国务院建设主管部门颁发的《中华人民共和国注册监理工程师注册执业证书》和执业印章，从事建设工程监理与相关服务等活动的人员。

2.0.6 总监理工程师 chief project management engineer

由工程监理单位法定代表人书面任命，负责履行建设工程监理合同、主持项目监理机构工作的注册监理工程师。

2.0.7 总监理工程师代表 representative of chief project management engineer

经工程监理单位法定代表人同意，由总监理工程师书面授权，代表总监理工程师行使其部分职责和权力，具有工程类注册执业资格或具有中级及以上专业技术职称、3年及以上工程实践经验并经监理业务培训的人员。

2.0.8 专业监理工程师 specialty project management engineer

由总监理工程师授权，负责实施某一专业或某一岗位的监理工作，有相应监理文件签发权，具有工程类注册执业资格或具有中级及以上专业技术职称、2年及以上工程实践经验并经监理业务培训的人员。

2.0.9 监理员 site supervisor

从事具体监理工作，具有中专及以上学历并经过监理业务培训的人员。

2.0.10 监理规划 project management planning

项目监理机构全面开展建设工程监理工作的指导性文件。

2.0.11 监理实施细则 detailed rules for project management

针对某一专业或某一方面建设工程监理工作的操作性文件。

2.0.12 工程计量 engineering measuring

根据工程设计文件及施工合同约定，项目监理机构对施工单位申报的合格工程的工程量进行的核验。

2.0.13 旁站 key works supervising

项目监理机构对工程的关键部位或关键工序的施工质量进行的监督活动。

2.0.14 巡视 patrol inspecting

项目监理机构对施工现场进行的定期或不定期的检查活动。

2.0.15 平行检验 parallel testing

项目监理机构在施工单位自检的同时，按有关规定、建设工程监理合同约定对同一检验项目进行的检测试验活动。

2.0.16 见证取样 sampling witness

项目监理机构对施工单位进行的涉及结构安全的试块、试件及工程材料现场取样、封样、送检工作的监督活动。

2.0.17 工程延期 construction duration extension

由于非施工单位原因造成合同工期延长的时间。

2.0.18 工期延误 delay of construction period

由于施工单位自身原因造成施工期延长的时间。

2.0.19 工程临时延期批准 approval of construction duration temporary extension

发生非施工单位原因造成的持续性影响工期事件时所作出的临时延长合同工期的批准。

2.0.20 工程最终延期批准 approval of construction duration final extension

发生非施工单位原因造成的持续性影响工期事件时所作出的最终延长合同工期的批准。

2.0.21 监理日志 daily record of project management

项目监理机构每日对建设工程监理工作及施工进展情况所做的记录。

2.0.22 监理月报 monthly report of project management

项目监理机构每月向建设单位提交的建设工程监理工作及建设工程实施情况等分析总结报告。

2.0.23 设备监造 supervision of equipment manufacturing

项目监理机构按照建设工程监理合同和设备采购合同约定，对设备制造过程进行的监督检查活动。

2.0.24 监理文件资料 project document & data

工程监理单位在履行建设工程监理合同过程中形成或获取的，以一定形式记录、保存的文件资料。

3 项目监理机构及其设施

3.1 一般规定

3.1.1 工程监理单位实施监理时，应在施工现场派驻项目监理机构。项目监理机构的组织形式和规模，可根据建设工程监理合同约定的服务内容、服务期限，以及工程特点、规模、技术复杂程度、环境等因素确定。

3.1.2 项目监理机构的监理人员应由总监理工程师、专业监理工程师和监理员组成，且专业配套、数量应满足建设工程监理工作需要，必要时可设总监理工程师代表。

3.1.3 工程监理单位在建设工程监理合同签订后，应及时将项目监理机构的组织形式、人员构成及对总监理工程师的任命书面通知建设单位。

总监理工程师任命书应按本规范表 A.0.1 的要求填写。

3.1.4 工程监理单位调换总监理工程师时，应征得建设单位书面同意；调换专业监理工程师时，总监理工程师应书面通知建设单位。

3.1.5 一名注册监理工程师可担任一项建设工程监理合同的总监理工程师。当需要同时担任多项建设工程监理合同的总监理工程师时，应经建设单位书面同意，且最多不得超过三项。

3.1.6 施工现场监理工作全部完成或建设工程监理合同终止时，项目监理机构可撤离施工现场。

3.2 监理人员职责

3.2.1 总监理工程师应履行下列职责：

1 确定项目监理机构人员及其岗位职责。

2 组织编制监理规划，审批监理实施细则。

3 根据工程进展及监理工作情况调配监理人员，检查监理人员工作。

4 组织召开监理例会。

5 组织审核分包单位资格。

6 组织审查施工组织设计、（专项）施工方案。

7 审查工程开复工报审表，签发工程开工令、暂停令和复工令。

8 组织检查施工单位现场质量、安全生产管理体系的建立及运行情况。

9 组织审核施工单位的付款申请，签发工程款支付证书，组织审核竣工结算。

10 组织审查和处理工程变更。

11 调解建设单位与施工单位的合同争议，处理工程索赔。

12 组织验收分部工程，组织审查单位工程质量检验资料。

13 审查施工单位的竣工申请，组织工程竣工预验收，组织编写工程质量评估报告，参与工程竣工验收。

14 参与或配合工程质量安全事故的调查和处理。

15 组织编写监理月报、监理工作总结，组织整理监理文件资料。

3.2.2 总监理工程师不得将下列工作委托给总监理工程师代表：

1 组织编制监理规划，审批监理实施细则。

2 根据工程进展及监理工作情况调配监理人员。

3 组织审查施工组织设计、（专项）施工方案。

4 签发工程开工令、暂停令和复工令。

5 签发工程款支付证书，组织审核竣工结算。

6 调解建设单位与施工单位的合同争议，处理工程索赔。

7 审查施工单位的竣工申请，组织工程竣工预验收，组织编写工程质量评估报告，参与工程竣工验收。

8 参与或配合工程质量安全事故的调查和处理。

3.2.3 专业监理工程师应履行下列职责：

1 参与编制监理规划，负责编制监理实施细则。

2 审查施工单位提交的涉及本专业的报审文件，并向总监理工程师报告。

3 参与审核分包单位资格。

4 指导、检查监理员工作，定期向总监理工程师报告本专业监理工作实施情况。

5 检查进场的工程材料、构配件、设备的质量。

6 验收检验批、隐蔽工程、分项工程，参与验收分部工程。

7 处置发现的质量问题和安全事故隐患。

8 进行工程计量。

9 参与工程变更的审查和处理。

10 组织编写监理日志，参与编写监理月报。

11 收集、汇总、参与整理监理文件资料。

12 参与工程竣工预验收和竣工验收。

3.2.4 监理员应履行下列职责：

1 检查施工单位投入工程的人力、主要设备的使用及运行状况。

2 进行见证取样。

3 复核工程计量有关数据。

4 检查工序施工结果。

5 发现施工作业中的问题，及时指出并向专业监理工程师报告。

<h2 style="text-align:center">3.3 监 理 设 施</h2>

3.3.1 建设单位应按建设工程监理合同约定，提供监理工作需要的办公、交通、通信、生活等设施。

项目监理机构宜妥善使用和保管建设单位提供的设施，并应按建设工程监理合同约定的时间移交建设单位。

3.3.2 工程监理单位宜按建设工程监理合同约定，配备满足监理工作需要的检测设备和工器具。

4 监理规划及监理实施细则

<h2 style="text-align:center">4.1 一 般 规 定</h2>

4.1.1 监理规划应结合工程实际情况，明确项目监理机构的工作目标，确定具体的监理工作制度、内容、程序、方法和措施。

4.1.2 监理实施细则应符合监理规划的要求，并应具有可操作性。

<h2 style="text-align:center">4.2 监 理 规 划</h2>

4.2.1 监理规划可在签订建设工程监理合同及收到工程设计文件后由总监理工程师组织编制，并应在召开第一次工地会议前报送建设单位。

4.2.2 监理规划编审应遵循下列程序：

1 总监理工程师组织专业监理工程师编制。

2 总监理工程师签字后由工程监理单位技术负责人审批。

4.2.3 监理规划应包括下列主要内容：

1 工程概况。

2 监理工作的范围、内容、目标。

3 监理工作依据。

4 监理组织形式、人员配备及进退场计划、监理人员岗位职责。

5 监理工作制度。

6 工程质量控制。

7 工程造价控制。

8 工程进度控制。

9 安全生产管理的监理工作。

10 合同与信息管理。

11 组织协调。

12 监理工作设施。

4.2.4 在实施建设工程监理过程中，实际情况或条件发生变化而需要调整监理规划时，应由总监理工程师组织专业监理工程师修改，并应经工程监理单位技术负责人批准后报建设单位。

4.3 监 理 实 施 细 则

4.3.1 对专业性较强、危险性较大的分部分项工程，项目监理机构应编制监理实施细则。

4.3.2 监理实施细则应在相应工程施工开始前由专业监理工程师编制，并应报总监理工程师审批。

4.3.3 监理实施细则的编制应依据下列资料：

1 监理规划。

2 工程建设标准、工程设计文件。

3 施工组织设计、（专项）施工方案。

4.3.4 监理实施细则应包括下列主要内容：

1 专业工程特点。

2 监理工作流程。

3 监理工作要点。

4 监理工作方法及措施。

4.3.5 在实施建设工程监理过程中，监理实施细则可根据实际情况进行补充、修改，并应经总监理工程师批准后实施。

5 工程质量、造价、进度控制及安全生产管理的监理工作

5.1 一 般 规 定

5.1.1 项目监理机构应根据建设工程监理合同约定，遵循动态控制原理，坚持预防为主的原则，制定和实施相应的监理措施，采用旁站、巡视和平行检验等方式对建设工程实施监理。

5.1.2 监理人员应熟悉工程设计文件，并应参加建设单位主持的图纸会审和设计交底会议，会议纪要应由总监理工程师签认。

5.1.3 工程开工前，监理人员应参加由建设单位主持召开的第一次工地会议，会议纪要应由项目监理机构负责整理，与会各方代表应会签。

5.1.4 项目监理机构应定期召开监理例会，并组织有关单位研究解决与监理相关的问题。项目监理机构可根据工程需要，主持或参加专题会议，解决监理工作范围内工程专项问题。

监理例会以及由项目监理机构主持召开的专题会议的会议纪要，应由项目监理机构负

责整理，与会各方代表应会签。

5.1.5 项目监理机构应协调工程建设相关方的关系。项目监理机构与工程建设相关方之间的工作联系，除另有规定外宜采用工作联系单形式进行。

工作联系单应按本规范表 C.0.1 的要求填写。

5.1.6 项目监理机构应审查施工单位报审的施工组织设计，符合要求时，应由总监理工程师签认后报建设单位。项目监理机构应要求施工单位按已批准的施工组织设计组织施工。施工组织设计需要调整时，项目监理机构应按程序重新审查。

施工组织设计审查应包括下列基本内容：

1 编审程序应符合相关规定。

2 施工进度、施工方案及工程质量保证措施应符合施工合同要求。

3 资金、劳动力、材料、设备等资源供应计划应满足工程施工需要。

4 安全技术措施应符合工程建设强制性标准。

5 施工总平面布置应科学合理。

5.1.7 施工组织设计/（专项）施工方案报审表，应按本规范表 B.0.1 的要求填写。

5.1.8 总监理工程师应组织专业监理工程师审查施工单位报送的工程开工报审表及相关资料；同时具备下列条件时，应由总监理工程师签署审核意见，并应报建设单位批准后，总监理工程师签发工程开工令：

1 设计交底和图纸会审已完成。

2 施工组织设计已由总监理工程师签认。

3 施工单位现场质量、安全生产管理体系已建立，管理及施工人员已到位，施工机械具备使用条件，主要工程材料已落实。

4 进场道路及水、电、通信等已满足开工要求。

5.1.9 工程开工报审表应按本规范表 B.0.2 的要求填写。工程开工令应按本规范表 A.0.2 的要求填写。

5.1.10 分包工程开工前，项目监理机构应审核施工单位报送的分包单位资格报审表，专业监理工程师提出审查意见后，应由总监理工程师审核签认。

分包单位资格审核应包括下列基本内容：

1 营业执照、企业资质等级证书。

2 安全生产许可文件。

3 类似工程业绩。

4 专职管理人员和特种作业人员的资格。

5.1.11 分包单位资格报审表应按本规范表 B.0.4 的要求填写。

5.1.12 项目监理机构宜根据工程特点、施工合同、工程设计文件及经过批准的施工组织设计对工程风险进行分析，并宜提出工程质量、造价、进度目标控制及安全生产管理的防范性对策。

5.2 工 程 质 量 控 制

5.2.1 工程开工前，项目监理机构应审查施工单位现场的质量管理组织机构、管理制度及专职管理人员和特种作业人员的资格。

5.2.2 总监理工程师应组织专业监理工程师审查施工单位报审的施工方案，符合要求后应予以签认。

施工方案审查应包括下列基本内容：

1 编审程序应符合相关规定。

2 工程质量保证措施应符合有关标准。

5.2.3 施工方案报审表应按本规范表 B.0.1 的要求填写。

5.2.4 专业监理工程师应审查施工单位报送的新材料、新工艺、新技术、新设备的质量认证材料和相关验收标准的适用性，必要时，应要求施工单位组织专题论证，审查合格后报总监理工程师签认。

5.2.5 专业监理工程师应检查、复核施工单位报送的施工控制测量成果及保护措施，签署意见。专业监理工程师应对施工单位在施工过程中报送的施工测量放线成果进行查验。

施工控制测量成果及保护措施的检查、复核应包括下列内容：

1 施工单位测量人员的资格证书及测量设备检定证书。

2 施工平面控制网、高程控制网和临时水准点的测量成果及控制桩的保护措施。

5.2.6 施工控制测量成果报验表应按本规范表 B.0.5 的要求填写。

5.2.7 专业监理工程师应检查施工单位为工程提供服务的试验室。

试验室的检查应包括下列内容：

1 试验室的资质等级及试验范围。

2 法定计量部门对试验设备出具的计量检定证明。

3 试验室管理制度。

4 试验人员资格证书。

5.2.8 施工单位的试验室报审表应按本规范表 B.0.7 的要求填写。

5.2.9 项目监理机构应审查施工单位报送的用于工程的材料、构配件、设备的质量证明文件，并应按有关规定、建设工程监理合同约定，对用于工程的材料进行见证取样、平行检验。

项目监理机构对已进场经检验不合格的工程材料、构配件、设备，应要求施工单位限期将其撤出施工现场。

工程材料、构配件和设备报审表应按本规范表 B.0.6 的要求填写。

5.2.10 专业监理工程师应审查施工单位定期提交影响工程质量的计量设备的检查和鉴定报告。

5.2.11 项目监理机构应根据工程特点和施工单位报送的施工组织设计，确定旁站的关键部位、关键工序，安排监理人员进行旁站，并应及时记录旁站情况。

旁站记录应按本规范表 A.0.6 的要求填写。

5.2.12 项目监理机构应安排监理人员对工程施工质量进行巡视。巡视应包括下列主要内容：

1 施工单位是否按工程设计文件、工程建设标准和批准的施工组织设计、（专项）施工方案施工。

2 使用的工程材料、构配件和设备是否合格。

3 施工现场管理人员，特别是施工质量管理人员是否到位。

4 特种作业人员是否持证上岗。

5.2.13 项目监理机构应根据工程特点、专业要求，以及建设工程监理合同约定，对施工质量进行平行检验。

5.2.14 项目监理机构应对施工单位报验的隐蔽工程、检验批、分项工程和分部工程进行验收，对验收合格的应给予签认；对验收不合格的应拒绝签认，同时应要求施工单位在指定的时间内整改并重新报验。

对已同意覆盖的工程隐蔽部位质量有疑问的，或发现施工单位私自覆盖工程隐蔽部位的，项目监理机构应要求施工单位对该隐蔽部位进行钻孔探测、剥离或其他方法进行重新检验。

隐蔽工程、检验批、分项工程报验表应按本规范表 B.0.7 的要求填写。分部工程报验表应按本规范表 B.0.8 的要求填写。

5.2.15 项目监理机构发现施工存在质量问题的，或施工单位采用不适当的施工工艺，或施工不当，造成工程质量不合格的，应及时签发监理通知单，要求施工单位整改。整改完毕后，项目监理机构应根据施工单位报送的监理通知回复单对整改情况进行复查，提出复查意见。

监理通知单应按本规范表 A.0.3 的要求填写，监理通知回复单应按本规范表 B.0.9 的要求填写。

5.2.16 对需要返工处理或加固补强的质量缺陷，项目监理机构应要求施工单位报送经设计等相关单位认可的处理方案，并应对质量缺陷的处理过程进行跟踪检查，同时应对处理结果进行验收。

5.2.17 对需要返工处理或加固补强的质量事故，项目监理机构应要求施工单位报送质量事故调查报告和经设计等相关单位认可的处理方案，并应对质量事故的处理过程进行跟踪检查，同时应对处理结果进行验收。

项目监理机构应及时向建设单位提交质量事故书面报告，并应将完整的质量事故处理记录整理归档。

5.2.18 项目监理机构应审查施工单位提交的单位工程竣工验收报审表及竣工资料，组织工程竣工预验收。存在问题的，应要求施工单位及时整改；合格的，总监理工程师应签认单位工程竣工验收报审表。

单位工程竣工验收报审表应按本规范表 B.0.10 的要求填写。

5.2.19 工程竣工预验收合格后，项目监理机构应编写工程质量评估报告，并应经总监理工程师和工程监理单位技术负责人审核签字后报建设单位。

5.2.20 项目监理机构应参加由建设单位组织的竣工验收，对验收中提出的整改问题，应督促施工单位及时整改。工程质量符合要求的，总监理工程师应在工程竣工验收报告中签署意见。

5.3 工程造价控制

5.3.1 项目监理机构应按下列程序进行工程计量和付款签证：

1 专业监理工程师对施工单位在工程款支付报审表中提交的工程量和支付金额进行

复核，确定实际完成的工程量，提出到期应支付给施工单位的金额，并提出相应的支持性材料。

2 总监理工程师对专业监理工程师的审查意见进行审核，签认后报建设单位审批。

3 总监理工程师根据建设单位的审批意见，向施工单位签发工程款支付证书。

5.3.2 工程款支付报审表应按本规范表 B.0.11 的要求填写，工程款支付证书应按本规范表 A.0.8 的要求填写。

5.3.3 项目监理机构应编制月完成工程量统计表，对实际完成量与计划完成量进行比较分析，发现偏差的，应提出调整建议，并应在监理月报中向建设单位报告。

5.3.4 项目监理机构应按下列程序进行竣工结算款审核：

1 专业监理工程师审查施工单位提交的竣工结算款支付申请，提出审查意见。

2 总监理工程师对专业监理工程师的审查意见进行审核，签认后报建设单位审批，同时抄送施工单位，并就工程竣工结算事宜与建设单位、施工单位协商；达成一致意见的，根据建设单位审批意见向施工单位签发竣工结算款支付证书；不能达成一致意见的，应按施工合同约定处理。

5.3.5 工程竣工结算款支付报审表应按本规范表 B.0.11 的要求填写，竣工结算款支付证书应按本规范表 A.0.8 的要求填写。

5.4 工 程 进 度 控 制

5.4.1 项目监理机构应审查施工单位报审的施工总进度计划和阶段性施工进度计划，提出审查意见，并应由总监理工程师审核后报建设单位。

施工进度计划审查应包括下列基本内容：

1 施工进度计划应符合施工合同中工期的约定。

2 施工进度计划中主要工程项目无遗漏，应满足分批投入试运、分批动用的需要，阶段性施工进度计划应满足总进度控制目标的要求。

3 施工顺序的安排应符合施工工艺要求。

4 施工人员、工程材料、施工机械等资源供应计划应满足施工进度计划的需要。

5 施工进度计划应符合建设单位提供的资金、施工图纸、施工场地、物资等施工条件。

5.4.2 施工进度计划报审表应按本规范表 B.0.12 的要求填写。

5.4.3 项目监理机构应检查施工进度计划的实施情况，发现实际进度严重滞后于计划进度且影响合同工期时，应签发监理通知单，要求施工单位采取调整措施加快施工进度。总监理工程师应向建设单位报告工期延误风险。

5.4.4 项目监理机构应比较分析工程施工实际进度与计划进度，预测实际进度对工程总工期的影响，并应在监理月报中向建设单位报告工程实际进展情况。

5.5 安全生产管理的监理工作

5.5.1 项目监理机构应根据法律法规、工程建设强制性标准，履行建设工程安全生产管理的监理职责，并应将安全生产管理的监理工作内容、方法和措施纳入监理规划及监理实施细则。

5.5.2 项目监理机构应审查施工单位现场安全生产规章制度的建立和实施情况，并应审查施工单位安全生产许可证及施工单位项目经理、专职安全生产管理人员和特种作业人员的资格，同时应核查施工机械和设施的安全许可验收手续。

5.5.3 项目监理机构应审查施工单位报审的专项施工方案，符合要求的，应由总监理工程师签认后报建设单位。超过一定规模的危险性较大的分部分项工程的专项施工方案，应检查施工单位组织专家进行论证、审查的情况，以及是否附具安全验算结果。项目监理机构应要求施工单位按已批准的专项施工方案组织施工。专项施工方案需要调整时，施工单位应按程序重新提交项目监理机构审查。

专项施工方案审查应包括下列基本内容：

1 编审程序应符合相关规定。

2 安全技术措施应符合工程建设强制性标准。

5.5.4 专项施工方案报审表应按本规范表 B.0.1 的要求填写。

5.5.5 项目监理机构应巡视检查危险性较大的分部分项工程专项施工方案实施情况。发现未按专项施工方案实施时，应签发监理通知单，要求施工单位按专项施工方案实施。

5.5.6 项目监理机构在实施监理过程中，发现工程存在安全事故隐患时，应签发监理通知单，要求施工单位整改；情况严重时，应签发工程暂停令，并应及时报告建设单位。施工单位拒不整改或不停止施工时，项目监理机构应及时向有关主管部门报送监理报告。

监理报告应按本规范表 A.0.4 的要求填写。

6 工程变更、索赔及施工合同争议处理

6.1 一 般 规 定

6.1.1 项目监理机构应依据建设工程监理合同约定进行施工合同管理，处理工程暂停及复工、工程变更、索赔及施工合同争议、解除等事宜。

6.1.2 施工合同终止时，项目监理机构应协助建设单位按施工合同约定处理施工合同终止的有关事宜。

6.2 工程暂停及复工

6.2.1 总监理工程师在签发工程暂停令时，可根据停工原因的影响范围和影响程度，确定停工范围，并应按施工合同和建设工程监理合同的约定签发工程暂停令。

6.2.2 项目监理机构发现下列情况之一时，总监理工程师应及时签发工程暂停令：

1 建设单位要求暂停施工且工程需要暂停施工的。

2 施工单位未经批准擅自施工或拒绝项目监理机构管理的。

3 施工单位未按审查通过的工程设计文件施工的。

4 施工单位违反工程建设强制性标准的。

5 施工存在重大质量、安全事故隐患或发生质量、安全事故的。

6.2.3 总监理工程师签发工程暂停令应事先征得建设单位同意，在紧急情况下未能事先报告时，应在事后及时向建设单位作出书面报告。

工程暂停令应按本规范表 A.0.5 的要求填写。

6.2.4 暂停施工事件发生时，项目监理机构应如实记录所发生的情况。

6.2.5 总监理工程师应会同有关各方按施工合同约定，处理因工程暂停引起的与工期、费用有关的问题。

6.2.6 因施工单位原因暂停施工时，项目监理机构应检查、验收施工单位的停工整改过程、结果。

6.2.7 当暂停施工原因消失、具备复工条件时，施工单位提出复工申请的，项目监理机构应审查施工单位报送的工程复工报审表及有关材料，符合要求后，总监理工程师应及时签署审查意见，并应报建设单位批准后签发工程复工令；施工单位未提出复工申请的，总监理工程师应根据工程实际情况指令施工单位恢复施工。

工程复工报审表应按本规范表 B.0.3 的要求填写，工程复工令应按本规范表 A.0.7 的要求填写。

6.3 工 程 变 更

6.3.1 项目监理机构可按下列程序处理施工单位提出的工程变更：

1 总监理工程师组织专业监理工程师审查施工单位提出的工程变更申请，提出审查意见。对涉及工程设计文件修改的工程变更，应由建设单位转交原设计单位修改工程设计文件。必要时，项目监理机构应建议建设单位组织设计、施工等单位召开论证工程设计文件修改方案的专题会议。

2 总监理工程师组织专业监理工程师对工程变更费用及工期影响作出评估。

3 总监理工程师组织建设单位、施工单位等共同协商确定工程变更费用及工期变化，会签工程变更单。

4 项目监理机构根据批准的工程变更文件监督施工单位实施工程变更。

6.3.2 工程变更单应按本规范表 C.0.2 的要求填写。

6.3.3 项目监理机构可在工程变更实施前与建设单位、施工单位等协商确定工程变更的计价原则、计价方法或价款。

6.3.4 建设单位与施工单位未能就工程变更费用达成协议时，项目监理机构可提出一个暂定价格并经建设单位同意，作为临时支付工程款的依据。工程变更款项最终结算时，应以建设单位与施工单位达成的协议为依据。

6.3.5 项目监理机构可对建设单位要求的工程变更提出评估意见，并应督促施工单位按会签后的工程变更单组织施工。

6.4 费 用 索 赔

6.4.1 项目监理机构应及时收集、整理有关工程费用的原始资料，为处理费用索赔提供证据。

6.4.2 项目监理机构处理费用索赔的主要依据应包括下列内容：

1 法律法规。

2 勘察设计文件、施工合同文件。

3 工程建设标准。

4 索赔事件的证据。

6.4.3 项目监理机构可按下列程序处理施工单位提出的费用索赔：

1 受理施工单位在施工合同约定的期限内提交的费用索赔意向通知书。

2 收集与索赔有关的资料。

3 受理施工单位在施工合同约定的期限内提交的费用索赔报审表。

4 审查费用索赔报审表。需要施工单位进一步提交详细资料时，应在施工合同约定的期限内发出通知。

5 与建设单位和施工单位协商一致后，在施工合同约定的期限内签发费用索赔报审表，并报建设单位。

6.4.4 费用索赔意向通知书应按本规范表 C.0.3 的要求填写；费用索赔报审表应按本规范表 B.0.13 的要求填写。

6.4.5 项目监理机构批准施工单位费用索赔应同时满足下列条件：

1 施工单位在施工合同约定的期限内提出费用索赔。

2 索赔事件是因非施工单位原因造成，且符合施工合同约定。

3 索赔事件造成施工单位直接经济损失。

6.4.6 当施工单位的费用索赔要求与工程延期要求相关联时，项目监理机构可提出费用索赔和工程延期的综合处理意见，并应与建设单位和施工单位协商。

6.4.7 因施工单位原因造成建设单位损失，建设单位提出索赔时，项目监理机构应与建设单位和施工单位协商处理。

6.5 工程延期及工期延误

6.5.1 施工单位提出工程延期要求符合施工合同约定时，项目监理机构应予以受理。

6.5.2 当影响工期事件具有持续性时，项目监理机构应对施工单位提交的阶段性工程临时延期报审表进行审查，并应签署工程临时延期审核意见后报建设单位。

当影响工期事件结束后，项目监理机构应对施工单位提交的工程最终延期报审表进行审查，并应签署工程最终延期审核意见后报建设单位。

工程临时延期报审表和工程最终延期报审表应按本规范表 B.0.14 的要求填写。

6.5.3 项目监理机构在批准工程临时延期、工程最终延期前，均应与建设单位和施工单位协商。

6.5.4 项目监理机构批准工程延期应同时满足下列条件：

1 施工单位在施工合同约定的期限内提出工程延期。

2 因非施工单位原因造成施工进度滞后。

3 施工进度滞后影响到施工合同约定的工期。

6.5.5 施工单位因工程延期提出费用索赔时，项目监理机构可按施工合同约定进行处理。

6.5.6 发生工期延误时，项目监理机构应按施工合同约定进行处理。

6.6 施 工 合 同 争 议

6.6.1 项目监理机构处理施工合同争议时应进行下列工作：

1 了解合同争议情况。

2 及时与合同争议双方进行磋商。

3 提出处理方案后，由总监理工程师进行协调。

4 当双方未能达成一致时，总监理工程师应提出处理合同争议的意见。

6.6.2 项目监理机构在施工合同争议处理过程中，对未达到施工合同约定的暂停履行合同条件的，应要求施工合同双方继续履行合同。

6.6.3 在施工合同争议的仲裁或诉讼过程中，项目监理机构应按仲裁机关或法院要求提供与争议有关的证据。

6.7 施 工 合 同 解 除

6.7.1 因建设单位原因导致施工合同解除时，项目监理机构应按施工合同约定与建设单位和施工单位按下列款项协商确定施工单位应得款项，并应签发工程款支付证书：

1 施工单位按施工合同约定已完成的工作应得款项。

2 施工单位按批准的采购计划订购工程材料、构配件、设备的款项。

3 施工单位撤离施工设备至原基地或其他目的地的合理费用。

4 施工单位人员的合理遣返费用。

5 施工单位合理的利润补偿。

6 施工合同约定的建设单位应支付的违约金。

6.7.2 因施工单位原因导致施工合同解除时，项目监理机构应按施工合同约定，从下列款项中确定施工单位应得款项或偿还建设单位的款项，并应与建设单位和施工单位协商后，书面提交施工单位应得款项或偿还建设单位款项的证明：

1 施工单位已按施工合同约定实际完成的工作应得款项和已给付的款项。

2 施工单位已提供的材料、构配件、设备和临时工程等的价值。

3 对已完工程进行检查和验收、移交工程资料、修复已完工程质量缺陷等所需的费用。

4 施工合同约定的施工单位应支付的违约金。

6.7.3 因非建设单位、施工单位原因导致施工合同解除时，项目监理机构应按施工合同约定处理合同解除后的有关事宜。

7 监理文件资料管理

7.1 一 般 规 定

7.1.1 项目监理机构应建立完善监理文件资料管理制度，宜设专人管理监理文件资料。

7.1.2 项目监理机构应及时、准确、完整地收集、整理、编制、传递监理文件资料。

7.1.3 项目监理机构宜采用信息技术进行监理文件资料管理。

7.2 监理文件资料内容

7.2.1 监理文件资料应包括下列主要内容：

1 勘察设计文件、建设工程监理合同及其他合同文件。

2 监理规划、监理实施细则。

3 设计交底和图纸会审会议纪要。

4 施工组织设计、（专项）施工方案、施工进度计划报审文件资料。

5 分包单位资格报审文件资料。

6 施工控制测量成果报验文件资料。

7 总监理工程师任命书，工程开工令、暂停令、复工令，工程开工或复工报审文件资料。

8 工程材料、构配件和设备报验文件资料。

9 见证取样和平行检验文件资料。

10 工程质量检查报验资料及工程有关验收资料。

11 工程变更、费用索赔及工程延期文件资料。

12 工程计量、工程款支付文件资料。

13 监理通知单、工作联系单与监理报告。

14 第一次工地会议、监理例会、专题会议等会议纪要。

15 监理月报、监理日志、旁站记录。

16 工程质量或生产安全事故处理文件资料。

17 工程质量评估报告及竣工验收监理文件资料。

18 监理工作总结。

7.2.2 监理日志应包括下列主要内容：

1 天气和施工环境情况。

2 当日施工进展情况。

3 当日监理工作情况，包括旁站、巡视、见证取样、平行检验等情况。

4 当日存在的问题及处理情况。

5 其他有关事项。

7.2.3 监理月报应包括下列主要内容：

1 本月工程实施情况。

2 本月监理工作情况。

3 本月施工中存在的问题及处理情况。

4 下月监理工作重点。

7.2.4 监理工作总结应包括下列主要内容：

1 工程概况。

2 项目监理机构。

3 建设工程监理合同履行情况。

4 监理工作成效。

5 监理工作中发现的问题及其处理情况。

6 说明和建议。

7.3 监理文件资料归档

7.3.1 项目监理机构应及时整理、分类汇总监理文件资料，并应按规定组卷，形成监理档案。

7.3.2 工程监理单位应根据工程特点和有关规定，保存监理档案，并应向有关单位、部门移交需要存档的监理文件资料。

8 设备采购与设备监造

8.1 一 般 规 定

8.1.1 项目监理机构应根据建设工程监理合同约定的设备采购与设备监造工作内容配备监理人员，并明确岗位职责。

8.1.2 项目监理机构应编制设备采购与设备监造工作计划，并应协助建设单位编制设备采购与设备监造方案。

8.2 设 备 采 购

8.2.1 采用招标方式进行设备采购时，项目监理机构应协助建设单位按有关规定组织设备采购招标。采用其他方式进行设备采购时，项目监理机构应协助建设单位进行询价。

8.2.2 项目监理机构应协助建设单位进行设备采购合同谈判，并应协助签订设备采购合同。

8.2.3 设备采购文件资料应包括下列主要内容：

1 建设工程监理合同及设备采购合同。

2 设备采购招标投标文件。

3 工程设计文件和图纸。

4 市场调查、考察报告。

5 设备采购方案。

6 设备采购工作总结。

8.3 设 备 监 造

8.3.1 项目监理机构应检查设备制造单位的质量管理体系，并应审查设备制造单位报送的设备制造生产计划和工艺方案。

8.3.2 项目监理机构应审查设备制造的检验计划和检验要求，并应确认各阶段的检验时间、内容、方法、标准，以及检测手段、检测设备和仪器。

8.3.3 专业监理工程师应审查设备制造的原材料、外购配套件、元器件、标准件，以及坯料的质量证明文件及检验报告，并应审查设备制造单位提交的报验资料，符合规定时应予以签认。

8.3.4 项目监理机构应对设备制造过程进行监督和检查，对主要及关键零部件的制造工序应进行抽检。

8.3.5 项目监理机构应要求设备制造单位按批准的检验计划和检验要求进行设备制造过程的检验工作，并应做好检验记录。项目监理机构应对检验结果进行审核，认为不符合质量要求时，应要求设备制造单位进行整改、返修或返工。当发生质量失控或重大质量事故时，应由总监理工程师签发暂停令，提出处理意见，并应及时报告建设单位。

8.3.6 项目监理机构应检查和监督设备的装配过程。

8.3.7 在设备制造过程中如需要对设备的原设计进行变更时，项目监理机构应审查设计变更，并应协调处理因变更引起的费用和工期调整，同时应报建设单位批准。

8.3.8 项目监理机构应参加设备整机性能检测、调试和出厂验收，符合要求后应予以签认。

8.3.9 在设备运往现场前，项目监理机构应检查设备制造单位对待运设备采取的防护和包装措施，并应检查是否符合运输、装卸、储存、安装的要求，以及随机文件、装箱单和附件是否齐全。

8.3.10 设备运到现场后，项目监理机构应参加设备制造单位按合同约定与接收单位的交接工作。

8.3.11 专业监理工程师应按设备制造合同的约定审查设备制造单位提交的付款申请，提出审查意见，并应由总监理工程师审核后签发支付证书。

8.3.12 专业监理工程师应审查设备制造单位提出的索赔文件，提出意见后报总监理工程师，并应由总监理工程师与建设单位、设备制造单位协商一致后签署意见。

8.3.13 专业监理工程师应审查设备制造单位报送的设备制造结算文件，提出审查意见，并应由总监理工程师签署意见后报建设单位。

8.3.14 设备监造文件资料应包括下列主要内容：

1 建设工程监理合同及设备采购合同。

2 设备监造工作计划。

3 设备制造工艺方案报审资料。

4 设备制造的检验计划和检验要求。

5 分包单位资格报审资料。

6 原材料、零配件的检验报告。

7 工程暂停令、开工或复工报审资料。

8 检验记录及试验报告。

9 变更资料。

10 会议纪要。

11 来往函件。

12 监理通知单与工作联系单。

13 监理日志。

14 监理月报。

15 质量事故处理文件。

16 索赔文件。

17 设备验收文件。

18 设备交接文件。

19 支付证书和设备制造结算审核文件。

20 设备监造工作总结。

9 相 关 服 务

9.1 一 般 规 定

9.1.1 工程监理单位应根据建设工程监理合同约定的相关服务范围，开展相关服务工作，编制相关服务工作计划。

9.1.2 工程监理单位应按规定汇总整理、分类归档相关服务工作的文件资料。

9.2 工程勘察设计阶段服务

9.2.1 工程监理单位应协助建设单位编制工程勘察设计任务书和选择工程勘察设计单位，并应协助签订工程勘察设计合同。

9.2.2 工程监理单位应审查勘察单位提交的勘察方案，提出审查意见，并应报建设单位。变更勘察方案时，应按原程序重新审查。

勘察方案报审表可按本规范表 B.0.1 的要求填写。

9.2.3 工程监理单位应检查勘察现场及室内试验主要岗位操作人员的资格，及所使用设备、仪器计量的检定情况。

9.2.4 工程监理单位应检查勘察进度计划执行情况、督促勘察单位完成勘察合同约定的工作内容、审核勘察单位提交的勘察费用支付申请表，以及签发勘察费用支付证书，并应报建设单位。

工程勘察阶段的监理通知单可按本规范表 A.0.3 的要求填写；监理通知回复单可按本规范表 B.0.9 的要求填写；勘察费用支付申请表可按本规范表 B.0.11 的要求填写；勘察费用支付证书可按本规范表 A.0.8 的要求填写。

9.2.5 工程监理单位应检查勘察单位执行勘察方案的情况，对重要点位的勘探与测试应进行现场检查。

9.2.6 工程监理单位应审查勘察单位提交的勘察成果报告，并应向建设单位提交勘察成果评估报告，同时应参与勘察成果验收。

勘察成果评估报告应包括下列内容：

1 勘察工作概况。

2 勘察报告编制深度与勘察标准的符合情况。

3 勘察任务书的完成情况。

4 存在问题及建议。

5 评估结论。

9.2.7 勘察成果报审表可按本规范表 B.0.7 的要求填写。

9.2.8 工程监理单位应依据设计合同及项目总体计划要求审查各专业、各阶段设计进度计划。

9.2.9 工程监理单位应检查设计进度计划执行情况、督促设计单位完成设计合同约定的工作内容、审核设计单位提交的设计费用支付申请表，以及签认设计费用支付证书，并应报建设单位。

工程设计阶段的监理通知单可按本规范表 A.0.3 的要求填写；监理通知回复单可按本规范表 B.0.9 的要求填写；设计费用支付申请表可按本规范表 B.0.11 的要求填写；设计费用支付证书可按本规范表 A.0.8 的要求填写。

9.2.10 工程监理单位应审查设计单位提交的设计成果，并应提出评估报告。评估报告应包括下列主要内容：

1 设计工作概况。

2 设计深度与设计标准的符合情况。

3 设计任务书的完成情况。

4 有关部门审查意见的落实情况。

5 存在的问题及建议。

9.2.11 设计阶段成果报审表可按本规范表 B.0.7 的要求填写。

9.2.12 工程监理单位应审查设计单位提出的新材料、新工艺、新技术、新设备在相关部门的备案情况。必要时应协助建设单位组织专家评审。

9.2.13 工程监理单位应审查设计单位提出的设计概算、施工图预算，提出审查意见，并应报建设单位。

9.2.14 工程监理单位应分析可能发生索赔的原因，并应制定防范对策。

9.2.15 工程监理单位应协助建设单位组织专家对设计成果进行评审。

9.2.16 工程监理单位可协助建设单位向政府有关部门报审有关工程设计文件，并应根据审批意见，督促设计单位予以完善。

9.2.17 工程监理单位应根据勘察设计合同，协调处理勘察设计延期、费用索赔等事宜。

勘察设计延期报审表可按本规范表 B.0.14 的要求填写；勘察设计费用索赔报审表可按本规范表 B.0.13 的要求填写。

9.3 工程保修阶段服务

9.3.1 承担工程保修阶段的服务工作时，工程监理单位应定期回访。

9.3.2 对建设单位或使用单位提出的工程质量缺陷，工程监理单位应安排监理人员进行检查和记录，并应要求施工单位予以修复，同时应监督实施，合格后应予以签认。

9.3.3 工程监理单位应对工程质量缺陷原因进行调查，并应与建设单位、施工单位协商确定责任归属。对非施工单位原因造成的工程质量缺陷，应核实施工单位申报的修复工程费用，并应签认工程款支付证书，同时应报建设单位。

附录 A 工程监理单位用表

A.0.1 总监理工程师任命书应按本规范表 A.0.1 的要求填写。

表 A.0.1 总监理工程师任命书

工程名称：_____ 　　　　　　　　　　　　　　　　　　编号：

致：_____（建设单位） 　　兹任命_____（注册监理工程师注册号：_____）为我单位_____项目总监理工程师。负责履行建设工程监理合同、主持项目监理机构工作。   　　　　　　　　　　　　　　　　　　　　　　工程监理单位（盖章） 　　　　　　　　　　　　　　　　　　　　　　法定代表人（签字） 　　　　　　　　　　　　　　　　　　　　　　　　　年　　月　　日

注：本表一式三份，项目监理机构、建设单位、施工单位各一份。

A.0.2 工程开工令应按本规范表 A.0.2 的要求填写。

表 A.0.2 工程开工令

工程名称： 编号：

致：_____（施工单位）

　　经审查，本工程已具备施工合同约定的开工条件，现同意你方开始施工，开工日期为：＿＿年＿＿月＿＿日。

　　附件：工程开工报审表

项目监理机构（盖章）

总监理工程师（签字、加盖执业印章）

年　　月　　日

注：本表一式三份，项目监理机构、建设单位、施工单位各一份。

A.0.3 监理通知单应按本规范表 A.0.3 的要求填写。

表 A.0.3 监理通知单

工程名称： 编号：

致：_____（施工项目经理部）

事由：_____

_____

_____

_____

内容：_____

_____

_____

_____

项目监理机构（盖章）

总/专业监理工程师（签字）

年 月 日

注：本表一式三份，项目监理机构、建设单位、施工单位各一份。

A.0.4 监理报告应按本规范表 A.0.4 的要求填写。

表 A.0.4 监理报告

工程名称：　　　　　　　　　　　　　　　　　　　　　　　　　　　　编号：

致：＿＿＿＿＿＿＿＿＿＿＿＿（主管部门）

　　由＿＿＿＿＿＿＿＿＿＿＿＿（施工单位）施工的＿＿＿＿＿＿＿＿＿＿＿＿（工程部位），存在安全事故隐患。我方已于＿＿年＿＿月＿＿日发出编号为＿＿＿＿＿＿＿＿＿＿＿＿的《监理通知单》/《工程暂停令》，但施工单位未整改/停工。

　　特此报告。

　　附件：□监理通知单

　　　　　□工程暂停令

　　　　　□其他

项目监理机构（盖章）

总监理工程师（签字）

年　　月　　日

注：本表一式四份，主管部门、建设单位、工程监理单位、项目监理机构各一份。

A.0.5 工程暂停令应按本规范表 A.0.5 的要求填写。

表 A.0.5 工程暂停令

工程名称：　　　　　　　　　　　　　　　　　　　　　　编号：

致：＿＿＿＿＿＿＿＿＿＿＿（施工项目经理部）

　由于＿＿＿＿＿＿＿＿＿＿＿＿＿＿＿＿＿＿＿＿＿＿＿＿＿＿＿＿＿＿＿＿原因，
现通知你方于___年___月___日___时起，暂停＿＿＿＿＿＿＿＿＿部位（工序）施工，并按下述要求做好后续
工作。

　要求：

项目监理机构（盖章）

总监理工程师（签字、加盖执业印章）

年　　月　　日

注：本表一式三份，项目监理机构、建设单位、施工单位各一份。

A.0.6 旁站记录应按本规范表 A.0.6 的要求填写。

表 A.0.6 旁站记录

工程名称：   编号：

旁站的关键部位、关键工序		施工单位	
旁站开始时间	年 月 日 时 分	旁站结束时间	年 月 日 时 分
旁站的关键部位、关键工序施工情况：			
发现的问题及处理情况：			

旁站监理人员（签字）

年　　月　　日

注：本表一式一份，项目监理机构留存。

A. 0. 7 工程复工令应按本规范表 A. 0. 7 的要求填写。

表 A. 0. 7 工程复工令

工程名称：　　　　　　　　　　　　　　　　　　　　　　　　　　　　编号：

致：　　　　　　　　　　　　　（施工项目经理部） 　　　我方发出的编号为　　　　　　　　　　《工程暂停令》，要求暂停施工的　　　　部位（工序），经查已具备复工条件。经建设单位同意，现通知你方于　　年　　月　　日　　时起恢复施工。 　　　附件：工程复工报审表   （空白） 　　　　　　　　　　　　　　　　　　　　　　项目监理机构（盖章） 　　　　　　　　　　　　　　　　　　　　　　总监理工程师（签字、加盖执业印章） 　　　　　　　　　　　　　　　　　　　　　　　　年　　月　　日

注：本表一式三份，项目监理机构、建设单位、施工单位各一份。

A. 0. 8 工程款/竣工结算款支付证书应按本规范表 A. 0. 8 的要求填写。

表 A. 0. 8 工程款支付证书

工程名称：　　　　　　　　　　　　　　　　　　　　　　　　编号：

致：＿＿＿＿＿＿＿＿＿＿（施工单位）
根据施工合同约定，经审核编号为＿＿＿＿工程款支付报审表，扣除有关款项后，同意支付工程款共计（大写）＿＿＿＿＿＿＿＿＿＿＿＿＿＿＿＿（小写：＿＿＿＿＿＿＿＿）。 　　其中： 　　1. 施工单位申报款为： 　　2. 经审核施工单位应得款为： 　　3. 本期应扣款为： 　　4. 本期应付款为： 　　附件：工程款支付报审表及附件   　　　　　　　　　　　　　　　　　　　　　　　项目监理机构（盖章） 　　　　　　　　　　　　　　　　　　　　　　　总监理工程师（签字、加盖执业印章） 　　　　　　　　　　　　　　　　　　　　　　　　　　　　　年　　月　　日

注：本表一式三份，项目监理机构、建设单位、施工单位各一份。

附录 B 施工单位报审、报验用表

B.0.1 施工组织设计/（专项）施工方案报审表应按本规范表 B.0.1 的要求填写。

表 B.0.1 施工组织设计/（专项）施工方案报审表

工程名称：　　　　　　　　　　　　　　　　　　　　　　　　　编号：

致：＿＿＿＿＿＿＿（项目监理机构） 　　我方已完成＿＿＿＿＿＿工程施工组织设计/（专项）施工方案的编制和审批，请予以审查。 　　附件：□施工组织设计 　　　　　□专项施工方案 　　　　　□施工方案   <div align="right">施工项目经理部（盖章） 项目经理（签字） 　　　　年　　月　　日</div>
审查意见：   <div align="right">专业监理工程师（签字） 　　　　年　　月　　日</div>
审核意见：   <div align="right">项目监理机构（盖章） 总监理工程师（签字、加盖执业印章） 　　　　年　　月　　日</div>
审批意见（仅对超过一定规模的危险性较大的分部分项工程专项施工方案）：   <div align="right">建设单位（盖章） 建设单位代表（签字） 　　　　年　　月　　日</div>

注：本表一式三份，项目监理机构、建设单位、施工单位各一份。

B. 0. 2 工程开工报审表应按本规范表 B.0.2 的要求填写。

表 B. 0. 2 工程开工报审表

工程名称：　　　　　　　　　　　　　　　　　　　　　　　　　　　编号：

致：＿＿＿＿＿＿＿＿＿＿（建设单位） 　　＿＿＿＿＿＿＿＿＿＿（项目监理机构） 　　我方承担的＿＿＿＿＿工程，已完成相关准备工作，具备开工条件，特申请于＿＿年＿＿月＿＿日开工，请予以审批。 　　附件：证明文件资料   　　　　　　　　　　　　　　　　　　　　　　施工单位（盖章） 　　　　　　　　　　　　　　　　　　　　　　项目经理（签字） 　　　　　　　　　　　　　　　　　　　　　　　　年　　月　　日
审核意见：   　　　　　　　　　　　　　　　　　　项目监理机构（盖章） 　　　　　　　　　　　　　　　　　　总监理工程师（签字、加盖执业印章） 　　　　　　　　　　　　　　　　　　　　　　年　　月　　日
审批意见：   　　　　　　　　　　　　　　　　　　建设单位（盖章） 　　　　　　　　　　　　　　　　　　建设单位代表（签字） 　　　　　　　　　　　　　　　　　　　　　　年　　月　　日

注：本表一式三份，项目监理机构、建设单位、施工单位各一份。

B.0.3 工程复工报审表应按本规范表 B.0.3 的要求填写。

表 B.0.3 工程复工报审表

工程名称：   编号：

致：_____（项目监理机构） 　　编号为_____《工程暂停令》所停工的_____部位（工序）已满足复工条件，我方申请于___年___月___日复工，请予以审批。 　　附件：证明文件资料   <div align="right">施工项目经理部（盖章） 项目经理（签字） 　　年　　月　　日</div>
审核意见：   <div align="right">项目监理机构（盖章） 总监理工程师（签字） 　　年　　月　　日</div>
审批意见：   <div align="right">建设单位（盖章） 建设单位代表（签字） 　　年　　月　　日</div>

注：本表一式三份，项目监理机构、建设单位、施工单位各一份。

B.0.4 分包单位资格报审表应按本规范表 B.0.4 的要求填写。

表 B.0.4 分包单位资格报审表

工程名称：　　　　　　　　　　　　　　　　　　　　　　　　　　　　编号：

致：_____（项目监理机构）
经考察，我方认为拟选择的_____（分包单位）具有承担下列工程的施工或安装资质和能力，可以保证按施工合同第_____条款的约定进行施工或安装。请予以审查。

分包工程名称（部位）	分包工程量	分包工程合同额
合计		

附件：1. 分包单位资质材料
　　　2. 分包单位业绩材料
　　　3. 分包单位专职管理人员和特种作业人员的资格证书
　　　4. 施工单位对分包单位的管理制度

施工项目经理部（盖章）

项目经理（签字）

年　　月　　日

审查意见：

专业监理工程师（签字）

年　　月　　日

审核意见：

项目监理机构（盖章）

总监理工程师（签字）

年　　月　　日

注：本表一式三份，项目监理机构、建设单位、施工单位各一份。

B.0.5 施工控制测量成果报验表应按本规范表 B.0.5 的要求填写。

表 B.0.5 施工控制测量成果报验表

工程名称： 　　　　　　　　　　　　　　　　　　　　　　　　　编号：

致：_____（项目监理机构） 　我方已完成_____的施工控制测量，经自检合格，请予以查验。 　附件：1. 施工控制测量依据资料 　　　　2. 施工控制测量成果表   　　　　　　　　　　　　　　　　　　　　施工项目经理部（盖章） 　　　　　　　　　　　　　　　　　　　　项目技术负责人（签字） 　　　　　　　　　　　　　　　　　　　　　　　年　　月　　日
审查意见：   　　　　　　　　　　　　　　　　　　　　项目监理机构（盖章） 　　　　　　　　　　　　　　　　　　　　专业监理工程师（签字） 　　　　　　　　　　　　　　　　　　　　　　　年　　月　　日

注：本表一式三份，项目监理机构、建设单位、施工单位各一份。

B.0.6 工程材料、构配件和设备报审表应按本规范表 B.0.6 的要求填写。

表 B.0.6 工程材料、构配件和设备报审表

工程名称：　　　　　　　　　　　　　　　　　　　　　　编号：

致：＿＿＿＿＿＿＿＿（项目监理机构）
于＿＿年＿＿月＿＿日进场的拟用于工程＿＿＿＿＿＿＿部位的＿＿＿＿＿＿，经我方检验合格，请予以审查。 　　附件：1. 工程材料、构配件和设备清单 　　　　　2. 质量证明文件 　　　　　3. 自检结果   　　　　　　　　　　　　　　　　　　　　　　　施工项目经理部（盖章） 　　　　　　　　　　　　　　　　　　　　　　　项目经理（签字） 　　　　　　　　　　　　　　　　　　　　　　　　　　年　　月　　日
审查意见：   　　　　　　　　　　　　　　　　　　　　　　　项目监理机构（盖章） 　　　　　　　　　　　　　　　　　　　　　　　专业监理工程师（签字） 　　　　　　　　　　　　　　　　　　　　　　　　　　年　　月　　日

注：本表一式二份，项目监理机构、施工单位各一份。

B.0.7 隐蔽工程、检验批、分项工程报验表及施工试验室报审表应按本规范表
B.0.7 的要求填写。

表 B.0.7 _____报审、报验表

工程名称：   编号：

致：_____（项目监理机构）
我方已完成_____工作，经自检合格，请予以审查或验收。
附件：□隐蔽工程质量检验资料
□检验批质量检验资料
□分项工程质量检验资料
□施工试验室证明资料
□其他
<div align="right">施工项目经理部（盖章） 项目经理或项目技术负责人（签字） 年 月 日</div>
审查或验收意见：
<div align="right">项目监理机构（盖章） 专业监理工程师（签字） 年 月 日</div>

注：本表一式二份，项目监理机构、施工单位各一份。

B. 0. 8 分部工程报验表应按本规范表 B. 0. 8 的要求填写。

表 B. 0. 8 分部工程报验表

工程名称：
编号：

致：＿＿＿＿＿＿＿＿＿＿（项目监理机构）
我方已完成＿＿＿＿＿＿＿＿＿＿（分部工程），经自检合格，请予以验收。   附件：分部工程质量资料   <div align="right">施工项目经理部（盖章）</div><div align="right">项目技术负责人（签字）</div><div align="right">年　　月　　日</div>
验收意见：   <div align="right">专业监理工程师（签字）</div><div align="right">年　　月　　日</div>
验收意见：   <div align="right">项目监理机构（盖章）</div><div align="right">总监理工程师（签字）</div><div align="right">年　　月　　日</div>

注：本表一式三份，项目监理机构、建设单位、施工单位各一份。

B.0.9 监理通知回复单应按本规范表 B.0.9 的要求填写。

表 B.0.9 监理通知回复单

工程名称：   编号：

致：＿＿＿＿＿＿＿＿＿＿＿＿＿＿＿（项目监理机构）
我方接到编号为＿＿＿＿＿＿＿＿＿＿＿＿＿＿＿的监理通知单后，已按要求完成相关工作，请予以复查。 附件：需要说明的情况   施工项目经理部（盖章） 项目经理（签字） 年   月   日
复查意见：   项目监理机构（盖章） 总监理工程师/专业监理工程师（签字） 年   月   日

注：本表一式三份，项目监理机构、建设单位、施工单位各一份。

B.0.10 单位工程竣工验收报审表应按本规范表 B.0.10 的要求填写。

表 B.0.10 单位工程竣工验收报审表

工程名称： 　　　　　　　　　　　　　　　　　　　　　　　　　　　　　编号：

致：_____（项目监理机构） 　　我方已按施工合同要求完成_____工程，经自检合格，请予以验收。 　附件：1. 工程质量验收报告 　　　　2. 工程功能检验资料   　　　　　　　　　　　　　　　　　　　　　　　　　　　　施工单位（盖章） 　　　　　　　　　　　　　　　　　　　　　　　　　　　　项目经理（签字） 　　　　　　　　　　　　　　　　　　　　　　　　　　　　　　年　　月　　日
预验收意见： 　　经预验收，该工程合格/不合格，可以/不可以组织正式验收。   　　　　　　　　　　　　　　　　　　　　　　　　项目监理机构（盖章） 　　　　　　　　　　　　　　　　　　　　　　　　总监理工程师（签字、加盖执业印章） 　　　　　　　　　　　　　　　　　　　　　　　　　　年　　月　　日

注：本表一式三份，项目监理机构、建设单位、施工单位各一份。

B. 0. 11 工程款和竣工结算款支付报审表应按本规范表 B. 0. 11 的要求填写。

表 B. 0. 11 工程款支付报审表

工程名称：　　　　　　　　　　　　　　　　　　　　　　　　编号：

致：＿＿＿＿＿＿＿＿＿＿＿＿（项目监理机构） 　　根据施工合同约定，我方已完成＿＿＿＿＿＿＿＿＿＿工作，建设单位应在＿＿年＿＿月＿＿日前支付工程款共计 （大写）＿＿＿＿＿＿＿＿＿（小写：＿＿＿＿＿＿＿＿），请予以审核。 　　附件： 　　　　□已完成工程量报表 　　　　□工程竣工结算证明材料 　　　　□相应支持性证明文件   　　　　　　　　　　　　　　　　　　　　　　　　施工项目经理部（盖章） 　　　　　　　　　　　　　　　　　　　　　　　　项目经理（签字） 　　　　　　　　　　　　　　　　　　　　　　　　　　　年　　月　　日
审查意见： 　　1. 施工单位应得款为： 　　2. 本期应扣款为： 　　3. 本期应付款为： 　　附件：相应支持性材料   　　　　　　　　　　　　　　　　　　　　　　　　专业监理工程师（签字） 　　　　　　　　　　　　　　　　　　　　　　　　　　　年　　月　　日
审核意见：   　　　　　　　　　　　项目监理机构（盖章） 　　　　　　　　　　　总监理工程师（签字、加盖执业印章） 　　　　　　　　　　　　　　　年　　月　　日
审批意见：   　　　　　　　　　　　建设单位（盖章） 　　　　　　　　　　　建设单位代表（签字） 　　　　　　　　　　　　　　　年　　月　　日

注：本表一式三份，项目监理机构、建设单位、施工单位各一份；竣工结算报审时本表一式四份，项目监理机构、
　　建设单位各一份、施工单位二份。

283

B.0.12 施工进度计划报审表应按本规范表 B.0.12 的要求填写。

表 B.0.12 施工进度计划报审表

工程名称： 编号：

致：＿＿＿＿＿＿＿＿（项目监理机构） 　　根据施工合同约定，我方已完成＿＿＿＿＿＿＿工程施工进度计划的编制和批准，请予以审查。 　　附件：□施工总进度计划 　　　　　□阶段性进度计划   　　　　　　　　　　　　　　　　　　　　施工项目经理部（盖章） 　　　　　　　　　　　　　　　　　　　　项目经理（签字） 　　　　　　　　　　　　　　　　　　　　　　　年　月　日
审查意见：   　　　　　　　　　　　　　　　　　　　　专业监理工程师（签字） 　　　　　　　　　　　　　　　　　　　　　　　年　月　日
审核意见：   　　　　　　　　　　　　　　　　　　　　项目监理机构（盖章） 　　　　　　　　　　　　　　　　　　　　总监理工程师（签字） 　　　　　　　　　　　　　　　　　　　　　　　年　月　日

注：本表一式三份，项目监理机构、建设单位、施工单位各一份。

B.0.13 费用索赔报审表应按本规范表 B.0.13 的要求填写。

表 B.0.13 费用索赔报审表

工程名称： 编号：

致：＿＿＿＿＿＿＿＿（项目监理机构） 　　根据施工合同＿＿＿＿＿＿＿＿条款，由于＿＿＿＿＿＿＿＿＿＿＿＿的原因，我方申请索 赔金额（大写）＿＿＿＿＿＿＿，请予批准。 　　索赔理由：＿＿＿＿＿＿＿＿＿＿＿＿＿＿＿＿＿＿＿＿＿＿＿＿＿ 　　＿＿＿＿＿＿＿＿＿＿＿＿＿＿＿＿＿＿＿＿＿＿＿＿＿＿＿＿＿＿＿ 　　＿＿＿＿＿＿＿＿＿＿＿＿＿＿＿＿＿＿＿＿＿＿＿＿＿＿＿＿＿＿＿ 　　＿＿＿＿＿＿＿＿＿＿＿＿＿＿＿＿＿＿＿＿＿＿＿＿＿＿＿＿＿＿＿ 　　附件：□索赔金额计算 　　　　　□证明材料   　　　　　　　　　　　　　　　　　　施工项目经理部（盖章） 　　　　　　　　　　　　　　　　　　项目经理（签字） 　　　　　　　　　　　　　　　　　　　　　年　月　日
审核意见： 　　□不同意此项索赔。 　　□同意此项索赔，索赔金额为（大写）＿＿＿＿＿＿。 　　同意/不同意索赔的理由：＿＿＿＿＿＿＿＿＿＿＿＿＿＿＿＿＿ 　　＿＿＿＿＿＿＿＿＿＿＿＿＿＿＿＿＿＿＿＿＿＿＿＿＿＿＿＿＿＿＿ 　　＿＿＿＿＿＿＿＿＿＿＿＿＿＿＿＿＿＿＿＿＿＿＿＿＿＿＿＿＿＿＿ 　　＿＿＿＿＿＿＿＿＿＿＿＿＿＿＿＿＿＿＿＿＿＿＿＿＿＿＿＿＿＿＿ 　　附件：□索赔审查报告   　　　　　　　　　　　　　　　　　　项目监理机构（盖章） 　　　　　　　　　　　　　　　　　　总监理工程师（签字、加盖执业印章） 　　　　　　　　　　　　　　　　　　　　　年　月　日
审批意见：   　　　　　　　　　　　　　　　　　　建设单位（盖章） 　　　　　　　　　　　　　　　　　　建设单位代表（签字） 　　　　　　　　　　　　　　　　　　　　　年　月　日

注：本表一式三份，项目监理机构、建设单位、施工单位各一份。

285

B.0.14 工程临时延期报审表和工程最终延期报审表应按本规范表 B.0.14 的要求填写。

表 B.0.14 工程临时/最终延期报审表

工程名称： 编号：

致：_____（项目监理机构） 根据施工合同_____（条款），由于_____原因，我方申请工程临时/最终延期_____（日历天），请予批准。 附件：1. 工程延期依据及工期计算 　　　2. 证明材料   　　　　　　　　　　　　　　　　　　　　　　施工项目经理部（盖章） 　　　　　　　　　　　　　　　　　　　　　　项目经理（签字） 　　　　　　　　　　　　　　　　　　　　　　　　年　　月　　日
审核意见： 　　□同意工程临时/最终延期_____（日历天）。工程竣工日期从施工合同约定的___年___月___日延迟到___年___月___日。 　　□不同意延期，请按约定竣工日期组织施工。   　　　　　　　　　　　　　　　　　　　　　　项目监理机构（盖章） 　　　　　　　　　　　　　　　　　　　　　　总监理工程师（签字、加盖执业印章） 　　　　　　　　　　　　　　　　　　　　　　　　年　　月　　日
审批意见：   　　　　　　　　　　　　　　　　　　　　　　建设单位（盖章） 　　　　　　　　　　　　　　　　　　　　　　建设单位代表（签字） 　　　　　　　　　　　　　　　　　　　　　　　　年　　月　　日

注：本表一式三份，项目监理机构、建设单位、施工单位各一份。

附录C 通 用 表

C.0.1 工作联系单应按本规范表C.0.1的要求填写。

表 C.0.1 工作联系单

工程名称：　　　　　　　　　　　　　　　　　　　　　　　　　编号：

致：＿＿＿＿＿＿＿＿＿＿

发文单位

负责人（签字）

年　月　日

C.0.2 工程变更单应按本规范表C.0.2的要求填写。

表 C.0.2 工程变更单

工程名称：   编号：

致：_____ 由于_____原因，兹提出_____工程变更，请予以审批。 附件： 　　□变更内容 　　□变更设计图 　　□相关会议纪要 　　□其他 　　　　　　　　　　　　　　　　　　　　　变更提出单位： 　　　　　　　　　　　　　　　　　　　　　负责人： 　　　　　　　　　　　　　　　　　　　　　　　年　　月　　日	

工程量增/减	
费用增/减	
工期变化	

       施工项目经理部（盖章） 项目经理（签字）	 设计单位（盖章） 设计负责人（签字）
       项目监理机构（盖章） 总监理工程师（签字）	 建设单位（盖章） 负责人（签字）

注：本表一式四份，建设单位、项目监理机构、设计单位、施工单位各一份。

C. 0. 3 索赔意向通知书应按本规范表 C. 0. 3 的要求填写。

表 C. 0. 3 索赔意向通知书

工程名称： 编号：

致：＿＿＿＿＿＿＿＿＿

　　根据工程施工合同＿＿＿＿＿＿（条款）约定，由于发生了＿＿＿＿＿＿事件，且该事件的发生非我方原因所致。为此，我方向＿＿＿＿＿＿（单位）提出索赔要求。

　　附件：索赔事件资料

提出单位（盖章）

负责人（签字）

年　　月　　日

本规范用词说明

1　为了便于在执行本规范条文时区别对待，对要求严格程度不同的用词说明如下：

1）表示很严格，非这样做不可的用词：

正面词采用"必须"，反面词采用"严禁"；

2）表示严格，在正常情况均应这样做的用词：

正面词采用"应"，反面词采用"不应"或"不得"；

3）表示允许稍有选择，在条件许可时首先应这样做的用词：

正面词采用"宜"，反面词采用"不宜"；

4）表示有选择，在一定条件下可以这样做的用词，采用"可"。

2　条文中指明应按其他有关标准执行的写法为："应符合……的规定"或"应按……执行"。

附录二 《建设工程施工合同（示范文本）》GF—2017—0201

住房城乡建设部 工商总局
关于印发建设工程施工合同（示范文本）的通知

各省、自治区住房城乡建设厅、工商行政管理局，直辖市建委、工商行政管理局（市场监督管理部门），新疆生产建设兵团建设局，国务院有关部门建设司，有关中央企业：

为规范建筑市场秩序，维护建设工程施工合同当事人的合法权益，住房城乡建设部、工商总局对《建设工程施工合同（示范文本）》GF—2013—0201进行了修订，制定了《建设工程施工合同（示范文本）》GF—2017—0201，现印发给你们。在执行过程中有何问题，请与住房城乡建设部建筑市场监管司、工商总局市场规范管理司联系。

本合同示范文本自2017年10月1日起执行，原《建设工程施工合同（示范文本）》GF—2013—0201同时废止。

中华人民共和国住房和城乡建设部
中华人民共和国国家工商行政管理总局
2017年9月22日

说　　明

为了指导建设工程施工合同当事人的签约行为，维护合同当事人的合法权益，依据《中华人民共和国合同法》《中华人民共和国建筑法》《中华人民共和国招标投标法》以及相关法律法规，住房城乡建设部、国家工商行政管理总局对《建设工程施工合同（示范文本）》GF—2013—0201 进行了修订，制定了《建设工程施工合同（示范文本）》GF—2017—0201（以下简称《示范文本》）。为了便于合同当事人使用《示范文本》，现就有关问题说明如下：

一、《示范文本》的组成

《示范文本》由合同协议书、通用合同条款和专用合同条款三部分组成。

（一）合同协议书

《示范文本》合同协议书共计 13 条，主要包括：工程概况、合同工期、质量标准、签约合同价和合同价格形式、项目经理、合同文件构成、承诺以及合同生效条件等重要内容，集中约定了合同当事人基本的合同权利义务。

（二）通用合同条款

通用合同条款是合同当事人根据《中华人民共和国建筑法》《中华人民共和国合同法》等法律法规的规定，就工程建设的实施及相关事项，对合同当事人的权利义务作出的原则性约定。

通用合同条款共计 20 条，具体条款分别为：一般约定、发包人、承包人、监理人、工程质量、安全文明施工与环境保护、工期和进度、材料与设备、试验与检验、变更、价格调整、合同价格、计量与支付、验收和工程试车、竣工结算、缺陷责任与保修、违约、不可抗力、保险、索赔和争议解决。前述条款安排既考虑了现行法律法规对工程建设的有关要求，也考虑了建设工程施工管理的特殊需要。

（三）专用合同条款

专用合同条款是对通用合同条款原则性约定的细化、完善、补充、修改或另行约定的条款。合同当事人可以根据不同建设工程的特点及具体情况，通过双方的谈判、协商对相应的专用合同条款进行修改补充。在使用专用合同条款时，应注意以下事项：

1. 专用合同条款的编号应与相应的通用合同条款的编号一致；

2. 合同当事人可以通过对专用合同条款的修改，满足具体建设工程的特殊要求，避免直接修改通用合同条款；

3. 在专用合同条款中有横道线的地方，合同当事人可针对相应的通用合同条款进行细化、完善、补充、修改或另行约定；如无细化、完善、补充、修改或另行约定，则填写"无"或划"/"。

二、《示范文本》的性质和适用范围

《示范文本》为非强制性使用文本。《示范文本》适用于房屋建筑工程、土木工程、线路管道和设备安装工程、装修工程等建设工程的施工承发包活动，合同当事人可结合建设工程具体情况，根据《示范文本》订立合同，并按照法律法规规定和合同约定承担相应的法律责任及合同权利义务。

第一部分　合同协议书

发包人（全称）：＿＿＿＿＿＿＿＿＿＿＿＿＿＿＿＿＿＿＿＿＿

承包人（全称）：＿＿＿＿＿＿＿＿＿＿＿＿＿＿＿＿＿＿＿＿＿

根据《中华人民共和国合同法》《中华人民共和国建筑法》及有关法律规定，遵循平等、自愿、公平和诚实信用的原则，双方就＿＿＿＿＿＿＿＿＿＿＿＿＿＿＿＿＿工程施工及有关事项协商一致，共同达成如下协议：

一、工程概况

1. 工程名称：＿＿＿＿＿＿＿＿＿＿＿＿＿＿＿＿＿＿＿＿＿＿＿。

2. 工程地点：＿＿＿＿＿＿＿＿＿＿＿＿＿＿＿＿＿＿＿＿＿＿＿。

3. 工程立项批准文号：＿＿＿＿＿＿＿＿＿＿＿＿＿＿＿＿＿＿＿。

4. 资金来源：＿＿＿＿＿＿＿＿＿＿＿＿＿＿＿＿＿＿＿＿＿＿＿。

5. 工程内容：＿＿＿＿＿＿＿＿＿＿＿＿＿＿＿＿＿＿＿＿＿＿＿。

群体工程应附《承包人承揽工程项目一览表》（附件1）。

6. 工程承包范围：

＿＿＿＿＿＿＿＿＿＿＿＿＿＿＿＿＿＿＿＿＿＿＿＿＿＿＿＿＿

＿＿＿＿＿＿＿＿＿＿＿＿＿＿＿＿＿＿＿＿＿＿＿＿＿＿＿＿＿。

二、合同工期

计划开工日期：＿＿＿＿＿年＿＿月＿＿日。

计划竣工日期：＿＿＿＿＿年＿＿月＿＿日。

工期总日历天数：＿＿＿＿＿＿天。工期总日历天数与根据前述计划开竣工日期计算的工期天数不一致的，以工期总日历天数为准。

三、质量标准

工程质量符合＿＿＿＿＿＿＿＿＿＿＿＿＿＿＿＿＿＿＿＿＿＿＿标准。

四、签约合同价与合同价格形式

1. 签约合同价为：

人民币（大写）＿＿＿＿＿＿＿＿＿＿（￥＿＿＿＿＿元）；

其中：

（1）安全文明施工费：

人民币（大写）＿＿＿＿＿＿＿＿＿＿（￥＿＿＿＿＿元）；

（2）材料和工程设备暂估价金额：

人民币（大写）＿＿＿＿＿＿＿＿＿＿（￥＿＿＿＿＿元）；

（3）专业工程暂估价金额：

人民币（大写）＿＿＿＿＿＿＿＿＿＿（￥＿＿＿＿＿元）；

（4）暂列金额：

人民币（大写）＿＿＿＿＿＿＿＿＿＿（￥＿＿＿＿＿元）。

2. 合同价格形式：＿＿＿＿＿＿＿＿＿＿＿＿＿＿＿＿。

五、项目经理

承包人项目经理：_____。

六、合同文件构成

本协议书与下列文件一起构成合同文件：

（1）中标通知书（如果有）；

（2）投标函及其附录（如果有）；

（3）专用合同条款及其附件；

（4）通用合同条款；

（5）技术标准和要求；

（6）图纸；

（7）已标价工程量清单或预算书；

（8）其他合同文件。

在合同订立及履行过程中形成的与合同有关的文件均构成合同文件组成部分。

上述各项合同文件包括合同当事人就该项合同文件所作出的补充和修改，属于同一类内容的文件，应以最新签署的为准。专用合同条款及其附件须经合同当事人签字或盖章。

七、承诺

1. 发包人承诺按照法律规定履行项目审批手续、筹集工程建设资金并按照合同约定的期限和方式支付合同价款。

2. 承包人承诺按照法律规定及合同约定组织完成工程施工，确保工程质量和安全，不进行转包及违法分包，并在缺陷责任期及保修期内承担相应的工程维修责任。

3. 发包人和承包人通过招标投标形式签订合同的，双方理解并承诺不再就同一工程另行签订与合同实质性内容相背离的协议。

八、词语含义

本协议书中词语含义与第二部分通用合同条款中赋予的含义相同。

九、签订时间

本合同于_____年___月___日签订。

十、签订地点

本合同在_____签订。

十一、补充协议

合同未尽事宜，合同当事人另行签订补充协议，补充协议是合同的组成部分。

十二、合同生效

本合同自_____生效。

十三、合同份数

本合同一式___份，均具有同等法律效力，发包人执___份，承包人执___份。

发包人：　（公章）　　　　　　　　承包人：　（公章）

法定代表人或其委托代理人：   法定代表人或其委托代理人：

（签字）   （签字）

组织机构代码：＿＿＿＿＿＿＿＿＿   组织机构代码：＿＿＿＿＿＿＿＿＿

地   址：＿＿＿＿＿＿＿＿＿   地   址：＿＿＿＿＿＿＿＿＿

邮政编码：＿＿＿＿＿＿＿＿＿   邮政编码：＿＿＿＿＿＿＿＿＿

法定代表人：＿＿＿＿＿＿＿＿＿   法定代表人：＿＿＿＿＿＿＿＿＿

委托代理人：＿＿＿＿＿＿＿＿＿   委托代理人：＿＿＿＿＿＿＿＿＿

电   话：＿＿＿＿＿＿＿＿＿   电   话：＿＿＿＿＿＿＿＿＿

传   真：＿＿＿＿＿＿＿＿＿   传   真：＿＿＿＿＿＿＿＿＿

电子信箱：＿＿＿＿＿＿＿＿＿   电子信箱：＿＿＿＿＿＿＿＿＿

开户银行：＿＿＿＿＿＿＿＿＿   开户银行：＿＿＿＿＿＿＿＿＿

账   号：＿＿＿＿＿＿＿＿＿   账   号：＿＿＿＿＿＿＿＿＿

第二部分　通用合同条款

1　一　般　约　定

1.1　词语定义与解释

合同协议书、通用合同条款、专用合同条款中的下列词语具有本款所赋予的含义：

1.1.1　合同

1.1.1.1　合同：是指根据法律规定和合同当事人约定具有约束力的文件，构成合同的文件包括合同协议书、中标通知书（如果有）、投标函及其附录（如果有）、专用合同条款及其附件、通用合同条款、技术标准和要求、图纸、已标价工程量清单或预算书以及其他合同文件。

1.1.1.2　合同协议书：是指构成合同的由发包人和承包人共同签署的称为"合同协议书"的书面文件。

1.1.1.3　中标通知书：是指构成合同的由发包人通知承包人中标的书面文件。

1.1.1.4　投标函：是指构成合同的由承包人填写并签署的用于投标的称为"投标函"的文件。

1.1.1.5　投标函附录：是指构成合同的附在投标函后的称为"投标函附录"的文件。

1.1.1.6　技术标准和要求：是指构成合同的施工应当遵守的或指导施工的国家、行业或地方的技术标准和要求，以及合同约定的技术标准和要求。

1.1.1.7　图纸：是指构成合同的图纸，包括由发包人按照合同约定提供或经发包人批准的设计文件、施工图、鸟瞰图及模型等，以及在合同履行过程中形成的图纸文件。图纸应当按照法律规定审查合格。

1.1.1.8　已标价工程量清单：是指构成合同的由承包人按照规定的格式和要求填写并标明价格的工程量清单，包括说明和表格。

1.1.1.9　预算书：是指构成合同的由承包人按照发包人规定的格式和要求编制的工程预算文件。

1.1.1.10　其他合同文件：是指经合同当事人约定的与工程施工有关的具有合同约束力的文件或书面协议。合同当事人可以在专用合同条款中进行约定。

1.1.2　合同当事人及其他相关方

1.1.2.1　合同当事人：是指发包人和（或）承包人。

1.1.2.2　发包人：是指与承包人签订合同协议书的当事人及取得该当事人资格的合法继承人。

1.1.2.3　承包人：是指与发包人签订合同协议书的，具有相应工程施工承包资质的当事人及取得该当事人资格的合法继承人。

1.1.2.4　监理人：是指在专用合同条款中指明的，受发包人委托按照法律规定进行工程监督管理的法人或其他组织。

1.1.2.5 设计人：是指在专用合同条款中指明的，受发包人委托负责工程设计并具备相应工程设计资质的法人或其他组织。

1.1.2.6 分包人：是指按照法律规定和合同约定，分包部分工程或工作，并与承包人签订分包合同的具有相应资质的法人。

1.1.2.7 发包人代表：是指由发包人任命并派驻施工现场在发包人授权范围内行使发包人权利的人。

1.1.2.8 项目经理：是指由承包人任命并派驻施工现场，在承包人授权范围内负责合同履行，且按照法律规定具有相应资格的项目负责人。

1.1.2.9 总监理工程师：是指由监理人任命并派驻施工现场进行工程监理的总负责人。

1.1.3 工程和设备

1.1.3.1 工程：是指与合同协议书中工程承包范围对应的永久工程和（或）临时工程。

1.1.3.2 永久工程：是指按合同约定建造并移交给发包人的工程，包括工程设备。

1.1.3.3 临时工程：是指为完成合同约定的永久工程所修建的各类临时性工程，不包括施工设备。

1.1.3.4 单位工程：是指在合同协议书中指明的，具备独立施工条件并能形成独立使用功能的永久工程。

1.1.3.5 工程设备：是指构成永久工程的机电设备、金属结构设备、仪器及其他类似的设备和装置。

1.1.3.6 施工设备：是指为完成合同约定的各项工作所需的设备、器具和其他物品，但不包括工程设备、临时工程和材料。

1.1.3.7 施工现场：是指用于工程施工的场所，以及在专用合同条款中指明作为施工场所组成部分的其他场所，包括永久占地和临时占地。

1.1.3.8 临时设施：是指为完成合同约定的各项工作所服务的临时性生产和生活设施。

1.1.3.9 永久占地：是指专用合同条款中指明为实施工程需永久占用的土地。

1.1.3.10 临时占地：是指专用合同条款中指明为实施工程需要临时占用的土地。

1.1.4 日期和期限

1.1.4.1 开工日期：包括计划开工日期和实际开工日期。计划开工日期是指合同协议书约定的开工日期；实际开工日期是指监理人按照第7.3.2项［开工通知］约定发出的符合法律规定的开工通知中载明的开工日期。

1.1.4.2 竣工日期：包括计划竣工日期和实际竣工日期。计划竣工日期是指合同协议书约定的竣工日期；实际竣工日期按照第13.2.3项［竣工日期］的约定确定。

1.1.4.3 工期：是指在合同协议书约定的承包人完成工程所需的期限，包括按照合同约定所作的期限变更。

1.1.4.4 缺陷责任期：是指承包人按照合同约定承担缺陷修复义务，且发包人预留质量保证金（已缴纳履约保证金的除外）的期限，自工程实际竣工日期起计算。

1.1.4.5 保修期：是指承包人按照合同约定对工程承担保修责任的期限，从工程竣工验收合格之日起计算。

1.1.4.6 基准日期：招标发包的工程以投标截止前 28 天的日期为基准日期，直接发包的工程以合同签订日前 28 天的日期为基准日期。

1.1.4.7 天：除特别指明外，均指日历天。合同中按天计算时间的，开始当天不计入，从次日开始计算，期限最后一天的截止时间为当天 24：00。

1.1.5 合同价格和费用

1.1.5.1 签约合同价：是指发包人和承包人在合同协议书中确定的总金额，包括安全文明施工费、暂估价及暂列金额等。

1.1.5.2 合同价格：是指发包人用于支付承包人按照合同约定完成承包范围内全部工作的金额，包括合同履行过程中按合同约定发生的价格变化。

1.1.5.3 费用：是指为履行合同所发生的或将要发生的所有必需的开支，包括管理费和应分摊的其他费用，但不包括利润。

1.1.5.4 暂估价：是指发包人在工程量清单或预算书中提供的用于支付必然发生但暂时不能确定价格的材料、工程设备的单价、专业工程以及服务工作的金额。

1.1.5.5 暂列金额：是指发包人在工程量清单或预算书中暂定并包括在合同价格中的一笔款项，用于工程合同签订时尚未确定或者不可预见的所需材料、工程设备、服务的采购，施工中可能发生的工程变更、合同约定调整因素出现时的合同价格调整以及发生的索赔、现场签证确认等的费用。

1.1.5.6 计日工：是指合同履行过程中，承包人完成发包人提出的零星工作或需要采用计日工计价的变更工作时，按合同中约定的单价计价的一种方式。

1.1.5.7 质量保证金：是指按照第 15.3 款［质量保证金］约定承包人用于保证其在缺陷责任期内履行缺陷修补义务的担保。

1.1.5.8 总价项目：是指在现行国家、行业以及地方的计量规则中无工程量计算规则，在已标价工程量清单或预算书中以总价或以费率形式计算的项目。

1.1.6 其他

书面形式：是指合同文件、信函、电报、传真等可以有形地表现所载内容的形式。

1.2 语 言 文 字

合同以中国的汉语简体文字编写、解释和说明。合同当事人在专用合同条款中约定使用两种以上语言时，汉语为优先解释和说明合同的语言。

1.3 法 律

合同所称法律是指中华人民共和国法律、行政法规、部门规章，以及工程所在地的地方性法规、自治条例、单行条例和地方政府规章等。

合同当事人可以在专用合同条款中约定合同适用的其他规范性文件。

1.4 标 准 和 规 范

1.4.1 适用于工程的国家标准、行业标准、工程所在地的地方性标准，以及相应的规范、规程等，合同当事人有特别要求的，应在专用合同条款中约定。

1.4.2 发包人要求使用国外标准、规范的，发包人负责提供原文版本和中文译本，并在专用合同条款中约定提供标准规范的名称、份数和时间。

1.4.3 发包人对工程的技术标准、功能要求高于或严于现行国家、行业或地方标准的，应当在专用合同条款中予以明确。除专用合同条款另有约定外，应视为承包人在签订合同前已充分预见前述技术标准和功能要求的复杂程度，签约合同价中已包含由此产生的费用。

1.5 合同文件的优先顺序

组成合同的各项文件应互相解释，互为说明。除专用合同条款另有约定外，解释合同文件的优先顺序如下：

(1) 合同协议书；

(2) 中标通知书（如果有）；

(3) 投标函及其附录（如果有）；

(4) 专用合同条款及其附件；

(5) 通用合同条款；

(6) 技术标准和要求；

(7) 图纸；

(8) 已标价工程量清单或预算书；

(9) 其他合同文件。

上述各项合同文件包括合同当事人就该项合同文件所作出的补充和修改，属于同一类内容的文件，应以最新签署的为准。

在合同订立及履行过程中形成的与合同有关的文件均构成合同文件组成部分，并根据其性质确定优先解释顺序。

1.6 图纸和承包人文件

1.6.1 图纸的提供和交底

发包人应按照专用合同条款约定的期限、数量和内容向承包人免费提供图纸，并组织承包人、监理人和设计人进行图纸会审和设计交底。发包人至迟不得晚于第 7.3.2 项〔开工通知〕载明的开工日期前 14 天向承包人提供图纸。

因发包人未按合同约定提供图纸导致承包人费用增加和（或）工期延误的，按照第 7.5.1 项〔因发包人原因导致工期延误〕约定办理。

1.6.2 图纸的错误

承包人在收到发包人提供的图纸后，发现图纸存在差错、遗漏或缺陷的，应及时通知监理人。监理人接到该通知后，应附具相关意见并立即报送发包人，发包人应在收到监理人报送的通知后的合理时间内作出决定。合理时间是指发包人在收到监理人的报送通知后，尽其努力且不懈怠地完成图纸修改补充所需的时间。

1.6.3 图纸的修改和补充

图纸需要修改和补充的，应经图纸原设计人及审批部门同意，并由监理人在工程或工程相应部位施工前将修改后的图纸或补充图纸提交给承包人，承包人应按修改或补充后的图纸施工。

1.6.4 承包人文件

承包人应按照专用合同条款的约定提供应当由其编制的与工程施工有关的文件，并按照专用合同条款约定的期限、数量和形式提交监理人，并由监理人报送发包人。

除专用合同条款另有约定外，监理人应在收到承包人文件后 7 天内审查完毕，监理人对承包人文件有异议的，承包人应予以修改，并重新报送监理人。监理人的审查并不减轻或免除承包人根据合同约定应当承担的责任。

1.6.5 图纸和承包人文件的保管

除专用合同条款另有约定外，承包人应在施工现场另外保存一套完整的图纸和承包人文件，供发包人、监理人及有关人员进行工程检查时使用。

1.7 联 络

1.7.1 与合同有关的通知、批准、证明、证书、指示、指令、要求、请求、同意、意见、确定和决定等，均应采用书面形式，并应在合同约定的期限内送达接收人和送达地点。

1.7.2 发包人和承包人应在专用合同条款中约定各自的送达接收人和送达地点。任何一方合同当事人指定的接收人或送达地点发生变动的，应提前 3 天以书面形式通知对方。

1.7.3 发包人和承包人应当及时签收另一方送达至送达地点和指定接收人的来往信函。拒不签收的，由此增加的费用和（或）延误的工期由拒绝接收一方承担。

1.8 严 禁 贿 赂

合同当事人不得以贿赂或变相贿赂的方式，谋取非法利益或损害对方权益。因一方合同当事人的贿赂造成对方损失的，应赔偿损失，并承担相应的法律责任。

承包人不得与监理人或发包人聘请的第三方串通损害发包人利益。未经发包人书面同意，承包人不得为监理人提供合同约定以外的通信设备、交通工具及其他任何形式的利益，不得向监理人支付报酬。

1.9 化石、文物

在施工现场发掘的所有文物、古迹以及具有地质研究或考古价值的其他遗迹、化石、钱币或物品属于国家所有。一旦发现上述文物，承包人应采取合理有效的保护措施，防止任何人员移动或损坏上述物品，并立即报告有关政府行政管理部门，同时通知监理人。

发包人、监理人和承包人应按有关政府行政管理部门要求采取妥善的保护措施，由此增加的费用和（或）延误的工期由发包人承担。

承包人发现文物后不及时报告或隐瞒不报，致使文物丢失或损坏的，应赔偿损失，并承担相应的法律责任。

1.10 交 通 运 输

1.10.1 出入现场的权利

除专用合同条款另有约定外，发包人应根据施工需要，负责取得出入施工现场所需的批准手续和全部权利，以及取得因施工所需修建道路、桥梁以及其他基础设施的权利，并承担相关手续费用和建设费用。承包人应协助发包人办理修建场内外道路、桥梁以及其他基础设施的手续。

承包人应在订立合同前查勘施工现场，并根据工程规模及技术参数合理预见工程施工所需的进出施工现场的方式、手段、路径等。因承包人未合理预见所增加的费用和（或）延误的工期由承包人承担。

1.10.2 场外交通

发包人应提供场外交通设施的技术参数和具体条件，承包人应遵守有关交通法规，严格按照道路和桥梁的限制荷载行驶，执行有关道路限速、限行、禁止超载的规定，并配合交通管理部门的监督和检查。场外交通设施无法满足工程施工需要的，由发包人负责完善并承担相关费用。

1.10.3 场内交通

发包人应提供场内交通设施的技术参数和具体条件，并应按照专用合同条款的约定向承包人免费提供满足工程施工所需的场内道路和交通设施。因承包人原因造成上述道路或交通设施损坏的，承包人负责修复并承担由此增加的费用。

除发包人按照合同约定提供的场内道路和交通设施外，承包人负责修建、维修、养护和管理施工所需的其他场内临时道路和交通设施。发包人和监理人可以为实现合同目的使用承包人修建的场内临时道路和交通设施。

场外交通和场内交通的边界由合同当事人在专用合同条款中约定。

1.10.4 超大件和超重件的运输

由承包人负责运输的超大件或超重件，应由承包人负责向交通管理部门办理申请手续，发包人给予协助。运输超大件或超重件所需的道路和桥梁临时加固改造费用和其他有关费用，由承包人承担，但专用合同条款另有约定除外。

1.10.5 道路和桥梁的损坏责任

因承包人运输造成施工场地内外公共道路和桥梁损坏的，由承包人承担修复损坏的全部费用和可能引起的赔偿。

1.10.6 水路和航空运输

本款前述各项的内容适用于水路运输和航空运输，其中"道路"一词的涵义包括河道、航线、船闸、机场、码头、堤防以及水路或航空运输中其他相似结构物；"车辆"一词的涵义包括船舶和飞机等。

1.11 知 识 产 权

1.11.1 除专用合同条款另有约定外，发包人提供给承包人的图纸、发包人为实施工程自行编制或委托编制的技术规范以及反映发包人要求的或其他类似性质的文件的著作权属于发包人，承包人可以为实现合同目的而复制、使用此类文件，但不能用于与合同无关的其他事项。未经发包人书面同意，承包人不得为了合同以外的目的而复制、使用上述文件或将之提供给任何第三方。

1.11.2 除专用合同条款另有约定外，承包人为实施工程所编制的文件，除署名权以外的著作权属于发包人，承包人可因实施工程的运行、调试、维修、改造等目的而复制、使用此类文件，但不能用于与合同无关的其他事项。未经发包人书面同意，承包人不得为了合同以外的目的而复制、使用上述文件或将之提供给任何第三方。

1.11.3 合同当事人保证在履行合同过程中不侵犯对方及第三方的知识产权。承包人在使用材料、施工设备、工程设备或采用施工工艺时，因侵犯他人的专利权或其他知识产权所引起的责任，由承包人承担；因发包人提供的材料、施工设备、工程设备或施工工艺导致侵权的，由发包人承担责任。

1.11.4 除专用合同条款另有约定外，承包人在合同签订前和签订时已确定采用的专利、专有技术、技术秘密的使用费已包含在签约合同价中。

1.12 保　　密

除法律规定或合同另有约定外，未经发包人同意，承包人不得将发包人提供的图纸、文件以及声明需要保密的资料信息等商业秘密泄露给第三方。

除法律规定或合同另有约定外，未经承包人同意，发包人不得将承包人提供的技术秘密及声明需要保密的资料信息等商业秘密泄露给第三方。

1.13 工程量清单错误的修正

除专用合同条款另有约定外，发包人提供的工程量清单，应被认为是准确的和完整的。出现下列情形之一时，发包人应予以修正，并相应调整合同价格：

（1）工程量清单存在缺项、漏项的；
（2）工程量清单偏差超出专用合同条款约定的工程量偏差范围的；
（3）未按照国家现行计量规范强制性规定计量的。

2　发　包　人

2.1　许　可　或　批　准

发包人应遵守法律，并办理法律规定由其办理的许可、批准或备案，包括但不限于建设用地规划许可证、建设工程规划许可证、建设工程施工许可证、施工所需临时用水、临时用电、中断道路交通、临时占用土地等许可和批准。发包人应协助承包人办理法律规定的有关施工证件和批件。

因发包人原因未能及时办理完毕前述许可、批准或备案，由发包人承担由此增加的费用和（或）延误的工期，并支付承包人合理的利润。

2.2　发　包　人　代　表

发包人应在专用合同条款中明确其派驻施工现场的发包人代表的姓名、职务、联系方式及授权范围等事项。发包人代表在发包人的授权范围内，负责处理合同履行过程中与发包人有关的具体事宜。发包人代表在授权范围内的行为由发包人承担法律责任。发包人更换发包人代表的，应提前 7 天书面通知承包人。

发包人代表不能按照合同约定履行其职责及义务，并导致合同无法继续正常履行的，承包人可以要求发包人撤换发包人代表。

不属于法定必须监理的工程，监理人的职权可以由发包人代表或发包人指定的其他人员行使。

2.3 发包人人员

发包人应要求在施工现场的发包人人员遵守法律及有关安全、质量、环境保护、文明施工等规定，并保障承包人免于承受因发包人人员未遵守上述要求给承包人造成的损失和责任。

发包人人员包括发包人代表及其他由发包人派驻施工现场的人员。

2.4 施工现场、施工条件和基础资料的提供

2.4.1 提供施工现场

除专用合同条款另有约定外，发包人应最迟于开工日期 7 天前向承包人移交施工现场。

2.4.2 提供施工条件

除专用合同条款另有约定外，发包人应负责提供施工所需要的条件，包括：

（1）将施工用水、电力、通信线路等施工所必需的条件接至施工现场内；

（2）保证向承包人提供正常施工所需要的进入施工现场的交通条件；

（3）协调处理施工现场周围地下管线和邻近建筑物、构筑物、古树名木的保护工作，并承担相关费用；

（4）按照专用合同条款约定应提供的其他设施和条件。

2.4.3 提供基础资料

发包人应当在移交施工现场前向承包人提供施工现场及工程施工所必需的毗邻区域内供水、排水、供电、供气、供热、通信、广播电视等地下管线资料，气象和水文观测资料，地质勘察资料，相邻建筑物、构筑物和地下工程等有关基础资料，并对所提供资料的真实性、准确性和完整性负责。

按照法律规定确需在开工后方能提供的基础资料，发包人应尽其努力及时地在相应工程施工前的合理期限内提供，合理期限应以不影响承包人的正常施工为限。

2.4.4 逾期提供的责任

因发包人原因未能按合同约定及时向承包人提供施工现场、施工条件、基础资料的，由发包人承担由此增加的费用和（或）延误的工期。

2.5 资金来源证明及支付担保

除专用合同条款另有约定外，发包人应在收到承包人要求提供资金来源证明的书面通知后 28 天内，向承包人提供能够按照合同约定支付合同价款的相应资金来源证明。

除专用合同条款另有约定外，发包人要求承包人提供履约担保的，发包人应当向承包人提供支付担保。支付担保可以采用银行保函或担保公司担保等形式，具体由合同当事人在专用合同条款中约定。

2.6 支付合同价款

发包人应按合同约定向承包人及时支付合同价款。

2.7 组织竣工验收

发包人应按合同约定及时组织竣工验收。

2.8 现场统一管理协议

发包人应与承包人、由发包人直接发包的专业工程的承包人签订施工现场统一管理协议，明确各方的权利义务。施工现场统一管理协议作为专用合同条款的附件。

3 承 包 人

3.1 承包人的一般义务

承包人在履行合同过程中应遵守法律和工程建设标准规范，并履行以下义务：

（1）办理法律规定应由承包人办理的许可和批准，并将办理结果书面报送发包人留存；

（2）按法律规定和合同约定完成工程，并在保修期内承担保修义务；

（3）按法律规定和合同约定采取施工安全和环境保护措施，办理工伤保险，确保工程及人员、材料、设备和设施的安全；

（4）按合同约定的工作内容和施工进度要求，编制施工组织设计和施工措施计划，并对所有施工作业和施工方法的完备性和安全可靠性负责；

（5）在进行合同约定的各项工作时，不得侵害发包人与他人使用公用道路、水源、市政管网等公共设施的权利，避免对邻近的公共设施产生干扰。承包人占用或使用他人的施工场地，影响他人作业或生活的，应承担相应责任；

（6）按第6.3款［环境保护］约定负责施工场地及其周边环境与生态的保护工作；

（7）按第6.1款［安全文明施工］约定采取施工安全措施，确保工程及其人员、材料、设备和设施的安全，防止因工程施工造成的人身伤害和财产损失；

（8）将发包人按合同约定支付的各项价款专用于合同工程，且应及时支付其雇用人员工资，并及时向分包人支付合同价款；

（9）按照法律规定和合同约定编制竣工资料，完成竣工资料立卷及归档，并按专用合同条款约定的竣工资料的套数、内容、时间等要求移交发包人；

（10）应履行的其他义务。

3.2 项 目 经 理

3.2.1 项目经理应为合同当事人所确认的人选，并在专用合同条款中明确项目经理的姓名、职称、注册执业证书编号、联系方式及授权范围等事项，项目经理经承包人授权后代表承包人负责履行合同。项目经理应是承包人正式聘用的员工，承包人应向发包人提交项目经理与承包人之间的劳动合同，以及承包人为项目经理缴纳社会保险的有效证明。承包人不提交上述文件的，项目经理无权履行职责，发包人有权要求更换项目经理，由此增加的费用和（或）延误的工期由承包人承担。

项目经理应常驻施工现场，且每月在施工现场时间不得少于专用合同条款约定的天数。项目经理不得同时担任其他项目的项目经理。项目经理确需离开施工现场时，应事先通知监理人，并取得发包人的书面同意。项目经理的通知中应当载明临时代行其职责的人员的注册执业资格、管理经验等资料，该人员应具备履行相应职责的能力。

承包人违反上述约定的，应按照专用合同条款的约定，承担违约责任。

3.2.2 项目经理按合同约定组织工程实施。在紧急情况下为确保施工安全和人员安全，在无法与发包人代表和总监理工程师及时取得联系时，项目经理有权采取必要的措施保证与工程有关的人身、财产和工程的安全，但应在 48 小时内向发包人代表和总监理工程师提交书面报告。

3.2.3 承包人需要更换项目经理的，应提前 14 天书面通知发包人和监理人，并征得发包人书面同意。通知中应当载明继任项目经理的注册执业资格、管理经验等资料，继任项目经理继续履行第 3.2.1 项约定的职责。未经发包人书面同意，承包人不得擅自更换项目经理。承包人擅自更换项目经理的，应按照专用合同条款的约定承担违约责任。

3.2.4 发包人有权书面通知承包人更换其认为不称职的项目经理，通知中应当载明要求更换的理由。承包人应在接到更换通知后 14 天内向发包人提出书面的改进报告。发包人收到改进报告后仍要求更换的，承包人应在接到第二次更换通知的 28 天内进行更换，并将新任命的项目经理的注册执业资格、管理经验等资料书面通知发包人。继任项目经理继续履行第 3.2.1 项约定的职责。承包人无正当理由拒绝更换项目经理的，应按照专用合同条款的约定承担违约责任。

3.2.5 项目经理因特殊情况授权其下属人员履行其某项工作职责的，该下属人员应具备履行相应职责的能力，并应提前 7 天将上述人员的姓名和授权范围书面通知监理人，并征得发包人书面同意。

3.3 承 包 人 人 员

3.3.1 除专用合同条款另有约定外，承包人应在接到开工通知后 7 天内，向监理人提交承包人项目管理机构及施工现场人员安排的报告，其内容应包括合同管理、施工、技术、材料、质量、安全、财务等主要施工管理人员名单及其岗位、注册执业资格等，以及各工种技术工人的安排情况，并同时提交主要施工管理人员与承包人之间的劳动关系证明和缴纳社会保险的有效证明。

3.3.2 承包人派驻到施工现场的主要施工管理人员应相对稳定。施工过程中如有变动，承包人应及时向监理人提交施工现场人员变动情况的报告。承包人更换主要施工管理人员时，应提前 7 天书面通知监理人，并征得发包人书面同意。通知中应当载明继任人员的注册执业资格、管理经验等资料。

特殊工种作业人员均应持有相应的资格证明，监理人可以随时检查。

3.3.3 发包人对于承包人主要施工管理人员的资格或能力有异议的，承包人应提供资料证明被质疑人员有能力完成其岗位工作或不存在发包人所质疑的情形。发包人要求撤换不能按照合同约定履行职责及义务的主要施工管理人员的，承包人应当撤换。承包人无正当理由拒绝撤换的，应按照专用合同条款的约定承担违约责任。

3.3.4 除专用合同条款另有约定外，承包人的主要施工管理人员离开施工现场每月累计不超过 5 天的，应报监理人同意；离开施工现场每月累计超过 5 天的，应通知监理人，并征得发包人书面同意。主要施工管理人员离开施工现场前应指定一名有经验的人员临时代行其职责，该人员应具备履行相应职责的资格和能力，且应征得监理人或发包人的同意。

3.3.5 承包人擅自更换主要施工管理人员，或前述人员未经监理人或发包人同意擅自离开施工现场的，应按照专用合同条款约定承担违约责任。

3.4 承包人现场查勘

承包人应对基于发包人按照第 2.4.3 项［提供基础资料］提交的基础资料所做出的解释和推断负责，但因基础资料存在错误、遗漏导致承包人解释或推断失实的，由发包人承担责任。

承包人应对施工现场和施工条件进行查勘，并充分了解工程所在地的气象条件、交通条件、风俗习惯以及其他与完成合同工作有关的其他资料。因承包人未能充分查勘、了解前述情况或未能充分估计前述情况所可能产生后果的，承包人承担由此增加的费用和（或）延误的工期。

3.5 分 包

3.5.1 分包的一般约定

承包人不得将其承包的全部工程转包给第三人，或将其承包的全部工程肢解后以分包的名义转包给第三人。承包人不得将工程主体结构、关键性工作及专用合同条款中禁止分包的专业工程分包给第三人，主体结构、关键性工作的范围由合同当事人按照法律规定在专用合同条款中予以明确。

承包人不得以劳务分包的名义转包或违法分包工程。

3.5.2 分包的确定

承包人应按专用合同条款的约定进行分包，确定分包人。已标价工程量清单或预算书中给定暂估价的专业工程，按照第 10.7 款［暂估价］确定分包人。按照合同约定进行分包的，承包人应确保分包人具有相应的资质和能力。工程分包不减轻或免除承包人的责任和义务，承包人和分包人就分包工程向发包人承担连带责任。除合同另有约定外，承包人应在分包合同签订后 7 天内向发包人和监理人提交分包合同副本。

3.5.3 分包管理

承包人应向监理人提交分包人的主要施工管理人员表，并对分包人的施工人员进行实名制管理，包括但不限于进出场管理、登记造册以及各种证照的办理。

3.5.4 分包合同价款

（1）除本项第（2）目约定的情况或专用合同条款另有约定外，分包合同价款由承包人与分包人结算，未经承包人同意，发包人不得向分包人支付分包工程价款；

（2）生效法律文书要求发包人向分包人支付分包合同价款的，发包人有权从应付承包人工程款中扣除该部分款项。

3.5.5 分包合同权益的转让

分包人在分包合同项下的义务持续到缺陷责任期届满以后的，发包人有权在缺陷责任期届满前，要求承包人将其在分包合同项下的权益转让给发包人，承包人应当转让。除转让合同另有约定外，转让合同生效后，由分包人向发包人履行义务。

3.6 工程照管与成品、半成品保护

（1）除专用合同条款另有约定外，自发包人向承包人移交施工现场之日起，承包人应负责照管工程及工程相关的材料、工程设备，直到颁发工程接收证书之日止。

（2）在承包人负责照管期间，因承包人原因造成工程、材料、工程设备损坏的，由承包人负责修复或更换，并承担由此增加的费用和（或）延误的工期。

（3）对合同内分期完成的成品和半成品，在工程接收证书颁发前，由承包人承担保护责任。因承包人原因造成成品或半成品损坏的，由承包人负责修复或更换，并承担由此增加的费用和（或）延误的工期。

3.7 履 约 担 保

发包人需要承包人提供履约担保的，由合同当事人在专用合同条款中约定履约担保的方式、金额及期限等。履约担保可以采用银行保函或担保公司担保等形式，具体由合同当事人在专用合同条款中约定。

因承包人原因导致工期延长的，继续提供履约担保所增加的费用由承包人承担；非因承包人原因导致工期延长的，继续提供履约担保所增加的费用由发包人承担。

3.8 联 合 体

3.8.1 联合体各方应共同与发包人签订合同协议书。联合体各方应为履行合同向发包人承担连带责任。

3.8.2 联合体协议经发包人确认后作为合同附件。在履行合同过程中，未经发包人同意，不得修改联合体协议。

3.8.3 联合体牵头人负责与发包人和监理人联系，并接受指示，负责组织联合体各成员全面履行合同。

4 监 理 人

4.1 监理人的一般规定

工程实行监理的，发包人和承包人应在专用合同条款中明确监理人的监理内容及监理

权限等事项。监理人应当根据发包人授权及法律规定，代表发包人对工程施工相关事项进行检查、查验、审核、验收，并签发相关指示，但监理人无权修改合同，且无权减轻或免除合同约定的承包人的任何责任与义务。

除专用合同条款另有约定外，监理人在施工现场的办公场所、生活场所由承包人提供，所发生的费用由发包人承担。

4.2 监 理 人 员

发包人授予监理人对工程实施监理的权利由监理人派驻施工现场的监理人员行使，监理人员包括总监理工程师及监理工程师。监理人应将授权的总监理工程师和监理工程师的姓名及授权范围以书面形式提前通知承包人。更换总监理工程师的，监理人应提前7天书面通知承包人；更换其他监理人员，监理人应提前48小时书面通知承包人。

4.3 监 理 人 的 指 示

监理人应按照发包人的授权发出监理指示。监理人的指示应采用书面形式，并经其授权的监理人员签字。紧急情况下，为了保证施工人员的安全或避免工程受损，监理人员可以口头形式发出指示，该指示与书面形式的指示具有同等法律效力，但必须在发出口头指示后24小时内补发书面监理指示，补发的书面监理指示应与口头指示一致。

监理人发出的指示应送达承包人项目经理或经项目经理授权接收的人员。因监理人未能按合同约定发出指示、指示延误或发出了错误指示而导致承包人费用增加和（或）工期延误的，由发包人承担相应责任。除专用合同条款另有约定外，总监理工程师不应将第4.4款［商定或确定］约定应由总监理工程师作出确定的权力授权或委托给其他监理人员。

承包人对监理人发出的指示有疑问的，应向监理人提出书面异议，监理人应在48小时内对该指示予以确认、更改或撤销，监理人逾期未回复的，承包人有权拒绝执行上述指示。

监理人对承包人的任何工作、工程或其采用的材料和工程设备未在约定的或合理期限内提出意见的，视为批准，但不免除或减轻承包人对该工作、工程、材料、工程设备等应承担的责任和义务。

4.4 商 定 或 确 定

合同当事人进行商定或确定时，总监理工程师应当会同合同当事人尽量通过协商达成一致，不能达成一致的，由总监理工程师按照合同约定审慎做出公正的确定。

总监理工程师应将确定以书面形式通知发包人和承包人，并附详细依据。合同当事人对总监理工程师的确定没有异议的，按照总监理工程师的确定执行。任何一方合同当事人有异议，按照第20条［争议解决］约定处理。争议解决前，合同当事人暂按总监理工程师的确定执行；争议解决后，争议解决的结果与总监理工程师的确定不一致的，按照争议解决的结果执行，由此造成的损失由责任人承担。

5 工 程 质 量

5.1 质 量 要 求

5.1.1 工程质量标准必须符合现行国家有关工程施工质量验收规范和标准的要求。有关工程质量的特殊标准或要求由合同当事人在专用合同条款中约定。

5.1.2 因发包人原因造成工程质量未达到合同约定标准的，由发包人承担由此增加的费用和（或）延误的工期，并支付承包人合理的利润。

5.1.3 因承包人原因造成工程质量未达到合同约定标准的，发包人有权要求承包人返工直至工程质量达到合同约定的标准为止，并由承包人承担由此增加的费用和（或）延误的工期。

5.2 质 量 保 证 措 施

5.2.1 发包人的质量管理
发包人应按照法律规定及合同约定完成与工程质量有关的各项工作。

5.2.2 承包人的质量管理
承包人按照第 7.1 款［施工组织设计］约定向发包人和监理人提交工程质量保证体系及措施文件，建立完善的质量检查制度，并提交相应的工程质量文件。对于发包人和监理人违反法律规定和合同约定的错误指示，承包人有权拒绝实施。

承包人应对施工人员进行质量教育和技术培训，定期考核施工人员的劳动技能，严格执行施工规范和操作规程。

承包人应按照法律规定和发包人的要求，对材料、工程设备以及工程的所有部位及其施工工艺进行全过程的质量检查和检验，并作详细记录，编制工程质量报表，报送监理人审查。此外，承包人还应按照法律规定和发包人的要求，进行施工现场取样试验、工程复核测量和设备性能检测，提供试验样品、提交试验报告和测量成果以及其他工作。

5.2.3 监理人的质量检查和检验
监理人按照法律规定和发包人授权对工程的所有部位及其施工工艺、材料和工程设备进行检查和检验。承包人应为监理人的检查和检验提供方便，包括监理人到施工现场，或制造、加工地点，或合同约定的其他地方进行察看和查阅施工原始记录。监理人为此进行的检查和检验，不免除或减轻承包人按照合同约定应当承担的责任。

监理人的检查和检验不应影响施工正常进行。监理人的检查和检验影响施工正常进行的，且经检查检验不合格的，影响正常施工的费用由承包人承担，工期不予顺延；经检查检验合格的，由此增加的费用和（或）延误的工期由发包人承担。

5.3 隐 蔽 工 程 检 查

5.3.1 承包人自检
承包人应当对工程隐蔽部位进行自检，并经自检确认是否具备覆盖条件。

5.3.2 检查程序

除专用合同条款另有约定外，工程隐蔽部位经承包人自检确认具备覆盖条件的，承包人应在共同检查前 48 小时书面通知监理人检查，通知中应载明隐蔽检查的内容、时间和地点，并应附有自检记录和必要的检查资料。

监理人应按时到场并对隐蔽工程及其施工工艺、材料和工程设备进行检查。经监理人检查确认质量符合隐蔽要求，并在验收记录上签字后，承包人才能进行覆盖。经监理人检查质量不合格的，承包人应在监理人指示的时间内完成修复，并由监理人重新检查，由此增加的费用和（或）延误的工期由承包人承担。

除专用合同条款另有约定外，监理人不能按时进行检查的，应在检查前 24 小时向承包人提交书面延期要求，但延期不能超过 48 小时，由此导致工期延误的，工期应予以顺延。监理人未按时进行检查，也未提出延期要求的，视为隐蔽工程检查合格，承包人可自行完成覆盖工作，并作相应记录报送监理人，监理人应签字确认。监理人事后对检查记录有疑问的，可按第 5.3.3 项［重新检查］的约定重新检查。

5.3.3 重新检查

承包人覆盖工程隐蔽部位后，发包人或监理人对质量有疑问的，可要求承包人对已覆盖的部位进行钻孔探测或揭开重新检查，承包人应遵照执行，并在检查后重新覆盖恢复原状。经检查证明工程质量符合合同要求的，由发包人承担由此增加的费用和（或）延误的工期，并支付承包人合理的利润；经检查证明工程质量不符合合同要求的，由此增加的费用和（或）延误的工期由承包人承担。

5.3.4 承包人私自覆盖

承包人未通知监理人到场检查，私自将工程隐蔽部位覆盖的，监理人有权指示承包人钻孔探测或揭开检查，无论工程隐蔽部位质量是否合格，由此增加的费用和（或）延误的工期均由承包人承担。

5.4 不合格工程的处理

5.4.1 因承包人原因造成工程不合格的，发包人有权随时要求承包人采取补救措施，直至达到合同要求的质量标准，由此增加的费用和（或）延误的工期由承包人承担。无法补救的，按照第 13.2.4 项［拒绝接收全部或部分工程］约定执行。

5.4.2 因发包人原因造成工程不合格的，由此增加的费用和（或）延误的工期由发包人承担，并支付承包人合理的利润。

5.5 质 量 争 议 检 测

合同当事人对工程质量有争议的，由双方协商确定的工程质量检测机构鉴定，由此产生的费用及因此造成的损失，由责任方承担。合同当事人均有责任的，由双方根据其责任分别承担。合同当事人无法达成一致的，按照第 4.4 款［商定或确定］执行。

6 安全文明施工与环境保护

6.1 安 全 文 明 施 工

6.1.1 安全生产要求

合同履行期间，合同当事人均应当遵守国家和工程所在地有关安全生产的要求，合同当事人有特别要求的，应在专用合同条款中明确施工项目安全生产标准化达标目标及相应事项。承包人有权拒绝发包人及监理人强令承包人违章作业、冒险施工的任何指示。

在施工过程中，如遇到突发的地质变动、事先未知的地下施工障碍等影响施工安全的紧急情况，承包人应及时报告监理人和发包人，发包人应当及时下令停工并报政府有关行政管理部门采取应急措施。

因安全生产需要暂停施工的，按照第7.8款［暂停施工］的约定执行。

6.1.2 安全生产保证措施

承包人应当按照有关规定编制安全技术措施或者专项施工方案，建立安全生产责任制度、治安保卫制度及安全生产教育培训制度，并按安全生产法律规定及合同约定履行安全职责，如实编制工程安全生产的有关记录，接受发包人、监理人及政府安全监督部门的检查与监督。

6.1.3 特别安全生产事项

承包人应按照法律规定进行施工，开工前做好安全技术交底工作，施工过程中做好各项安全防护措施。承包人为实施合同而雇用的特殊工种的人员应受过专门的培训并已取得政府有关管理机构颁发的上岗证书。

承包人在动力设备、输电线路、地下管道、密封防震车间、易燃易爆地段以及临街交通要道附近施工时，施工开始前应向发包人和监理人提出安全防护措施，经发包人认可后实施。

实施爆破作业，在放射、毒害性环境中施工（含储存、运输、使用）及使用毒害性、腐蚀性物品施工时，承包人应在施工前7天以书面通知发包人和监理人，并报送相应的安全防护措施，经发包人认可后实施。

需单独编制危险性较大分部分项专项工程施工方案的，及要求进行专家论证的超过一定规模的危险性较大的分部分项工程，承包人应及时编制和组织论证。

6.1.4 治安保卫

除专用合同条款另有约定外，发包人应与当地公安部门协商，在现场建立治安管理机构或联防组织，统一管理施工场地的治安保卫事项，履行合同工程的治安保卫职责。

发包人和承包人除应协助现场治安管理机构或联防组织维护施工场地的社会治安外，还应做好包括生活区在内的各自管辖区的治安保卫工作。

除专用合同条款另有约定外，发包人和承包人应在工程开工后7天内共同编制施工场地治安管理计划，并制定应对突发治安事件的紧急预案。在工程施工过程中，发生暴乱、爆炸等恐怖事件，以及群殴、械斗等群体性突发治安事件的，发包人和承包人应立即向当地政府报告。发包人和承包人应积极协助当地有关部门采取措施平息事态，防止事态扩大，尽量避免人员伤亡和财产损失。

6.1.5 文明施工

承包人在工程施工期间，应当采取措施保持施工现场平整，物料堆放整齐。工程所在地有关政府行政管理部门有特殊要求的，按照其要求执行。合同当事人对文明施工有其他要求的，可以在专用合同条款中明确。

在工程移交之前，承包人应当从施工现场清除承包人的全部工程设备、多余材料、垃圾和各种临时工程，并保持施工现场清洁整齐。经发包人书面同意，承包人可在发包人指定的地点保留承包人履行保修期内的各项义务所需要的材料、施工设备和临时工程。

6.1.6 安全文明施工费

安全文明施工费由发包人承担，发包人不得以任何形式扣减该部分费用。因基准日期后合同所适用的法律或政府有关规定发生变化，增加的安全文明施工费由发包人承担。

承包人经发包人同意采取合同约定以外的安全措施所产生的费用，由发包人承担。未经发包人同意的，如果该措施避免了发包人的损失，则发包人在避免损失的额度内承担该措施费。如果该措施避免了承包人的损失，由承包人承担该措施费。

除专用合同条款另有约定外，发包人应在开工后28天内预付安全文明施工费总额的50%，其余部分与进度款同期支付。发包人逾期支付安全文明施工费超过7天的，承包人有权向发包人发出要求预付的催告通知，发包人收到通知后7天内仍未支付的，承包人有权暂停施工，并按第16.1.1项［发包人违约的情形］执行。

承包人对安全文明施工费应专款专用，承包人应在财务账目中单独列项备查，不得挪作他用，否则发包人有权责令其限期改正；逾期未改正的，可以责令其暂停施工，由此增加的费用和（或）延误的工期由承包人承担。

6.1.7 紧急情况处理

在工程实施期间或缺陷责任期内发生危及工程安全的事件，监理人通知承包人进行抢救，承包人声明无能力或不愿立即执行的，发包人有权雇佣其他人员进行抢救。此类抢救按合同约定属于承包人义务的，由此增加的费用和（或）延误的工期由承包人承担。

6.1.8 事故处理

工程施工过程中发生事故的，承包人应立即通知监理人，监理人应立即通知发包人。发包人和承包人应立即组织人员和设备进行紧急抢救和抢修，减少人员伤亡和财产损失，防止事故扩大，并保护事故现场。需要移动现场物品时，应作出标记和书面记录，妥善保管有关证据。发包人和承包人应按国家有关规定，及时如实地向有关部门报告事故发生的情况，以及正在采取的紧急措施等。

6.1.9 安全生产责任

6.1.9.1 发包人的安全责任

发包人应负责赔偿以下各种情况造成的损失：

（1）工程或工程的任何部分对土地的占用所造成的第三者财产损失；

（2）由于发包人原因在施工场地及其毗邻地带造成的第三者人身伤亡和财产损失；

（3）由于发包人原因对承包人、监理人造成的人员人身伤亡和财产损失；

（4）由于发包人原因造成的发包人自身人员的人身伤害以及财产损失。

6.1.9.2 承包人的安全责任

由于承包人原因在施工场地内及其毗邻地带造成的发包人、监理人以及第三者人员伤亡和财产损失，由承包人负责赔偿。

6.2 职 业 健 康

6.2.1 劳动保护

承包人应按照法律规定安排现场施工人员的劳动和休息时间，保障劳动者的休息时间，并支付合理的报酬和费用。承包人应依法为其履行合同所雇用的人员办理必要的证件、许可、保险和注册等，承包人应督促其分包人为分包人所雇用的人员办理必要的证件、许可、保险和注册等。

承包人应按照法律规定保障现场施工人员的劳动安全，并提供劳动保护，并应按国家有关劳动保护的规定，采取有效的防止粉尘、降低噪声、控制有害气体和保障高温、高寒、高空作业安全等劳动保护措施。承包人雇佣人员在施工中受到伤害的，承包人应立即采取有效措施进行抢救和治疗。

承包人应按法律规定安排工作时间，保证其雇佣人员享有休息和休假的权利。因工程施工的特殊需要占用休假日或延长工作时间的，应不超过法律规定的限度，并按法律规定给予补休或付酬。

6.2.2 生活条件

承包人应为其履行合同所雇用的人员提供必要的膳宿条件和生活环境；承包人应采取有效措施预防传染病，保证施工人员的健康，并定期对施工现场、施工人员生活基地和工程进行防疫和卫生的专业检查和处理，在远离城镇的施工场地，还应配备必要的伤病防治和急救的医务人员与医疗设施。

6.3 环 境 保 护

承包人应在施工组织设计中列明环境保护的具体措施。在合同履行期间，承包人应采取合理措施保护施工现场环境。对施工作业过程中可能引起的大气、水、噪声以及固体废物污染采取具体可行的防范措施。

承包人应当承担因其原因引起的环境污染侵权损害赔偿责任，因上述环境污染引起纠纷而导致暂停施工的，由此增加的费用和（或）延误的工期由承包人承担。

7 工 期 和 进 度

7.1 施 工 组 织 设 计

7.1.1 施工组织设计的内容

施工组织设计应包含以下内容：

（1）施工方案；

附录

（2）施工现场平面布置图；

（3）施工进度计划和保证措施；

（4）劳动力及材料供应计划；

（5）施工机械设备的选用；

（6）质量保证体系及措施；

（7）安全生产、文明施工措施；

（8）环境保护、成本控制措施；

（9）合同当事人约定的其他内容。

7.1.2 施工组织设计的提交和修改

除专用合同条款另有约定外，承包人应在合同签订后 14 天内，但至迟不得晚于第 7.3.2 项［开工通知］载明的开工日期前 7 天，向监理人提交详细的施工组织设计，并由监理人报送发包人。除专用合同条款另有约定外，发包人和监理人应在监理人收到施工组织设计后 7 天内确认或提出修改意见。对发包人和监理人提出的合理意见和要求，承包人应自费修改完善。根据工程实际情况需要修改施工组织设计的，承包人应向发包人和监理人提交修改后的施工组织设计。

施工进度计划的编制和修改按照第 7.2 款［施工进度计划］执行。

7.2 施 工 进 度 计 划

7.2.1 施工进度计划的编制

承包人应按照第 7.1 款［施工组织设计］约定提交详细的施工进度计划，施工进度计划的编制应当符合国家法律规定和一般工程实践惯例，施工进度计划经发包人批准后实施。施工进度计划是控制工程进度的依据，发包人和监理人有权按照施工进度计划检查工程进度情况。

7.2.2 施工进度计划的修订

施工进度计划不符合合同要求或与工程的实际进度不一致的，承包人应向监理人提交修订的施工进度计划，并附具有关措施和相关资料，由监理人报送发包人。除专用合同条款另有约定外，发包人和监理人应在收到修订的施工进度计划后 7 天内完成审核和批准或提出修改意见。发包人和监理人对承包人提交的施工进度计划的确认，不能减轻或免除承包人根据法律规定和合同约定应承担的任何责任或义务。

7.3 开 工

7.3.1 开工准备

除专用合同条款另有约定外，承包人应按照第 7.1 款［施工组织设计］约定的期限，向监理人提交工程开工报审表，经监理人报发包人批准后执行。开工报审表应详细说明按施工进度计划正常施工所需的施工道路、临时设施、材料、工程设备、施工设备、施工人员等落实情况以及工程的进度安排。

除专用合同条款另有约定外，合同当事人应按约定完成开工准备工作。

7.3.2 开工通知

发包人应按照法律规定获得工程施工所需的许可。经发包人同意后，监理人发出的开

314

工通知应符合法律规定。监理人应在计划开工日期7天前向承包人发出开工通知，工期自开工通知中载明的开工日期起算。

除专用合同条款另有约定外，因发包人原因造成监理人未能在计划开工日期之日起90天内发出开工通知的，承包人有权提出价格调整要求，或者解除合同。发包人应当承担由此增加的费用和（或）延误的工期，并向承包人支付合理利润。

7.4 测 量 放 线

7.4.1 除专用合同条款另有约定外，发包人应在至迟不得晚于第7.3.2项［开工通知］载明的开工日期前7天通过监理人向承包人提供测量基准点、基准线和水准点及其书面资料。发包人应对其提供的测量基准点、基准线和水准点及其书面资料的真实性、准确性和完整性负责。

承包人发现发包人提供的测量基准点、基准线和水准点及其书面资料存在错误或疏漏的，应及时通知监理人。监理人应及时报告发包人，并会同发包人和承包人予以核实。发包人应就如何处理和是否继续施工作出决定，并通知监理人和承包人。

7.4.2 承包人负责施工过程中的全部施工测量放线工作，并配置具有相应资质的人员、合格的仪器、设备和其他物品。承包人应矫正工程的位置、标高、尺寸或准线中出现的任何差错，并对工程各部分的定位负责。

施工过程中对施工现场内水准点等测量标志物的保护工作由承包人负责。

7.5 工 期 延 误

7.5.1 因发包人原因导致工期延误

在合同履行过程中，因下列情况导致工期延误和（或）费用增加的，由发包人承担由此延误的工期和（或）增加的费用，且发包人应支付承包人合理的利润：

（1）发包人未能按合同约定提供图纸或所提供图纸不符合合同约定的；

（2）发包人未能按合同约定提供施工现场、施工条件、基础资料、许可、批准等开工条件的；

（3）发包人提供的测量基准点、基准线和水准点及其书面资料存在错误或疏漏的；

（4）发包人未能在计划开工日期之日起7天内同意下达开工通知的；

（5）发包人未能按合同约定日期支付工程预付款、进度款或竣工结算款的；

（6）监理人未按合同约定发出指示、批准等文件的；

（7）专用合同条款中约定的其他情形。

因发包人原因未按计划开工日期开工的，发包人应按实际开工日期顺延竣工日期，确保实际工期不低于合同约定的工期总日历天数。因发包人原因导致工期延误需要修订施工进度计划的，按照第7.2.2项［施工进度计划的修订］执行。

7.5.2 因承包人原因导致工期延误

因承包人原因造成工期延误的，可以在专用合同条款中约定逾期竣工违约金的计算方法和逾期竣工违约金的上限。承包人支付逾期竣工违约金后，不免除承包人继续完成工程及修补缺陷的义务。

7.6 不 利 物 质 条 件

不利物质条件是指有经验的承包人在施工现场遇到的不可预见的自然物质条件、非自然的物质障碍和污染物，包括地表以下物质条件和水文条件以及专用合同条款约定的其他情形，但不包括气候条件。

承包人遇到不利物质条件时，应采取克服不利物质条件的合理措施继续施工，并及时通知发包人和监理人。通知应载明不利物质条件的内容以及承包人认为不可预见的理由。监理人经发包人同意后应当及时发出指示，指示构成变更的，按第 10 条［变更］约定执行。承包人因采取合理措施而增加的费用和（或）延误的工期由发包人承担。

7.7 异 常 恶 劣 的 气 候 条 件

异常恶劣的气候条件是指在施工过程中遇到的，有经验的承包人在签订合同时不可预见的，对合同履行造成实质性影响的，但尚未构成不可抗力事件的恶劣气候条件。合同当事人可以在专用合同条款中约定异常恶劣的气候条件的具体情形。

承包人应采取克服异常恶劣的气候条件的合理措施继续施工，并及时通知发包人和监理人。监理人经发包人同意后应当及时发出指示，指示构成变更的，按第 10 条［变更］约定办理。承包人因采取合理措施而增加的费用和（或）延误的工期由发包人承担。

7.8 暂 停 施 工

7.8.1 发包人原因引起的暂停施工

因发包人原因引起暂停施工的，监理人经发包人同意后，应及时下达暂停施工指示。情况紧急且监理人未及时下达暂停施工指示的，按照第 7.8.4 项［紧急情况下的暂停施工］执行。

因发包人原因引起的暂停施工，发包人应承担由此增加的费用和（或）延误的工期，并支付承包人合理的利润。

7.8.2 承包人原因引起的暂停施工

因承包人原因引起的暂停施工，承包人应承担由此增加的费用和（或）延误的工期，且承包人在收到监理人复工指示后 84 天内仍未复工的，视为第 16.2.1 项［承包人违约的情形］第（7）目约定的承包人无法继续履行合同的情形。

7.8.3 指示暂停施工

监理人认为有必要时，并经发包人批准后，可向承包人作出暂停施工的指示，承包人应按监理人指示暂停施工。

7.8.4 紧急情况下的暂停施工

因紧急情况需暂停施工，且监理人未及时下达暂停施工指示的，承包人可先暂停施工，并及时通知监理人。监理人应在接到通知后 24 小时内发出指示，逾期未发出指示，视为同意承包人暂停施工。监理人不同意承包人暂停施工的，应说明理由，承包人对监理人的答复有异议，按照第 20 条［争议解决］约定处理。

7.8.5 暂停施工后的复工

暂停施工后，发包人和承包人应采取有效措施积极消除暂停施工的影响。在工程复工前，监理人会同发包人和承包人确定因暂停施工造成的损失，并确定工程复工条件。当工程具备复工条件时，监理人应经发包人批准后向承包人发出复工通知，承包人应按照复工通知要求复工。

承包人无故拖延和拒绝复工的，承包人承担由此增加的费用和（或）延误的工期；因发包人原因无法按时复工的，按照第7.5.1项［因发包人原因导致工期延误］约定办理。

7.8.6 暂停施工持续 56 天以上

监理人发出暂停施工指示后56天内未向承包人发出复工通知，除该项停工属于第7.8.2项［承包人原因引起的暂停施工］及第17条［不可抗力］约定的情形外，承包人可向发包人提交书面通知，要求发包人在收到书面通知后28天内准许已暂停施工的部分或全部工程继续施工。发包人逾期不予批准的，则承包人可以通知发包人，将工程受影响的部分视为按第10.1款［变更的范围］第（2）项的可取消工作。

暂停施工持续84天以上不复工的，且不属于第7.8.2项［承包人原因引起的暂停施工］及第17条［不可抗力］约定的情形，并影响到整个工程以及合同目的实现的，承包人有权提出价格调整要求，或者解除合同。解除合同的，按照第16.1.3项［因发包人违约解除合同］执行。

7.8.7 暂停施工期间的工程照管

暂停施工期间，承包人应负责妥善照管工程并提供安全保障，由此增加的费用由责任方承担。

7.8.8 暂停施工的措施

暂停施工期间，发包人和承包人均应采取必要的措施确保工程质量及安全，防止因暂停施工扩大损失。

7.9 提 前 竣 工

7.9.1 发包人要求承包人提前竣工的，发包人应通过监理人向承包人下达提前竣工指示，承包人应向发包人和监理人提交提前竣工建议书，提前竣工建议书应包括实施的方案、缩短的时间、增加的合同价格等内容。发包人接受该提前竣工建议书的，监理人应与发包人和承包人协商采取加快工程进度的措施，并修订施工进度计划，由此增加的费用由发包人承担。承包人认为提前竣工指示无法执行的，应向监理人和发包人提出书面异议，发包人和监理人应在收到异议后7天内予以答复。任何情况下，发包人不得压缩合理工期。

7.9.2 发包人要求承包人提前竣工，或承包人提出提前竣工的建议能够给发包人带来效益的，合同当事人可以在专用合同条款中约定提前竣工的奖励。

8 材 料 与 设 备

8.1 发包人供应材料与工程设备

发包人自行供应材料、工程设备的，应在签订合同时在专用合同条款的附件《发包人供应材料设备一览表》中明确材料、工程设备的品种、规格、型号、数量、单价、质量等级和送达地点。

承包人应提前30天通过监理人以书面形式通知发包人供应材料与工程设备进场。承包人按照第7.2.2项［施工进度计划的修订］约定修订施工进度计划时，需同时提交经修订后的发包人供应材料与工程设备的进场计划。

8.2 承包人采购材料与工程设备

承包人负责采购材料、工程设备的，应按照设计和有关标准要求采购，并提供产品合格证明及出厂证明，对材料、工程设备质量负责。合同约定由承包人采购的材料、工程设备，发包人不得指定生产厂家或供应商，发包人违反本款约定指定生产厂家或供应商的，承包人有权拒绝，并由发包人承担相应责任。

8.3 材料与工程设备的接收与拒收

8.3.1 发包人应按《发包人供应材料设备一览表》约定的内容提供材料和工程设备，并向承包人提供产品合格证明及出厂证明，对其质量负责。发包人应提前24小时以书面形式通知承包人、监理人材料和工程设备到货时间，承包人负责材料和工程设备的清点、检验和接收。

发包人提供的材料和工程设备的规格、数量或质量不符合合同约定的，或因发包人原因导致交货日期延误或交货地点变更等情况的，按照第16.1款［发包人违约］约定办理。

8.3.2 承包人采购的材料和工程设备，应保证产品质量合格，承包人应在材料和工程设备到货前24小时通知监理人检验。承包人进行永久设备、材料的制造和生产的，应符合相关质量标准，并向监理人提交材料的样本以及有关资料，并应在使用该材料或工程设备之前获得监理人同意。

承包人采购的材料和工程设备不符合设计或有关标准要求时，承包人应在监理人要求的合理期限内将不符合设计或有关标准要求的材料、工程设备运出施工现场，并重新采购符合要求的材料、工程设备，由此增加的费用和（或）延误的工期，由承包人承担。

8.4 材料与工程设备的保管与使用

8.4.1 发包人供应材料与工程设备的保管与使用

发包人供应的材料和工程设备，承包人清点后由承包人妥善保管，保管费用由发包人承担，但已标价工程量清单或预算书已经列支或专用合同条款另有约定除外。因承包人原因发生丢失毁损的，由承包人负责赔偿；监理人未通知承包人清点的，承包人不负责材料和工程设备的保管，由此导致丢失毁损的由发包人负责。

发包人供应的材料和工程设备使用前，由承包人负责检验，检验费用由发包人承担，不合格的不得使用。

8.4.2 承包人采购材料与工程设备的保管与使用

承包人采购的材料和工程设备由承包人妥善保管，保管费用由承包人承担。法律规定材料和工程设备使用前必须进行检验或试验的，承包人应按监理人的要求进行检验或试验，检验或试验费用由承包人承担，不合格的不得使用。

发包人或监理人发现承包人使用不符合设计或有关标准要求的材料和工程设备时，有权要求承包人进行修复、拆除或重新采购，由此增加的费用和（或）延误的工期，由承包人承担。

8.5 禁止使用不合格的材料和工程设备

8.5.1 监理人有权拒绝承包人提供的不合格材料或工程设备，并要求承包人立即进行更换。监理人应在更换后再次进行检查和检验，由此增加的费用和（或）延误的工期由承包人承担。

8.5.2 监理人发现承包人使用了不合格的材料和工程设备，承包人应按照监理人的指示立即改正，并禁止在工程中继续使用不合格的材料和工程设备。

8.5.3 发包人提供的材料或工程设备不符合合同要求的，承包人有权拒绝，并可要求发包人更换，由此增加的费用和（或）延误的工期由发包人承担，并支付承包人合理的利润。

8.6 样 品

8.6.1 样品的报送与封存

需要承包人报送样品的材料或工程设备，样品的种类、名称、规格、数量等要求均应在专用合同条款中约定。样品的报送程序如下：

（1）承包人应在计划采购前 28 天向监理人报送样品。承包人报送的样品均应来自供应材料的实际生产地，且提供的样品的规格、数量足以表明材料或工程设备的质量、型号、颜色、表面处理、质地、误差和其他要求的特征。

（2）承包人每次报送样品时应随附申报单，申报单应载明报送样品的相关数据和资料，并标明每件样品对应的图纸号，预留监理人批复意见栏。监理人应在收到承包人报送的样品后 7 天向承包人回复经发包人签认的样品审批意见。

（3）经发包人和监理人审批确认的样品应按约定的方法封样，封存的样品作为检验工程相关部分的标准之一。承包人在施工过程中不得使用与样品不符的材料或工程设备。

（4）发包人和监理人对样品的审批确认仅为确认相关材料或工程设备的特征或用途，不得被理解为对合同的修改或改变，也并不减轻或免除承包人任何的责任和义务。如果封存的样品修改或改变了合同约定，合同当事人应当以书面协议予以确认。

8.6.2 样品的保管

经批准的样品应由监理人负责封存于现场，承包人应在现场为保存样品提供适当和固定的场所并保持适当和良好的存储环境条件。

8.7 材料与工程设备的替代

8.7.1 出现下列情况需要使用替代材料和工程设备的，承包人应按照第 8.7.2 项约定的程序执行：

（1）基准日期后生效的法律规定禁止使用的；

（2）发包人要求使用替代品的；

（3）因其他原因必须使用替代品的。

8.7.2 承包人应在使用替代材料和工程设备 28 天前书面通知监理人，并附下列文件：

（1）被替代的材料和工程设备的名称、数量、规格、型号、品牌、性能、价格及其他相关资料；

（2）替代品的名称、数量、规格、型号、品牌、性能、价格及其他相关资料；

（3）替代品与被替代产品之间的差异以及使用替代品可能对工程产生的影响；

（4）替代品与被替代产品的价格差异；

（5）使用替代品的理由和原因说明；

（6）监理人要求的其他文件。

监理人应在收到通知后 14 天内向承包人发出经发包人签认的书面指示；监理人逾期发出书面指示的，视为发包人和监理人同意使用替代品。

8.7.3 发包人认可使用替代材料和工程设备的，替代材料和工程设备的价格，按照已标价工程量清单或预算书相同项目的价格认定；无相同项目的，参考相似项目价格认定；既无相同项目也无相似项目的，按照合理的成本与利润构成的原则，由合同当事人按照第 4.4 款［商定或确定］确定价格。

8.8 施工设备和临时设施

8.8.1 承包人提供的施工设备和临时设施

承包人应按合同进度计划的要求，及时配置施工设备和修建临时设施。进入施工场地的承包人设备需经监理人核查后才能投入使用。承包人更换合同约定的承包人设备的，应报监理人批准。

除专用合同条款另有约定外，承包人应自行承担修建临时设施的费用，需要临时占地的，应由发包人办理申请手续并承担相应费用。

8.8.2 发包人提供的施工设备和临时设施

发包人提供的施工设备或临时设施在专用合同条款中约定。

8.8.3 要求承包人增加或更换施工设备

承包人使用的施工设备不能满足合同进度计划和（或）质量要求时，监理人有权要求承包人增加或更换施工设备，承包人应及时增加或更换，由此增加的费用和（或）延误的工期由承包人承担。

8.9 材料与设备专用要求

承包人运入施工现场的材料、工程设备、施工设备以及在施工场地建设的临时设施，包括备品备件、安装工具与资料，必须专用于工程。未经发包人批准，承包人不得运出施工现场或挪作他用；经发包人批准，承包人可以根据施工进度计划撤走闲置的施工设备和其他物品。

9 试 验 与 检 验

9.1 试验设备与试验人员

9.1.1 承包人根据合同约定或监理人指示进行的现场材料试验，应由承包人提供试验场所、试验人员、试验设备以及其他必要的试验条件。监理人在必要时可以使用承包人提供的试验场所、试验设备以及其他试验条件，进行以工程质量检查为目的的材料复核试验，承包人应予以协助。

9.1.2 承包人应按专用合同条款的约定提供试验设备、取样装置、试验场所和试验条件，并向监理人提交相应进场计划表。

承包人配置的试验设备要符合相应试验规程的要求并经过具有资质的检测单位检测，且在正式使用该试验设备前，需要经过监理人与承包人共同校定。

9.1.3 承包人应向监理人提交试验人员的名单及其岗位、资格等证明资料，试验人员必须能够熟练进行相应的检测试验，承包人对试验人员的试验程序和试验结果的正确性负责。

9.2 取 样

试验属于自检性质的，承包人可以单独取样。试验属于监理人抽检性质的，可由监理人取样，也可由承包人的试验人员在监理人的监督下取样。

9.3 材料、工程设备和工程的试验和检验

9.3.1 承包人应按合同约定进行材料、工程设备和工程的试验和检验，并为监理人对上述材料、工程设备和工程的质量检查提供必要的试验资料和原始记录。按合同约定应由监理人与承包人共同进行试验和检验的，由承包人负责提供必要的试验资料和原始记录。

9.3.2 试验属于自检性质的，承包人可以单独进行试验。试验属于监理人抽检性质的，监理人可以单独进行试验，也可由承包人与监理人共同进行。承包人对由监理人单独进行的试验结果有异议的，可以申请重新共同进行试验。约定共同进行试验的，监理人未按照约定参加试验的，承包人可自行试验，并将试验结果报送监理人，监理人应承认该试验结果。

9.3.3 监理人对承包人的试验和检验结果有异议的，或为查清承包人试验和检验成果的可靠性要求承包人重新试验和检验的，可由监理人与承包人共同进行。重新试验和检验的结果证明该项材料、工程设备或工程的质量不符合合同要求的，由此增加的费用和（或）延误的工期由承包人承担；重新试验和检验结果证明该项材料、工程设备和工程符合合同要求的，由此增加的费用和（或）延误的工期由发包人承担。

9.4 现场工艺试验

承包人应按合同约定或监理人指示进行现场工艺试验。对大型的现场工艺试验，监理人认为必要时，承包人应根据监理人提出的工艺试验要求，编制工艺试验措施计划，报送监理人审查。

10 变 更

10.1 变更的范围

除专用合同条款另有约定外，合同履行过程中发生以下情形的，应按照本条约定进行

变更：

(1) 增加或减少合同中任何工作，或追加额外的工作；

(2) 取消合同中任何工作，但转由他人实施的工作除外；

(3) 改变合同中任何工作的质量标准或其他特性；

(4) 改变工程的基线、标高、位置和尺寸；

(5) 改变工程的时间安排或实施顺序。

10.2 变 更 权

发包人和监理人均可以提出变更。变更指示均通过监理人发出，监理人发出变更指示前应征得发包人同意。承包人收到经发包人签认的变更指示后，方可实施变更。未经许可，承包人不得擅自对工程的任何部分进行变更。

涉及设计变更的，应由设计人提供变更后的图纸和说明。如变更超过原设计标准或批准的建设规模时，发包人应及时办理规划、设计变更等审批手续。

10.3 变 更 程 序

10.3.1 发包人提出变更

发包人提出变更的，应通过监理人向承包人发出变更指示，变更指示应说明计划变更的工程范围和变更的内容。

10.3.2 监理人提出变更建议

监理人提出变更建议的，需要向发包人以书面形式提出变更计划，说明计划变更工程范围和变更的内容、理由，以及实施该变更对合同价格和工期的影响。发包人同意变更的，由监理人向承包人发出变更指示。发包人不同意变更的，监理人无权擅自发出变更指示。

10.3.3 变更执行

承包人收到监理人下达的变更指示后，认为不能执行，应立即提出不能执行该变更指示的理由。承包人认为可以执行变更的，应当书面说明实施该变更指示对合同价格和工期的影响，且合同当事人应当按照第10.4款［变更估价］约定确定变更估价。

10.4 变 更 估 价

10.4.1 变更估价原则

除专用合同条款另有约定外，变更估价按照本款约定处理：

(1) 已标价工程量清单或预算书有相同项目的，按照相同项目单价认定；

(2) 已标价工程量清单或预算书中无相同项目，但有类似项目的，参照类似项目的单价认定；

(3) 变更导致实际完成的变更工程量与已标价工程量清单或预算书中列明的该项目工程量的变化幅度超过15%的，或已标价工程量清单或预算书中无相同项目及类似项目单价的，按照合理的成本与利润构成的原则，由合同当事人按照第4.4款［商定或确定］确定变更工作的单价。

10.4.2　变更估价程序

承包人应在收到变更指示后 14 天内，向监理人提交变更估价申请。监理人应在收到承包人提交的变更估价申请后 7 天内审查完毕并报送发包人，监理人对变更估价申请有异议，通知承包人修改后重新提交。发包人应在承包人提交变更估价申请后 14 天内审批完毕。发包人逾期未完成审批或未提出异议的，视为认可承包人提交的变更估价申请。

因变更引起的价格调整应计入最近一期的进度款中支付。

10.5　承包人的合理化建议

承包人提出合理化建议的，应向监理人提交合理化建议说明，说明建议的内容和理由，以及实施该建议对合同价格和工期的影响。

除专用合同条款另有约定外，监理人应在收到承包人提交的合理化建议后 7 天内审查完毕并报送发包人，发现其中存在技术上的缺陷，应通知承包人修改。发包人应在收到监理人报送的合理化建议后 7 天内审批完毕。合理化建议经发包人批准的，监理人应及时发出变更指示，由此引起的合同价格调整按照第 10.4 款［变更估价］约定执行。发包人不同意变更的，监理人应书面通知承包人。

合理化建议降低了合同价格或者提高了工程经济效益的，发包人可对承包人给予奖励，奖励的方法和金额在专用合同条款中约定。

10.6　变更引起的工期调整

因变更引起工期变化的，合同当事人均可要求调整合同工期，由合同当事人按照第 4.4 款［商定或确定］并参考工程所在地的工期定额标准确定增减工期天数。

10.7　暂　估　价

暂估价专业分包工程、服务、材料和工程设备的明细由合同当事人在专用合同条款中约定。

10.7.1　依法必须招标的暂估价项目

对于依法必须招标的暂估价项目，采取以下第 1 种方式确定。合同当事人也可以在专用合同条款中选择其他招标方式。

第 1 种方式：对于依法必须招标的暂估价项目，由承包人招标，对该暂估价项目的确认和批准按照以下约定执行：

（1）承包人应当根据施工进度计划，在招标工作启动前 14 天将招标方案通过监理人报送发包人审查，发包人应当在收到承包人报送的招标方案后 7 天内批准或提出修改意见。承包人应当按照经过发包人批准的招标方案开展招标工作；

（2）承包人应当根据施工进度计划，提前 14 天将招标文件通过监理人报送发包人审批，发包人应当在收到承包人报送的相关文件后 7 天内完成审批或提出修改意见；发包人有权确定招标控制价并按照法律规定参加评标；

（3）承包人与供应商、分包人在签订暂估价合同前，应当提前 7 天将确定的中标候选供应商或中标候选分包人的资料报送发包人，发包人应在收到资料后 3 天内与承包人共同确定中标人；承包人应当在签订合同后 7 天内，将暂估价合同副本报送发包人留存。

第2种方式：对于依法必须招标的暂估价项目，由发包人和承包人共同招标确定暂估价供应商或分包人的，承包人应按照施工进度计划，在招标工作启动前14天通知发包人，并提交暂估价招标方案和工作分工。发包人应在收到后7天内确认。确定中标人后，由发包人、承包人与中标人共同签订暂估价合同。

10.7.2 不属于依法必须招标的暂估价项目

除专用合同条款另有约定外，对于不属于依法必须招标的暂估价项目，采取以下第1种方式确定：

第1种方式：对于不属于依法必须招标的暂估价项目，按本项约定确认和批准：

（1）承包人应根据施工进度计划，在签订暂估价项目的采购合同、分包合同前28天向监理人提出书面申请。监理人应当在收到申请后3天内报送发包人，发包人应当在收到申请后14天内给予批准或提出修改意见，发包人逾期未予批准或提出修改意见的，视为该书面申请已获得同意；

（2）发包人认为承包人确定的供应商、分包人无法满足工程质量或合同要求的，发包人可以要求承包人重新确定暂估价项目的供应商、分包人；

（3）承包人应当在签订暂估价合同后7天内，将暂估价合同副本报送发包人留存。

第2种方式：承包人按照第10.7.1项［依法必须招标的暂估价项目］约定的第1种方式确定暂估价项目。

第3种方式：承包人直接实施的暂估价项目

承包人具备实施暂估价项目的资格和条件的，经发包人和承包人协商一致后，可由承包人自行实施暂估价项目，合同当事人可以在专用合同条款约定具体事项。

10.7.3 因发包人原因导致暂估价合同订立和履行迟延的，由此增加的费用和（或）延误的工期由发包人承担，并支付承包人合理的利润。因承包人原因导致暂估价合同订立和履行迟延的，由此增加的费用和（或）延误的工期由承包人承担。

10.8 暂列金额

暂列金额应按照发包人的要求使用，发包人的要求应通过监理人发出。合同当事人可以在专用合同条款中协商确定有关事项。

10.9 计日工

需要采用计日工方式的，经发包人同意后，由监理人通知承包人以计日工计价方式实施相应的工作，其价款按列入已标价工程量清单或预算书中的计日工计价项目及其单价进行计算；已标价工程量清单或预算书中无相应的计日工单价的，按照合理的成本与利润构成的原则，由合同当事人按照第4.4款［商定或确定］确定计日工的单价。

采用计日工计价的任何一项工作，承包人应在该项工作实施过程中，每天提交以下报表和有关凭证报送监理人审查：

（1）工作名称、内容和数量；

（2）投入该工作的所有人员的姓名、专业、工种、级别和耗用工时；

（3）投入该工作的材料类别和数量；

（4）投入该工作的施工设备型号、台数和耗用台时；

（5）其他有关资料和凭证。

计日工由承包人汇总后，列入最近一期进度付款申请单，由监理人审查并经发包人批准后列入进度付款。

11 价 格 调 整

11.1 市场价格波动引起的调整

除专用合同条款另有约定外，市场价格波动超过合同当事人约定的范围，合同价格应当调整。合同当事人可以在专用合同条款中约定选择以下一种方式对合同价格进行调整：

第1种方式：采用价格指数进行价格调整。

（1）价格调整公式

因人工、材料和设备等价格波动影响合同价格时，根据专用合同条款中约定的数据，按以下公式计算差额并调整合同价格：

$$\Delta P = P_0 \left[A + \left(B_1 \times \frac{F_{t1}}{F_{01}} + B_2 \times \frac{F_{t2}}{F_{02}} + B_3 \times \frac{F_{t3}}{F_{03}} + \cdots + B_n \times \frac{F_{tn}}{F_{0n}} \right) - 1 \right]$$

公式中　　　　　ΔP——需调整的价格差额；

P_0——约定的付款证书中承包人应得到的已完成工程量的金额。此项金额应不包括价格调整、不计质量保证金的扣留和支付、预付款的支付和扣回。约定的变更及其他金额已按现行价格计价的，也不计在内；

A——定值权重（即不调部分的权重）；

B_1；B_2；$B_3 \cdots B_n$——各可调因子的变值权重（即可调部分的权重），为各可调因子在签约合同价中所占的比例；

F_{t1}；F_{t2}；$F_{t3} \cdots F_{tn}$——各可调因子的现行价格指数，指约定的付款证书相关周期最后一天的前42天的各可调因子的价格指数；

F_{01}；F_{02}；$F_{03} \cdots F_{0n}$——各可调因子的基本价格指数，指基准日期的各可调因子的价格指数。

以上价格调整公式中的各可调因子、定值和变值权重，以及基本价格指数及其来源在投标函附录价格指数和权重表中约定，非招标订立的合同，由合同当事人在专用合同条款中约定。价格指数应首先采用工程造价管理机构发布的价格指数，无前述价格指数时，可采用工程造价管理机构发布的价格代替。

（2）暂时确定调整差额

在计算调整差额时无现行价格指数的，合同当事人同意暂用前次价格指数计算。实际价格指数有调整的，合同当事人进行相应调整。

（3）权重的调整

因变更导致合同约定的权重不合理时，按照第4.4款［商定或确定］执行。

（4）因承包人原因工期延误后的价格调整

因承包人原因未按期竣工的，对合同约定的竣工日期后继续施工的工程，在使用价调整公式时，应采用计划竣工日期与实际竣工日期的两个价格指数中较低的一个作为现行价格指数。

第2种方式：采用造价信息进行价格调整。

合同履行期间，因人工、材料、工程设备和机械台班价格波动影响合同价格时，人工、机械使用费按照国家或省、自治区、直辖市建设行政管理部门、行业建设管理部门或其授权的工程造价管理机构发布的人工、机械使用费系数进行调整；需要进行价格调整的材料，其单价和采购数量应由发包人审批，发包人确认需调整的材料单价及数量，作为调整合同价格的依据。

（1）人工单价发生变化且符合省级或行业建设主管部门发布的人工费调整规定，合同当事人应按省级或行业建设主管部门或其授权的工程造价管理机构发布的人工费等文件调整合同价格，但承包人对人工费或人工单价的报价高于发布价格的除外。

（2）材料、工程设备价格变化的价款调整按照发包人提供的基准价格，按以下风险范围规定执行：

① 承包人在已标价工程量清单或预算书中载明材料单价低于基准价格的：除专用合同条款另有约定外，合同履行期间材料单价涨幅以基准价格为基础超过5%时，或材料单价跌幅以在已标价工程量清单或预算书中载明材料单价为基础超过5%时，其超过部分据实调整。

② 承包人在已标价工程量清单或预算书中载明材料单价高于基准价格的：除专用合同条款另有约定外，合同履行期间材料单价跌幅以基准价格为基础超过5%时，材料单价涨幅以在已标价工程量清单或预算书中载明材料单价为基础超过5%时，其超过部分据实调整。

③ 承包人在已标价工程量清单或预算书中载明材料单价等于基准价格的：除专用合同条款另有约定外，合同履行期间材料单价涨跌幅以基准价格为基础超过±5%时，其超过部分据实调整。

④ 承包人应在采购材料前将采购数量和新的材料单价报发包人核对，发包人确认用于工程时，发包人应确认采购材料的数量和单价。发包人在收到承包人报送的确认资料后5天内不予答复的视为认可，作为调整合同价格的依据。未经发包人事先核对，承包人自行采购材料的，发包人有权不予调整合同价格。发包人同意的，可以调整合同价格。

前述基准价格是指由发包人在招标文件或专用合同条款中给定的材料、工程设备的价格，该价格原则上应当按照省级或行业建设主管部门或其授权的工程造价管理机构发布的信息价编制。

（3）施工机械台班单价或施工机械使用费发生变化超过省级或行业建设主管部门或其授权的工程造价管理机构规定的范围时，按规定调整合同价格。

第3种方式：专用合同条款约定的其他方式。

11.2　法律变化引起的调整

基准日期后，法律变化导致承包人在合同履行过程中所需要的费用发生除第11.1款［市场价格波动引起的调整］约定以外的增加时，由发包人承担由此增加的费用；减少时，应从合同价格中予以扣减。基准日期后，因法律变化造成工期延误时，工期应予以顺延。

因法律变化引起的合同价格和工期调整，合同当事人无法达成一致的，由总监理工程师按第 4.4 款［商定或确定］的约定处理。

因承包人原因造成工期延误，在工期延误期间出现法律变化的，由此增加的费用和（或）延误的工期由承包人承担。

12 合同价格、计量与支付

12.1 合同价格形式

发包人和承包人应在合同协议书中选择下列一种合同价格形式：

1. 单价合同

单价合同是指合同当事人约定以工程量清单及其综合单价进行合同价格计算、调整和确认的建设工程施工合同，在约定的范围内合同单价不作调整。合同当事人应在专用合同条款中约定综合单价包含的风险范围和风险费用的计算方法，并约定风险范围以外的合同价格的调整方法，其中因市场价格波动引起的调整按第 11.1 款［市场价格波动引起的调整］约定执行。

2. 总价合同

总价合同是指合同当事人约定以施工图、已标价工程量清单或预算书及有关条件进行合同价格计算、调整和确认的建设工程施工合同，在约定的范围内合同总价不作调整。合同当事人应在专用合同条款中约定总价包含的风险范围和风险费用的计算方法，并约定风险范围以外的合同价格的调整方法，其中因市场价格波动引起的调整按第 11.1 款［市场价格波动引起的调整］、因法律变化引起的调整按第 11.2 款［法律变化引起的调整］约定执行。

3. 其他价格形式

合同当事人可在专用合同条款中约定其他合同价格形式。

12.2 预 付 款

12.2.1 预付款的支付

预付款的支付按照专用合同条款约定执行，但至迟应在开工通知载明的开工日期 7 天前支付。预付款应当用于材料、工程设备、施工设备的采购及修建临时工程、组织施工队伍进场等。

除专用合同条款另有约定外，预付款在进度付款中同比例扣回。在颁发工程接收证书前，提前解除合同的，尚未扣完的预付款应与合同价款一并结算。

发包人逾期支付预付款超过 7 天的，承包人有权向发包人发出要求预付的催告通知，发包人收到通知后 7 天内仍未支付的，承包人有权暂停施工，并按第 16.1.1 项［发包人违约的情形］执行。

12.2.2 预付款担保

发包人要求承包人提供预付款担保的，承包人应在发包人支付预付款 7 天前提供预付款担保，专用合同条款另有约定除外。预付款担保可采用银行保函、担保公司担保等形式，具体由合同当事人在专用合同条款中约定。在预付款完全扣回之前，承包人应保证预付款担保持续有效。

发包人在工程款中逐期扣回预付款后,预付款担保额度应相应减少,但剩余的预付款担保金额不得低于未被扣回的预付款金额。

12.3　计　　量

12.3.1　计量原则

工程量计量按照合同约定的工程量计算规则、图纸及变更指示等进行计量。工程量计算规则应以相关的国家标准、行业标准等为依据,由合同当事人在专用合同条款中约定。

12.3.2　计量周期

除专用合同条款另有约定外,工程量的计量按月进行。

12.3.3　单价合同的计量

除专用合同条款另有约定外,单价合同的计量按照本项约定执行:

(1) 承包人应于每月 25 日向监理人报送上月 20 日至当月 19 日已完成的工程量报告,并附具进度付款申请单、已完成工程量报表和有关资料。

(2) 监理人应在收到承包人提交的工程量报告后 7 天内完成对承包人提交的工程量报表的审核并报送发包人,以确定当月实际完成的工程量。监理人对工程量有异议的,有权要求承包人进行共同复核或抽样复测。承包人应协助监理人进行复核或抽样复测,并按监理人要求提供补充计量资料。承包人未按监理人要求参加复核或抽样复测的,监理人复核或修正的工程量视为承包人实际完成的工程量。

(3) 监理人未在收到承包人提交的工程量报表后的 7 天内完成审核的,承包人报送的工程量报告中的工程量视为承包人实际完成的工程量,据此计算工程价款。

12.3.4　总价合同的计量

除专用合同条款另有约定外,按月计量支付的总价合同,按照本项约定执行:

(1) 承包人应于每月 25 日向监理人报送上月 20 日至当月 19 日已完成的工程量报告,并附具进度付款申请单、已完成工程量报表和有关资料。

(2) 监理人应在收到承包人提交的工程量报告后 7 天内完成对承包人提交的工程量报表的审核并报送发包人,以确定当月实际完成的工程量。监理人对工程量有异议的,有权要求承包人进行共同复核或抽样复测。承包人应协助监理人进行复核或抽样复测并按监理人要求提供补充计量资料。承包人未按监理人要求参加复核或抽样复测的,监理人审核或修正的工程量视为承包人实际完成的工程量。

(3) 监理人未在收到承包人提交的工程量报表后的 7 天内完成复核的,承包人提交的工程量报告中的工程量视为承包人实际完成的工程量。

12.3.5　总价合同采用支付分解表计量支付的,可以按照第 12.3.4 项［总价合同的计量］约定进行计量,但合同价款按照支付分解表进行支付。

12.3.6　其他价格形式合同的计量

合同当事人可在专用合同条款中约定其他价格形式合同的计量方式和程序。

12.4　工程进度款支付

12.4.1　付款周期

除专用合同条款另有约定外,付款周期应按照第 12.3.2 项［计量周期］的约定与计量周期保持一致。

12.4.2　进度付款申请单的编制

除专用合同条款另有约定外，进度付款申请单应包括下列内容：

（1）截至本次付款周期已完成工作对应的金额；

（2）根据第 10 条［变更］应增加和扣减的变更金额；

（3）根据第 12.2 款［预付款］约定应支付的预付款和扣减的返还预付款；

（4）根据第 15.3 款［质量保证金］约定应扣减的质量保证金；

（5）根据第 19 条［索赔］应增加和扣减的索赔金额；

（6）对已签发的进度款支付证书中出现错误的修正，应在本次进度付款中支付或扣除的金额；

（7）根据合同约定应增加和扣减的其他金额。

12.4.3　进度付款申请单的提交

（1）单价合同进度付款申请单的提交

单价合同的进度付款申请单，按照第 12.3.3 项［单价合同的计量］约定的时间按月向监理人提交，并附上已完成工程量报表和有关资料。单价合同中的总价项目按月进行支付分解，并汇总列入当期进度付款申请单。

（2）总价合同进度付款申请单的提交

总价合同按月计量支付的，承包人按照第 12.3.4 项［总价合同的计量］约定的时间按月向监理人提交进度付款申请单，并附上已完成工程量报表和有关资料。

总价合同按支付分解表支付的，承包人应按照第 12.4.6 项［支付分解表］及第 12.4.2 项［进度付款申请单的编制］的约定向监理人提交进度付款申请单。

（3）其他价格形式合同的进度付款申请单的提交

合同当事人可在专用合同条款中约定其他价格形式合同的进度付款申请单的编制和提交程序。

12.4.4　进度款审核和支付

（1）除专用合同条款另有约定外，监理人应在收到承包人进度付款申请单以及相关资料后 7 天内完成审查并报送发包人，发包人应在收到后 7 天内完成审批并签发进度款支付证书。发包人逾期未完成审批且未提出异议的，视为已签发进度款支付证书。

发包人和监理人对承包人的进度付款申请单有异议的，有权要求承包人修正和提供补充资料，承包人应提交修正后的进度付款申请单。监理人应在收到承包人修正后的进度付款申请单及相关资料后 7 天内完成审查并报送发包人，发包人应在收到监理人报送的进度付款申请单及相关资料后 7 天内，向承包人签发无异议部分的临时进度款支付证书。存在争议的部分，按照第 20 条［争议解决］的约定处理。

（2）除专用合同条款另有约定外，发包人应在进度款支付证书或临时进度款支付证书签发后 14 天内完成支付，发包人逾期支付进度款的，应按照中国人民银行发布的同期同类贷款基准利率支付违约金。

（3）发包人签发进度款支付证书或临时进度款支付证书，不表明发包人已同意、批准或接受了承包人完成的相应部分的工作。

12.4.5 进度付款的修正

在对已签发的进度款支付证书进行阶段汇总和复核中发现错误、遗漏或重复的，发包人和承包人均有权提出修正申请。经发包人和承包人同意的修正，应在下期进度付款中支付或扣除。

12.4.6 支付分解表

1. 支付分解表的编制要求

（1）支付分解表中所列的每期付款金额，应为第12.4.2项［进度付款申请单的编制］第（1）目的估算金额；

（2）实际进度与施工进度计划不一致的，合同当事人可按照第4.4款［商定或确定］修改支付分解表；

（3）不采用支付分解表的，承包人应向发包人和监理人提交按季度编制的支付估算分解表，用于支付参考。

2. 总价合同支付分解表的编制与审批

（1）除专用合同条款另有约定外，承包人应根据第7.2款［施工进度计划］约定的施工进度计划、签约合同价和工程量等因素对总价合同按月进行分解，编制支付分解表。承包人应当在收到监理人和发包人批准的施工进度计划后7天内，将支付分解表及编制支付分解表的支持性资料报送监理人。

（2）监理人应在收到支付分解表后7天内完成审核并报送发包人。发包人应在收到经监理人审核的支付分解表后7天内完成审批，经发包人批准的支付分解表为有约束力的支付分解表。

（3）发包人逾期未完成支付分解表审批的，也未及时要求承包人进行修正和提供补充资料的，则承包人提交的支付分解表视为已经获得发包人批准。

3. 单价合同的总价项目支付分解表的编制与审批

除专用合同条款另有约定外，单价合同的总价项目，由承包人根据施工进度计划和总价项目的总价构成、费用性质、计划发生时间和相应工程量等因素按月进行分解，形成支付分解表，其编制与审批参照总价合同支付分解表的编制与审批执行。

12.5 支 付 账 户

发包人应将合同价款支付至合同协议书中约定的承包人账户。

13 验收和工程试车

13.1 分部分项工程验收

13.1.1 分部分项工程质量应符合国家有关工程施工验收规范、标准及合同约定，承包人应按照施工组织设计的要求完成分部分项工程施工。

13.1.2 除专用合同条款另有约定外，分部分项工程经承包人自检合格并具备验收条件的，承包人应提前48小时通知监理人进行验收。监理人不能按时进行验收的，应在验收前24小时向承包人提交书面延期要求，但延期不能超过48小时。监理人未按时进行验收，也未提出延期要求的，承包人有权自行验收，监理人应认可验收结果。分部分项工程未经验收的，不得进入下一道工序施工。

分部分项工程的验收资料应当作为竣工资料的组成部分。

13.2 竣 工 验 收

13.2.1 竣工验收条件

工程具备以下条件的，承包人可以申请竣工验收：

（1）除发包人同意的甩项工作和缺陷修补工作外，合同范围内的全部工程以及有关工作，包括合同要求的试验、试运行以及检验均已完成，并符合合同要求；

（2）已按合同约定编制了甩项工作和缺陷修补工作清单以及相应的施工计划；

（3）已按合同约定的内容和份数备齐竣工资料。

13.2.2 竣工验收程序

除专用合同条款另有约定外，承包人申请竣工验收的，应当按照以下程序进行：

（1）承包人向监理人报送竣工验收申请报告，监理人应在收到竣工验收申请报告后 14 天内完成审查并报送发包人。监理人审查后认为尚不具备验收条件的，应通知承包人在竣工验收前承包人还需完成的工作内容，承包人应在完成监理人通知的全部工作内容后，再次提交竣工验收申请报告。

（2）监理人审查后认为已具备竣工验收条件的，应将竣工验收申请报告提交发包人，发包人应在收到经监理人审核的竣工验收申请报告后 28 天内审批完毕并组织监理人、承包人、设计人等相关单位完成竣工验收。

（3）竣工验收合格的，发包人应在验收合格后 14 天内向承包人签发工程接收证书。发包人无正当理由逾期不颁发工程接收证书的，自验收合格后第 15 天起视为已颁发工程接收证书。

（4）竣工验收不合格的，监理人应按照验收意见发出指示，要求承包人对不合格工程返工、修复或采取其他补救措施，由此增加的费用和（或）延误的工期由承包人承担。承包人在完成不合格工程的返工、修复或采取其他补救措施后，应重新提交竣工验收申请报告，并按本项约定的程序重新进行验收。

（5）工程未经验收或验收不合格，发包人擅自使用的，应在转移占有工程后 7 天内向承包人颁发工程接收证书；发包人无正当理由逾期不颁发工程接收证书的，自转移占有后第 15 天起视为已颁发工程接收证书。

除专用合同条款另有约定外，发包人不按照本项约定组织竣工验收、颁发工程接收证书的，每逾期一天，应以签约合同价为基数，按照中国人民银行发布的同期同类贷款基准利率支付违约金。

13.2.3 竣工日期

工程经竣工验收合格的，以承包人提交竣工验收申请报告之日为实际竣工日期，并在工程接收证书中载明；因发包人原因，未在监理人收到承包人提交的竣工验收申请报告 42 天内完成竣工验收，或完成竣工验收不予签发工程接收证书的，以提交竣工验收申请报告的日期为实际竣工日期；工程未经竣工验收，发包人擅自使用的，以转移占有工程之日为实际竣工日期。

13.2.4 拒绝接收全部或部分工程

对于竣工验收不合格的工程，承包人完成整改后，应当重新进行竣工验收，经重新组织验收仍不合格的且无法采取措施补救的，则发包人可以拒绝接收不合格工程，因不合格工程导致其他工程不能正常使用的，承包人应采取措施确保相关工程的正常使用，由此增加的费用和（或）延误的工期由承包人承担。

13.2.5 移交、接收全部与部分工程

除专用合同条款另有约定外，合同当事人应当在颁发工程接收证书后 7 天内完成工程的移交。

发包人无正当理由不接收工程的，发包人自应当接收工程之日起，承担工程照管、成品保护、保管等与工程有关的各项费用，合同当事人可以在专用合同条款中另行约定发包人逾期接收工程的违约责任。

承包人无正当理由不移交工程的，承包人应承担工程照管、成品保护、保管等与工程有关的各项费用，合同当事人可以在专用合同条款中另行约定承包人无正当理由不移交工程的违约责任。

13.3 工 程 试 车

13.3.1 试车程序

工程需要试车的，除专用合同条款另有约定外，试车内容应与承包人承包范围相一致，试车费用由承包人承担。工程试车应按如下程序进行：

（1）具备单机无负荷试车条件，承包人组织试车，并在试车前 48 小时书面通知监理人，通知中应载明试车内容、时间、地点。承包人准备试车记录，发包人根据承包人要求为试车提供必要条件。试车合格的，监理人在试车记录上签字。监理人在试车合格后不在试车记录上签字，自试车结束满 24 小时后视为监理人已经认可试车记录，承包人可继续施工或办理竣工验收手续。

监理人不能按时参加试车，应在试车前 24 小时以书面形式向承包人提出延期要求，但延期不能超过 48 小时，由此导致工期延误的，工期应予以顺延。监理人未能在前述期限内提出延期要求，又不参加试车的，视为认可试车记录。

（2）具备无负荷联动试车条件，发包人组织试车，并在试车前 48 小时以书面形式通知承包人。通知中应载明试车内容、时间、地点和对承包人的要求，承包人按要求做好准备工作。试车合格，合同当事人在试车记录上签字。承包人无正当理由不参加试车的，视为认可试车记录。

13.3.2 试车中的责任

因设计原因导致试车达不到验收要求，发包人应要求设计人修改设计，承包人按修改后的设计重新安装。发包人承担修改设计、拆除及重新安装的全部费用，工期相应顺延。因承包人原因导致试车达不到验收要求，承包人按监理人要求重新安装和试车，并承担重新安装和试车的费用，工期不予顺延。

因工程设备制造原因导致试车达不到验收要求的，由采购该工程设备的合同当事人负责重新购置或修理，承包人负责拆除和重新安装，由此增加的修理、重新购置、拆除及重新安装的费用及延误的工期由采购该工程设备的合同当事人承担。

13.3.3 投料试车

如需进行投料试车的，发包人应在工程竣工验收后组织投料试车。发包人要求在工程竣工验收前进行或需要承包人配合时，应征得承包人同意，并在专用合同条款中约定有关事项。

投料试车合格的，费用由发包人承担；因承包人原因造成投料试车不合格的，承包人应按照发包人要求进行整改，由此产生的整改费用由承包人承担；非因承包人原因导致投料试车不合格的，如发包人要求承包人进行整改的，由此产生的费用由发包人承担。

13.4 提前交付单位工程的验收

13.4.1 发包人需要在工程竣工前使用单位工程的，或承包人提出提前交付已经竣工的单位工程且经发包人同意的，可进行单位工程验收，验收的程序按照第 13.2 款［竣工验收］的约定进行。

验收合格后，由监理人向承包人出具经发包人签认的单位工程接收证书。已签发单位工程接收证书的单位工程由发包人负责照管。单位工程的验收成果和结论作为整体工程竣工验收申请报告的附件。

13.4.2 发包人要求在工程竣工前交付单位工程，由此导致承包人费用增加和（或）工期延误的，由发包人承担由此增加的费用和（或）延误的工期，并支付承包人合理的利润。

13.5 施 工 期 运 行

13.5.1 施工期运行是指合同工程尚未全部竣工，其中某项或某几项单位工程或工程设备安装已竣工，根据专用合同条款约定，需要投入施工期运行的，经发包人按第 13.4 款［提前交付单位工程的验收］的约定验收合格，证明能确保安全后，才能在施工期投入运行。

13.5.2 在施工期运行中发现工程或工程设备损坏或存在缺陷的，由承包人按第 15.2 款［缺陷责任期］约定进行修复。

13.6 竣 工 退 场

13.6.1 竣工退场

颁发工程接收证书后，承包人应按以下要求对施工现场进行清理：

（1）施工现场内残留的垃圾已全部清除出场；

（2）临时工程已拆除，场地已进行清理、平整或复原；

（3）按合同约定应撤离的人员、承包人施工设备和剩余的材料，包括废弃的施工设备和材料，已按计划撤离施工现场；

（4）施工现场周边及其附近道路、河道的施工堆积物，已全部清理；

（5）施工现场其他场地清理工作已全部完成。

施工现场的竣工退场费用由承包人承担。承包人应在专用合同条款约定的期限内完成竣工退场，逾期未完成的，发包人有权出售或另行处理承包人遗留的物品，由此支出的费用由承包人承担，发包人出售承包人遗留物品所得款项在扣除必要费用后应返还承包人。

13.6.2 地表还原

承包人应按发包人要求恢复临时占地及清理场地，承包人未按发包人的要求恢复临时占地，或者场地清理未达到合同约定要求的，发包人有权委托其他人恢复或清理，所发生的费用由承包人承担。

14 竣 工 结 算

14.1 竣 工 结 算 申 请

除专用合同条款另有约定外，承包人应在工程竣工验收合格后 28 天内向发包人和监理人提交竣工结算申请单，并提交完整的结算资料，有关竣工结算申请单的资料清单和份数等要求由合同当事人在专用合同条款中约定。

除专用合同条款另有约定外，竣工结算申请单应包括以下内容：

(1) 竣工结算合同价格；

(2) 发包人已支付承包人的款项；

(3) 应扣留的质量保证金。已缴纳履约保证金的或提供其他工程质量担保方式的除外；

(4) 发包人应支付承包人的合同价款。

14.2 竣 工 结 算 审 核

(1) 除专用合同条款另有约定外，监理人应在收到竣工结算申请单后 14 天内完成核查并报送发包人。发包人应在收到监理人提交的经审核的竣工结算申请单后 14 天内完成审批，并由监理人向承包人签发经发包人签认的竣工付款证书。监理人或发包人对竣工结算申请单有异议的，有权要求承包人进行修正和提供补充资料，承包人应提交修正后的竣工结算申请单。

发包人在收到承包人提交竣工结算申请书后 28 天内未完成审批且未提出异议的，视为发包人认可承包人提交的竣工结算申请单，并自发包人收到承包人提交的竣工结算申请单后第 29 天起视为已签发竣工付款证书。

(2) 除专用合同条款另有约定外，发包人应在签发竣工付款证书后的 14 天内，完成对承包人的竣工付款。发包人逾期支付的，按照中国人民银行发布的同期同类贷款基准利率支付违约金；逾期支付超过 56 天的，按照中国人民银行发布的同期同类贷款基准利率的两倍支付违约金。

(3) 承包人对发包人签认的竣工付款证书有异议的，对于有异议部分应在收到发包人签认的竣工付款证书后 7 天内提出异议，并由合同当事人按照专用合同条款约定的方式和程序进行复核，或按照第 20 条［争议解决］约定处理。对于无异议部分，发包人应签发临时竣工付款证书，并按本款第 (2) 项完成付款。承包人逾期未提出异议的，视为认可发包人的审批结果。

14.3 甩项竣工协议

发包人要求甩项竣工的，合同当事人应签订甩项竣工协议。在甩项竣工协议中应明确，合同当事人按照第 14.1 款［竣工结算申请］及 14.2 款［竣工结算审核］的约定，对已完合格工程进行结算，并支付相应合同价款。

14.4 最终结清

14.4.1 最终结清申请单

（1）除专用合同条款另有约定外，承包人应在缺陷责任期终止证书颁发后 7 天内，按专用合同条款约定的份数向发包人提交最终结清申请单，并提供相关证明材料。

除专用合同条款另有约定外，最终结清申请单应列明质量保证金、应扣除的质量保证金、缺陷责任期内发生的增减费用。

（2）发包人对最终结清申请单内容有异议的，有权要求承包人进行修正和提供补充资料，承包人应向发包人提交修正后的最终结清申请单。

14.4.2 最终结清证书和支付

（1）除专用合同条款另有约定外，发包人应在收到承包人提交的最终结清申请单后 14 天内完成审批并向承包人颁发最终结清证书。发包人逾期未完成审批，又未提出修改意见的，视为发包人同意承包人提交的最终结清申请单，且自发包人收到承包人提交的最终结清申请单后 15 天起视为已颁发最终结清证书。

（2）除专用合同条款另有约定外，发包人应在颁发最终结清证书后 7 天内完成支付。发包人逾期支付的，按照中国人民银行发布的同期同类贷款基准利率支付违约金；逾期支付超过 56 天的，按照中国人民银行发布的同期同类贷款基准利率的两倍支付违约金。

（3）承包人对发包人颁发的最终结清证书有异议的，按第 20 条［争议解决］的约定办理。

15 缺陷责任与保修

15.1 工程保修的原则

在工程移交发包人后，因承包人原因产生的质量缺陷，承包人应承担质量缺陷责任和保修义务。缺陷责任期届满，承包人仍应按合同约定的工程各部位保修年限承担保修义务。

15.2 缺陷责任期

15.2.1 缺陷责任期从工程通过竣工验收之日起计算，合同当事人应在专用合同条款约定缺陷责任期的具体期限，但该期限最长不超过 24 个月。

单位工程先于全部工程进行验收，经验收合格并交付使用的，该单位工程缺陷责任期自单位工程验收合格之日起算。因承包人原因导致工程无法按合同约定期限进行竣工验收的，缺陷责任期从实际通过竣工验收之日起计算。因发包人原因导致工程无法按合同约定期限进行竣工验收的，在承包人提交竣工验收报告90天后，工程自动进入缺陷责任期；发包人未经竣工验收擅自使用工程的，缺陷责任期自工程转移占有之日起开始计算。

15.2.2 缺陷责任期内，由承包人原因造成的缺陷，承包人应负责维修，并承担鉴定及维修费用。如承包人不维修也不承担费用，发包人可按合同约定从保证金或银行保函中扣除，费用超出保证金额的，发包人可按合同约定向承包人进行索赔。承包人维修并承担相应费用后，不免除对工程的损失赔偿责任。发包人有权要求承包人延长缺陷责任期，并应在原缺陷责任期届满前发出延长通知。但缺陷责任期（含延长部分）最长不能超过24个月。

由他人原因造成的缺陷，发包人负责组织维修，承包人不承担费用，且发包人不得从保证金中扣除费用。

15.2.3 任何一项缺陷或损坏修复后，经检查证明其影响了工程或工程设备的使用性能，承包人应重新进行合同约定的试验和试运行，试验和试运行的全部费用应由责任方承担。

15.2.4 除专用合同条款另有约定外，承包人应于缺陷责任期届满后7天内向发包人发出缺陷责任期届满通知，发包人应在收到缺陷责任期满通知后14天内核实承包人是否履行缺陷修复义务，承包人未能履行缺陷修复义务的，发包人有权扣除相应金额的维修费用。发包人应在收到缺陷责任期届满通知后14天内，向承包人颁发缺陷责任期终止证书。

15.3 质量保证金

经合同当事人协商一致扣留质量保证金的，应在专用合同条款中予以明确。

在工程项目竣工前，承包人已经提供履约担保的，发包人不得同时预留工程质量保证金。

15.3.1 承包人提供质量保证金的方式

承包人提供质量保证金有以下三种方式：

（1）质量保证金保函；

（2）相应比例的工程款；

（3）双方约定的其他方式。

除专用合同条款另有约定外，质量保证金原则上采用上述第（1）种方式。

15.3.2 质量保证金的扣留

质量保证金的扣留有以下三种方式：

（1）在支付工程进度款时逐次扣留，在此情形下，质量保证金的计算基数不包括预付款的支付、扣回以及价格调整的金额；

（2）工程竣工结算时一次性扣留质量保证金；

（3）双方约定的其他扣留方式。

除专用合同条款另有约定外，质量保证金的扣留原则上采用上述第（1）种方式。

发包人累计扣留的质量保证金不得超过工程价款结算总额的3%。如承包人在发包人签发竣工付款证书后28天内提交质量保证金保函，发包人应同时退还扣留的作为质量保证金的工程价款；保函金额不得超过工程价款结算总额的 3%。

发包人在退还质量保证金的同时按照中国人民银行发布的同期同类贷款基准利率支付利息。

15.3.3 质量保证金的退还

缺陷责任期内，承包人认真履行合同约定的责任，到期后，承包人可向发包人申请返还保证金。

发包人在接到承包人返还保证金申请后，应于 14 天内会同承包人按照合同约定的内容进行核实。如无异议，发包人应当按照约定将保证金返还给承包人。对返还期限没有约定或者约定不明确的，发包人应当在核实后 14 天内将保证金返还承包人，逾期未返还的，依法承担违约责任。发包人在接到承包人返还保证金申请后 14 天内不予答复，经催告后 14 天内仍不予答复，视同认可承包人的返还保证金申请。

发包人和承包人对保证金预留、返还以及工程维修质量、费用有争议的，按本合同第 20 条约定的争议和纠纷解决程序处理。

15.4　保　修

15.4.1 保修责任

工程保修期从工程竣工验收合格之日起算，具体分部分项工程的保修期由合同当事人在专用合同条款中约定，但不得低于法定最低保修年限。在工程保修期内，承包人应当根据有关法律规定以及合同约定承担保修责任。

发包人未经竣工验收擅自使用工程的，保修期自转移占有之日起算。

15.4.2 修复费用

保修期内，修复的费用按照以下约定处理：

（1）保修期内，因承包人原因造成工程的缺陷、损坏，承包人应负责修复，并承担修复的费用以及因工程的缺陷、损坏造成的人身伤害和财产损失；

（2）保修期内，因发包人使用不当造成工程的缺陷、损坏，可以委托承包人修复，但发包人应承担修复的费用，并支付承包人合理利润；

（3）因其他原因造成工程的缺陷、损坏，可以委托承包人修复，发包人应承担修复的费用，并支付承包人合理的利润，因工程的缺陷、损坏造成的人身伤害和财产损失由责任方承担。

15.4.3 修复通知

在保修期内，发包人在使用过程中，发现已接收的工程存在缺陷或损坏的，应书面通知承包人予以修复，但情况紧急必须立即修复缺陷或损坏的，发包人可以口头通知承包人并在口头通知后 48 小时内书面确认，承包人应在专用合同条款约定的合理期限内到达工程现场并修复缺陷或损坏。

15.4.4 未能修复

因承包人原因造成工程的缺陷或损坏，承包人拒绝维修或未能在合理期限内修复缺陷或损坏，且经发包人书面催告后仍未修复的，发包人有权自行修复或委托第三方修复，所需费用由承包人承担。但修复范围超出缺陷或损坏范围的，超出范围部分的修复费用由发包人承担。

15.4.5 承包人出入权

在保修期内,为了修复缺陷或损坏,承包人有权出入工程现场,除情况紧急必须立即修复缺陷或损坏外,承包人应提前 24 小时通知发包人进场修复的时间。承包人进入工程现场前应获得发包人同意,且不应影响发包人正常的生产经营,并应遵守发包人有关保安和保密等规定。

16 违 约

16.1 发包人违约

16.1.1 发包人违约的情形

在合同履行过程中发生的下列情形,属于发包人违约:

(1)因发包人原因未能在计划开工日期前 7 天内下达开工通知的;

(2)因发包人原因未能按合同约定支付合同价款的;

(3)发包人违反第 10.1 款[变更的范围]第(2)项约定,自行实施被取消的工作或转由他人实施的;

(4)发包人提供的材料、工程设备的规格、数量或质量不符合合同约定,或因发包人原因导致交货日期延误或交货地点变更等情况的;

(5)因发包人违反合同约定造成暂停施工的;

(6)发包人无正当理由没有在约定期限内发出复工指示,导致承包人无法复工的;

(7)发包人明确表示或者以其行为表明不履行合同主要义务的;

(8)发包人未能按照合同约定履行其他义务的。

发包人发生除本项第(7)目以外的违约情况时,承包人可向发包人发出通知,要求发包人采取有效措施纠正违约行为。发包人收到承包人通知后 28 天内仍不纠正违约行为的,承包人有权暂停相应部位工程施工,并通知监理人。

16.1.2 发包人违约的责任

发包人应承担因其违约给承包人增加的费用和(或)延误的工期,并支付承包人合理的利润。此外,合同当事人可在专用合同条款中另行约定发包人违约责任的承担方式和计算方法。

16.1.3 因发包人违约解除合同

除专用合同条款另有约定外,承包人按第 16.1.1 项[发包人违约的情形]约定暂停施工满 28 天后,发包人仍不纠正其违约行为并致使合同目的不能实现的,或出现第16.1.1 项[发包人违约的情形]第(7)目约定的违约情况,承包人有权解除合同,发包人应承担由此增加的费用,并支付承包人合理的利润。

16.1.4 因发包人违约解除合同后的付款

承包人按照本款约定解除合同的,发包人应在解除合同后 28 天内支付下列款项,并解除履约担保:

(1)合同解除前所完成工作的价款;

(2)承包人为工程施工订购并已付款的材料、工程设备和其他物品的价款;

（3）承包人撤离施工现场以及遣散承包人人员的款项；

（4）按照合同约定在合同解除前应支付的违约金；

（5）按照合同约定应当支付给承包人的其他款项；

（6）按照合同约定应退还的质量保证金；

（7）因解除合同给承包人造成的损失。

合同当事人未能就解除合同后的结清达成一致的，按照第20条［争议解决］的约定处理。

承包人应妥善做好已完工程和与工程有关的已购材料、工程设备的保护和移交工作，并将施工设备和人员撤出施工现场，发包人应为承包人撤出提供必要条件。

16.2 承 包 人 违 约

16.2.1 承包人违约的情形

在合同履行过程中发生的下列情形，属于承包人违约：

（1）承包人违反合同约定进行转包或违法分包的；

（2）承包人违反合同约定采购和使用不合格的材料和工程设备的；

（3）因承包人原因导致工程质量不符合合同要求的；

（4）承包人违反第8.9款［材料与设备专用要求］的约定，未经批准，私自将已按照合同约定进入施工现场的材料或设备撤离施工现场的；

（5）承包人未能按施工进度计划及时完成合同约定的工作，造成工期延误的；

（6）承包人在缺陷责任期及保修期内，未能在合理期限对工程缺陷进行修复，或拒绝按发包人要求进行修复的；

（7）承包人明确表示或者以其行为表明不履行合同主要义务的；

（8）承包人未能按照合同约定履行其他义务的。

承包人发生除本项第（7）目约定以外的其他违约情况时，监理人可向承包人发出整改通知，要求其在指定的期限内改正。

16.2.2 承包人违约的责任

承包人应承担因其违约行为而增加的费用和（或）延误的工期。此外，合同当事人可在专用合同条款中另行约定承包人违约责任的承担方式和计算方法。

16.2.3 因承包人违约解除合同

除专用合同条款另有约定外，出现第16.2.1项［承包人违约的情形］第（7）目约定的违约情况时，或监理人发出整改通知后，承包人在指定的合理期限内仍不纠正违约行为并致使合同目的不能实现的，发包人有权解除合同。合同解除后，因继续完成工程的需要，发包人有权使用承包人在施工现场的材料、设备、临时工程、承包人文件和由承包人或以其名义编制的其他文件，合同当事人应在专用合同条款约定相应费用的承担方式。发包人继续使用的行为不免除或减轻承包人应承担的违约责任。

16.2.4 因承包人违约解除合同后的处理

因承包人原因导致合同解除的，则合同当事人应在合同解除后28天内完成估价、付款和清算，并按以下约定执行：

（1）合同解除后，按第4.4款［商定或确定］商定或确定承包人实际完成工作对应的合同价款，以及承包人已提供的材料、工程设备、施工设备和临时工程等的价值；

（2）合同解除后，承包人应支付的违约金；

（3）合同解除后，因解除合同给发包人造成的损失；

（4）合同解除后，承包人应按照发包人要求和监理人的指示完成现场的清理和撤离；

（5）发包人和承包人应在合同解除后进行清算，出具最终结清付款证书，结清全部款项。

因承包人违约解除合同的，发包人有权暂停对承包人的付款，查清各项付款和已扣款项。发包人和承包人未能就合同解除后的清算和款项支付达成一致的，按照第 20 条［争议解决］的约定处理。

16.2.5　采购合同权益转让

因承包人违约解除合同的，发包人有权要求承包人将其为实施合同而签订的材料和设备的采购合同的权益转让给发包人，承包人应在收到解除合同通知后 14 天内，协助发包人与采购合同的供应商达成相关的转让协议。

16.3　第三人造成的违约

在履行合同过程中，一方当事人因第三人的原因造成违约的，应当向对方当事人承担违约责任。一方当事人和第三人之间的纠纷，依照法律规定或者按照约定解决。

17　不　可　抗　力

17.1　不可抗力的确认

不可抗力是指合同当事人在签订合同时不可预见，在合同履行过程中不可避免且不能克服的自然灾害和社会性突发事件，如地震、海啸、瘟疫、骚乱、戒严、暴动、战争和专用合同条款中约定的其他情形。

不可抗力发生后，发包人和承包人应收集证明不可抗力发生及不可抗力造成损失的证据，并及时认真统计所造成的损失。合同当事人对是否属于不可抗力或其损失的意见不一致的，由监理人按第 4.4 款［商定或确定］的约定处理。发生争议时，按第 20 条［争议解决］的约定处理。

17.2　不可抗力的通知

合同一方当事人遇到不可抗力事件，使其履行合同义务受到阻碍时，应立即通知合同另一方当事人和监理人，书面说明不可抗力和受阻碍的详细情况，并提供必要的证明。

不可抗力持续发生的，合同一方当事人应及时向合同另一方当事人和监理人提交中间报告，说明不可抗力和履行合同受阻的情况，并于不可抗力事件结束后 28 天内提交最终报告及有关资料。

17.3 不可抗力后果的承担

17.3.1 不可抗力引起的后果及造成的损失由合同当事人按照法律规定及合同约定各自承担。不可抗力发生前已完成的工程应当按照合同约定进行计量支付。

17.3.2 不可抗力导致的人员伤亡、财产损失、费用增加和（或）工期延误等后果，由合同当事人按以下原则承担：

（1）永久工程、已运至施工现场的材料和工程设备的损坏，以及因工程损坏造成的第三人人员伤亡和财产损失由发包人承担；

（2）承包人施工设备的损坏由承包人承担；

（3）发包人和承包人承担各自人员伤亡和财产的损失；

（4）因不可抗力影响承包人履行合同约定的义务，已经引起或将引起工期延误的，应当顺延工期，由此导致承包人停工的费用损失由发包人和承包人合理分担，停工期间必须支付的工人工资由发包人承担；

（5）因不可抗力引起或将引起工期延误，发包人要求赶工的，由此增加的赶工费用由发包人承担；

（6）承包人在停工期间按照发包人要求照管、清理和修复工程的费用由发包人承担。

不可抗力发生后，合同当事人均应采取措施尽量避免和减少损失的扩大，任何一方当事人没有采取有效措施导致损失扩大的，应对扩大的损失承担责任。

因合同一方迟延履行合同义务，在迟延履行期间遭遇不可抗力的，不免除其违约责任。

17.4 因不可抗力解除合同

因不可抗力导致合同无法履行连续超过 84 天或累计超过 140 天的，发包人和承包人均有权解除合同。合同解除后，由双方当事人按照第 4.4 款［商定或确定］商定或确定发包人应支付的款项，该款项包括：

（1）合同解除前承包人已完成工作的价款；

（2）承包人为工程订购的并已交付给承包人，或承包人有责任接受交付的材料、工程设备和其他物品的价款；

（3）发包人要求承包人退货或解除订货合同而产生的费用，或因不能退货或解除合同而产生的损失；

（4）承包人撤离施工现场以及遣散承包人人员的费用；

（5）按照合同约定在合同解除前应支付给承包人的其他款项；

（6）扣减承包人按照合同约定应向发包人支付的款项；

（7）双方商定或确定的其他款项。

除专用合同条款另有约定外，合同解除后，发包人应在商定或确定上述款项后 28 天内完成上述款项的支付。

18 保　险

18.1 工　程　保　险

除专用合同条款另有约定外，发包人应投保建筑工程一切险或安装工程一切险；发包人委托承包人投保的，因投保产生的保险费和其他相关费用由发包人承担。

18.2 工　伤　保　险

18.2.1 发包人应依照法律规定参加工伤保险，并为在施工现场的全部员工办理工伤保险，缴纳工伤保险费，并要求监理人及由发包人为履行合同聘请的第三方依法参加工伤保险。

18.2.2 承包人应依照法律规定参加工伤保险，并为其履行合同的全部员工办理工伤保险，缴纳工伤保险费，并要求分包人及由承包人为履行合同聘请的第三方依法参加工伤保险。

18.3 其　他　保　险

发包人和承包人可以为其施工现场的全部人员办理意外伤害保险并支付保险费，包括其员工及为履行合同聘请的第三方的人员，具体事项由合同当事人在专用合同条款约定。

除专用合同条款另有约定外，承包人应为其施工设备等办理财产保险。

18.4 持　续　保　险

合同当事人应与保险人保持联系，使保险人能够随时了解工程实施中的变动，并确保按保险合同条款要求持续保险。

18.5 保　险　凭　证

合同当事人应及时向另一方当事人提交其已投保的各项保险的凭证和保险单复印件。

18.6 未按约定投保的补救

18.6.1 发包人未按合同约定办理保险，或未能使保险持续有效的，则承包人可代为办理，所需费用由发包人承担。发包人未按合同约定办理保险，导致未能得到足额赔偿的，由发包人负责补足。

18.6.2 承包人未按合同约定办理保险，或未能使保险持续有效的，则发包人可代为办理，所需费用由承包人承担。承包人未按合同约定办理保险，导致未能得到足额赔偿的，由承包人负责补足。

18.7 通　知　义　务

除专用合同条款另有约定外，发包人变更除工伤保险之外的保险合同时，应事先征得承包人同意，并通知监理人；承包人变更除工伤保险之外的保险合同时，应事先征得发包人同意，并通知监理人。

保险事故发生时，投保人应按照保险合同规定的条件和期限及时向保险人报告。发包人和承包人应当在知道保险事故发生后及时通知对方。

19 索 赔

19.1 承包人的索赔

根据合同约定，承包人认为有权得到追加付款和（或）延长工期的，应按以下程序向发包人提出索赔：

（1）承包人应在知道或应当知道索赔事件发生后 28 天内，向监理人递交索赔意向通知书，并说明发生索赔事件的事由；承包人未在前述 28 天内发出索赔意向通知书的，丧失要求追加付款和（或）延长工期的权利；

（2）承包人应在发出索赔意向通知书后 28 天内，向监理人正式递交索赔报告；索赔报告应详细说明索赔理由以及要求追加的付款金额和（或）延长的工期，并附必要的记录和证明材料；

（3）索赔事件具有持续影响的，承包人应按合理时间间隔继续递交延续索赔通知，说明持续影响的实际情况和记录，列出累计的追加付款金额和（或）工期延长天数；

（4）在索赔事件影响结束后 28 天内，承包人应向监理人递交最终索赔报告，说明最终要求索赔的追加付款金额和（或）延长的工期，并附必要的记录和证明材料。

19.2 对承包人索赔的处理

对承包人索赔的处理如下：

（1）监理人应在收到索赔报告后 14 天内完成审查并报送发包人。监理人对索赔报告存在异议的，有权要求承包人提交全部原始记录副本；

（2）发包人应在监理人收到索赔报告或有关索赔的进一步证明材料后的 28 天内，由监理人向承包人出具经发包人签认的索赔处理结果。发包人逾期答复的，则视为认可承包人的索赔要求；

（3）承包人接受索赔处理结果的，索赔款项在当期进度款中进行支付；承包人不接受索赔处理结果的，按照第 20 条［争议解决］约定处理。

19.3 发包人的索赔

根据合同约定，发包人认为有权得到赔付金额和（或）延长缺陷责任期的，监理人应向承包人发出通知并附有详细的证明。

发包人应在知道或应当知道索赔事件发生后 28 天内通过监理人向承包人提出索赔意向通知书，发包人未在前述 28 天内发出索赔意向通知书的，丧失要求赔付金额和（或）延长缺陷责任期的权利。发包人应在发出索赔意向通知书后 28 天内，通过监理人向承包人正式递交索赔报告。

19.4　对发包人索赔的处理

对发包人索赔的处理如下：

（1）承包人收到发包人提交的索赔报告后，应及时审查索赔报告的内容、查验发包人证明材料；

（2）承包人应在收到索赔报告或有关索赔的进一步证明材料后 28 天内，将索赔处理结果答复发包人。如果承包人未在上述期限内作出答复的，则视为对发包人索赔要求的认可；

（3）承包人接受索赔处理结果的，发包人可从应支付给承包人的合同价款中扣除赔付的金额或延长缺陷责任期；发包人不接受索赔处理结果的，按第 20 条［争议解决］约定处理。

19.5　提出索赔的期限

（1）承包人按第 14.2 款［竣工结算审核］约定接收竣工付款证书后，应被视为已无权再提出在工程接收证书颁发前所发生的任何索赔。

（2）承包人按第 14.4 款［最终结清］提交的最终结清申请单中，只限于提出工程接收证书颁发后发生的索赔。提出索赔的期限自接受最终结清证书时终止。

20　争　议　解　决

20.1　和　　解

合同当事人可以就争议自行和解，自行和解达成协议的经双方签字并盖章后作为合同补充文件，双方均应遵照执行。

20.2　调　　解

合同当事人可以就争议请求建设行政主管部门、行业协会或其他第三方进行调解，调解达成协议的，经双方签字并盖章后作为合同补充文件，双方均应遵照执行。

20.3　争　议　评　审

合同当事人在专用合同条款中约定采取争议评审方式解决争议以及评审规则，并按下列约定执行：

20.3.1　争议评审小组的确定

合同当事人可以共同选择一名或三名争议评审员，组成争议评审小组。除专用合同条款另有约定外，合同当事人应当自合同签订后 28 天内，或者争议发生后 14 天内，选定争议评审员。

选择一名争议评审员的，由合同当事人共同确定；选择三名争议评审员的，各自选定一名，第三名成员为首席争议评审员，由合同当事人共同确定或由合同当事人委托已选定的争议评审员共同确定，或由专用合同条款约定的评审机构指定第三名首席争议评审员。

除专用合同条款另有约定外，评审员报酬由发包人和承包人各承担一半。

20.3.2 争议评审小组的决定

合同当事人可在任何时间将与合同有关的任何争议共同提请争议评审小组进行评审。争议评审小组应秉持客观、公正原则，充分听取合同当事人的意见，依据相关法律、规范、标准、案例经验及商业惯例等，自收到争议评审申请报告后 14 天内作出书面决定，并说明理由。合同当事人可以在专用合同条款中对本项事项另行约定。

20.3.3 争议评审小组决定的效力

争议评审小组作出的书面决定经合同当事人签字确认后，对双方具有约束力，双方应遵照执行。

任何一方当事人不接受争议评审小组决定或不履行争议评审小组决定的，双方可选择采用其他争议解决方式。

20.4 仲 裁 或 诉 讼

因合同及合同有关事项产生的争议，合同当事人可以在专用合同条款中约定以下一种方式解决争议：

（1）向约定的仲裁委员会申请仲裁；

（2）向有管辖权的人民法院起诉。

20.5 争议解决条款效力

合同有关争议解决的条款独立存在，合同的变更、解除、终止、无效或者被撤销均不影响其效力。

第三部分 专用合同条款

1 一 般 约 定

1.1 词 语 定 义

1.1.1 合同

1.1.1.10 其他合同文件包括：_____

_____

_____。

1.1.2 合同当事人及其他相关方

1.1.2.4 监理人：

名　　称：_____；

资质类别和等级：_____；

联系电话：_____；

电子信箱：_____；

通信地址：_____。

1.1.2.5 设计人：

名　　称：_____；

资质类别和等级：_____；

联系电话：_____；

电子信箱：_____；

通信地址：_____。

1.1.3 工程和设备

1.1.3.7 作为施工现场组成部分的其他场所包括：_____

_____。

1.1.3.9 永久占地包括：_____。

1.1.3.10 临时占地包括：_____。

1.3 法 律

适用于合同的其他规范性文件：_____

_____。

1.4 标 准 和 规 范

1.4.1 适用于工程的标准规范包括：_____

_____。

1.4.2 发包人提供国外标准、规范的名称：_____

_____；

发包人提供国外标准、规范的份数：_____；

发包人提供国外标准、规范的名称：_____。

1.4.3 发包人对工程的技术标准和功能要求的特殊要求：_____

_____

_____。

1.5 合同文件的优先顺序

合同文件组成及优先顺序为：_____

_____

_____。

1.6 图纸和承包人文件

1.6.1 图纸的提供

发包人向承包人提供图纸的期限：_____；

发包人向承包人提供图纸的数量：_____；

发包人向承包人提供图纸的内容：_____。

1.6.4 承包人文件

需要由承包人提供的文件，包括：_____

_____；

承包人提供的文件的期限为：_____；

承包人提供的文件的数量为：_____；

承包人提供的文件的形式为：_____；

发包人审批承包人文件的期限：_____。

1.6.5 现场图纸准备

关于现场图纸准备的约定：_____。

1.7 联 络

1.7.1 发包人和承包人应当在____天内将与合同有关的通知、批准、证明、证书、指示、指令、要求、请求、同意、意见、确定和决定等书面函件送达对方当事人。

1.7.2 发包人接收文件的地点：_____；

发包人指定的接收人为：_____。

承包人接收文件的地点：_____；

承包人指定的接收人为：_____。

监理人接收文件的地点：_____；

监理人指定的接收人为：_____。

1.10 交 通 运 输

1.10.1 出入现场的权利
关于出入现场的权利的约定：_____

_____。

1.10.3 场内交通
关于场外交通和场内交通的边界的约定：_____

_____。

关于发包人向承包人免费提供满足工程施工需要的场内道路和交通设施的约定：_____

_____。

1.10.4 超大件和超重件的运输
运输超大件或超重件所需的道路和桥梁临时加固改造费用和其他有关费用由_____
承担。

1.11 知 识 产 权

1.11.1 关于发包人提供给承包人的图纸、发包人为实施工程自行编制或委托编制的
技术规范以及反映发包人关于合同要求或其他类似性质的文件的著作权的归属：_____

_____。

关于发包人提供的上述文件的使用限制的要求：_____

_____。

1.11.2 关于承包人为实施工程所编制文件的著作权的归属：_____

_____。

关于承包人提供的上述文件的使用限制的要求：_____

_____。

1.11.4 承包人在施工过程中所采用的专利、专有技术、技术秘密的使用费的承担方
式：_____。

1.13 工程量清单错误的修正

出现工程量清单错误时，是否调整合同价格：_____。
允许调整合同价格的工程量偏差范围：_____

_____。

2 发 包 人

2.2 发 包 人 代 表

发包人代表：
姓　　名：_____；
身份证号：_____；

职　　务：_____；
联系电话：_____；
电子信箱：_____；
通信地址：_____。
发包人对发包人代表的授权范围如下：_____

_____。

2.4　施工现场、施工条件和基础资料的提供

2.4.1　提供施工现场

关于发包人移交施工现场的期限要求：_____

_____。

2.4.2　提供施工条件

关于发包人应负责提供施工所需要的条件，包括：_____

_____。

2.5　资金来源证明及支付担保

发包人提供资金来源证明的期限要求：_____。
发包人是否提供支付担保：_____。
发包人提供支付担保的形式：_____。

3　承　包　人

3.1　承包人的一般义务

承包人提交的竣工资料的内容：_____

_____。
承包人需要提交的竣工资料套数：_____。
承包人提交的竣工资料的费用承担：_____。
承包人提交的竣工资料移交时间：_____。
承包人提交的竣工资料形式要求：_____。
承包人应履行的其他义务：_____

_____。

3.2　项　目　经　理

3.2.1　项目经理：

姓　　名：_____；
身份证号：_____；
建造师执业资格等级：_____；
建造师注册证书号：_____；

建造师执业印章号：_____；

安全生产考核合格证书号：_____；

联系电话：_____；

电子信箱：_____；

通信地址：_____；

承包人对项目经理的授权范围如下：_____

_____。

关于项目经理每月在施工现场的时间要求：_____

_____。

承包人未提交劳动合同，以及没有为项目经理缴纳社会保险证明的违约责任：_____

_____。

项目经理未经批准，擅自离开施工现场的违约责任：_____

_____。

3.2.3 承包人擅自更换项目经理的违约责任：_____

_____。

3.2.4 承包人无正当理由拒绝更换项目经理的违约责任：_____

_____。

3.3 承 包 人 人 员

3.3.1 承包人提交项目管理机构及施工现场管理人员安排报告的期限：_____

_____。

3.3.3 承包人无正当理由拒绝撤换主要施工管理人员的违约责任：_____

_____。

3.3.4 承包人主要施工管理人员离开施工现场的批准要求：_____

_____。

3.3.5 承包人擅自更换主要施工管理人员的违约责任：_____

_____。

承包人主要施工管理人员擅自离开施工现场的违约责任：_____

_____。

3.5 分 包

3.5.1 分包的一般约定
禁止分包的工程包括：_____。

主体结构、关键性工作的范围：_____

_____。

3.5.2 分包的确定
允许分包的专业工程包括：_____。

其他关于分包的约定：_____

_____。

3.5.4 分包合同价款

关于分包合同价款支付的约定：_____。

3.6 工程照管与成品、半成品保护

承包人负责照管工程及工程相关的材料、工程设备的起始时间：_____。

3.7 履 约 担 保

承包人是否提供履约担保：_____。
承包人提供履约担保的形式、金额及期限的：_____
_____。

4 监 理 人

4.1 监理人的一般规定

关于监理人的监理内容：_____。
关于监理人的监理权限：_____。
关于监理人在施工现场的办公场所、生活场所的提供和费用承担的约定：_____
_____。

4.2 监 理 人 员

总监理工程师：
姓　　名：_____；
职　　务：_____；
监理工程师执业资格证书号：_____；
联系电话：_____；
电子信箱：_____；
通信地址：_____；
关于监理人的其他约定：_____。

4.4 商 定 或 确 定

在发包人和承包人不能通过协商达成一致意见时，发包人授权监理人对以下事项进行确定：
(1) _____；
(2) _____；
(3) _____。

5 工 程 质 量

5.1 质 量 要 求

5.1.1 特殊质量标准和要求：_____

_____。

关于工程奖项的约定：_____

_____。

5.3 隐蔽工程检查

5.3.2 承包人提前通知监理人隐蔽工程检查的期限的约定：_____

_____。

监理人不能按时进行检查时，应提前____小时提交书面延期要求。

关于延期最长不得超过：_____小时。

6 安全文明施工与环境保护

6.1 安 全 文 明 施 工

6.1.1 项目安全生产的达标目标及相应事项的约定：_____

_____。

6.1.4 关于治安保卫的特别约定：_____

_____。

关于编制施工场地治安管理计划的约定：_____

_____。

6.1.5 文明施工

合同当事人对文明施工的要求：_____

_____。

6.1.6 关于安全文明施工费支付比例和支付期限的约定：_____

_____。

7 工 期 和 进 度

7.1 施 工 组 织 设 计

7.1.1 合同当事人约定的施工组织设计应包括的其他内容：_____

_____。

7.1.2 施工组织设计的提交和修改

承包人提交详细施工组织设计的期限的约定：_____

_____。

发包人和监理人在收到详细的施工组织设计后确认或提出修改意见的期限：_____

_____。

7.2 施 工 进 度 计 划

7.2.2 施工进度计划的修订

发包人和监理人在收到修订的施工进度计划后确认或提出修改意见的期限：_____。

7.3 开 　 工

7.3.1 开工准备

关于承包人提交工程开工报审表的期限：_____。

关于发包人应完成的其他开工准备工作及期限：_____

_____。

关于承包人应完成的其他开工准备工作及期限：_____

_____。

7.3.2 开工通知

因发包人原因造成监理人未能在计划开工日期之日起____天内发出开工通知的，承包人有权提出价格调整要求，或者解除合同。

7.4 测 量 放 线

7.4.1 发包人通过监理人向承包人提供测量基准点、基准线和水准点及其书面资料的期限：_____。

7.5 工 期 延 误

7.5.1 因发包人原因导致工期延误

（7）因发包人原因导致工期延误的其他情形：_____

_____。

7.5.2 因承包人原因导致工期延误

因承包人原因造成工期延误，逾期竣工违约金的计算方法为：_____。

因承包人原因造成工期延误，逾期竣工违约金的上限：_____

_____。

7.6 不 利 物 质 条 件

不利物质条件的其他情形和有关约定：_____

_____。

7.7 异常恶劣的气候条件

发包人和承包人同意以下情形视为异常恶劣的气候条件：

（1）_____；

（2）_____；

（3）_____。

7.9 提前竣工的奖励

7.9.2 提前竣工的奖励：_____。

8 材 料 与 设 备

8.4 材料与工程设备的保管与使用

8.4.1 发包人供应的材料设备的保管费用的承担：_____

_____。

8.6 样 品

8.6.1 样品的报送与封存

需要承包人报送样品的材料或工程设备，样品的种类、名称、规格、数量要求：_____

_____

_____。

8.8 施工设备和临时设施

8.8.1 承包人提供的施工设备和临时设施

关于修建临时设施费用承担的约定：_____

_____。

9 试 验 与 检 验

9.1 试验设备与试验人员

9.1.2 试验设备

施工现场需要配置的试验场所：_____

_____。

施工现场需要配备的试验设备：_____

_____。

施工现场需要具备的其他试验条件：_____

_____。

9.4 现 场 工 艺 试 验

现场工艺试验的有关约定：_____

10 变　　更

10.1　变更的范围

关于变更的范围的约定：＿＿＿＿＿＿＿＿＿＿＿＿＿＿＿＿＿＿
＿＿＿＿＿＿＿＿＿＿＿＿＿＿＿＿＿＿＿＿＿＿＿＿＿＿＿＿。

10.4　变更估价

10.4.1　变更估价原则

关于变更估价的约定：＿＿＿＿＿＿＿＿＿＿＿＿＿＿＿＿＿＿＿
＿＿＿＿＿＿＿＿＿＿＿＿＿＿＿＿＿＿＿＿＿＿＿＿＿＿＿＿。

10.5　承包人的合理化建议

监理人审查承包人合理化建议的期限：＿＿＿＿＿＿＿＿＿＿＿＿。
发包人审批承包人合理化建议的期限：＿＿＿＿＿＿＿＿＿＿＿＿。
承包人提出的合理化建议降低了合同价格或者提高了工程经济效益的奖励的方法和金额为：＿＿＿＿＿＿＿＿＿＿＿＿＿＿＿＿＿＿＿＿＿＿＿
＿＿＿＿＿＿＿＿＿＿＿＿＿＿＿＿＿＿＿＿＿＿＿＿＿＿＿＿。

10.7　暂估价

暂估价材料和工程设备的明细详见附件11：《暂估价一览表》。
10.7.1　依法必须招标的暂估价项目
对于依法必须招标的暂估价项目的确认和批准采取第＿＿＿种方式确定。
10.7.2　不属于依法必须招标的暂估价项目
对于不属于依法必须招标的暂估价项目的确认和批准采取第＿＿＿种方式确定。
第3种方式：承包人直接实施的暂估价项目
承包人直接实施的暂估价项目的约定：＿＿＿＿＿＿＿＿＿＿＿＿＿
＿＿＿＿＿＿＿＿＿＿＿＿＿＿＿＿＿＿＿＿＿＿＿＿＿＿＿＿。

10.8　暂列金额

合同当事人关于暂列金额使用的约定：＿＿＿＿＿＿＿＿＿＿＿＿＿
＿＿＿＿＿＿＿＿＿＿＿＿＿＿＿＿＿＿＿＿＿＿＿＿＿＿＿＿。

11 价格调整

11.1　市场价格波动引起的调整

市场价格波动是否调整合同价格的约定：＿＿＿＿＿＿＿＿＿＿＿＿。

因市场价格波动调整合同价格，采用以下第____种方式对合同价格进行调整：

第1种方式：采用价格指数进行价格调整。

关于各可调因子、定值和变值权重，以及基本价格指数及其来源的约定：_____；

第2种方式：采用造价信息进行价格调整。

（2）关于基准价格的约定：_____。

专用合同条款①承包人在已标价工程量清单或预算书中载明的材料单价低于基准价格的：专用合同条款合同履行期间材料单价涨幅以基准价格为基础超过____%时，或材料单价跌幅以已标价工程量清单或预算书中载明材料单价为基础超过____%时，其超过部分据实调整。

② 承包人在已标价工程量清单或预算书中载明的材料单价高于基准价格的：专用合同条款合同履行期间材料单价跌幅以基准价格为基础超过____%时，材料单价涨幅以已标价工程量清单或预算书中载明材料单价为基础超过____%时，其超过部分据实调整。

③ 承包人在已标价工程量清单或预算书中载明的材料单价等于基准单价的：专用合同条款合同履行期间材料单价涨跌幅以基准单价为基础超过±____%时，其超过部分据实调整。

第3种方式：其他价格调整方式：_____

_____。

12　合同价格、计量与支付

12.1　合 同 价 格 形 式

1. 单价合同。

综合单价包含的风险范围：_____

_____。

风险费用的计算方法：_____

_____。

风险范围以外合同价格的调整方法：_____

_____。

2. 总价合同。

总价包含的风险范围：_____

_____。

风险费用的计算方法：_____

_____。

风险范围以外合同价格的调整方法：_____

_____。

3. 其他价格方式：_____

_____

_____。

12.2 预 付 款

12.2.1 预付款的支付

预付款支付比例或金额：_____。

预付款支付期限：_____。

预付款扣回的方式：_____。

12.2.2 预付款担保

承包人提交预付款担保的期限：_____。

预付款担保的形式为：_____。

12.3 计 量

12.3.1 计量原则

工程量计算规则：_____。

12.3.2 计量周期

关于计量周期的约定：_____。

12.3.3 单价合同的计量

关于单价合同计量的约定：_____。

12.3.4 总价合同的计量

关于总价合同计量的约定：_____。

12.3.5 总价合同采用支付分解表计量支付的，是否适用第 12.3.4 项［总价合同的计量］约定进行计量：_____。

12.3.6 其他价格形式合同的计量

其他价格形式的计量方式和程序：_____

_____。

12.4 工程进度款支付

12.4.1 付款周期

关于付款周期的约定：_____。

12.4.2 进度付款申请单的编制

关于进度付款申请单编制的约定：_____

_____。

12.4.3 进度付款申请单的提交

（1）单价合同进度付款申请单提交的约定：_____。

（2）总价合同进度付款申请单提交的约定：_____。

（3）其他价格形式合同进度付款申请单提交的约定：_____

_____。

12.4.4 进度款审核和支付

（1）监理人审查并报送发包人的期限：_____。

发包人完成审批并签发进度款支付证书的期限：_____

_____。

（2）发包人支付进度款的期限：_____。

发包人逾期支付进度款的违约金的计算方式：_____

_____。

12.4.6 支付分解表的编制

2. 总价合同支付分解表的编制与审批：_____

_____。

3. 单价合同的总价项目支付分解表的编制与审批：_____

_____。

13　验收和工程试车

13.1　分部分项工程验收

13.1.2 监理人不能按时进行验收时，应提前_____小时提交书面延期要求。
关于延期最长不得超过：_____小时。

13.2　竣　工　验　收

13.2.2　竣工验收程序
关于竣工验收程序的约定：_____

_____

发包人不按照本项约定组织竣工验收、颁发工程接收证书的违约金的计算方法：_____

_____。

13.2.5　移交、接收全部与部分工程
承包人向发包人移交工程的期限：_____。
发包人未按本合同约定接收全部或部分工程的，违约金的计算方法为：_____。
承包人未按时移交工程的，违约金的计算方法为：_____

_____。

13.3　工　程　试　车

13.3.1　试车程序
工程试车内容：_____

_____

_____。

（1）单机无负荷试车费用由_____承担；
（2）无负荷联动试车费用由_____承担。

13.3.3　投料试车
关于投料试车相关事项的约定：_____

_____。

13.6 竣 工 退 场

13.6.1 竣工退场
承包人完成竣工退场的期限：_____。

14 竣 工 结 算

14.1 竣 工 结 算 申 请

承包人提交竣工结算申请单的期限：_____。

竣工结算申请单应包括的内容：_____

_____。

14.2 竣 工 结 算 审 核

发包人审批竣工付款申请单的期限：_____。

发包人完成竣工付款的期限：_____。

关于竣工付款证书异议部分复核的方式和程序：_____

_____。

14.4 最 终 结 清

14.4.1 最终结清申请单
承包人提交最终结清申请单的份数：_____。

承包人提交最终结算申请单的期限：_____。

14.4.2 最终结清证书和支付
（1）发包人完成最终结清申请单的审批并颁发最终结清证书的期限：_____。

（2）发包人完成支付的期限：_____。

15 缺陷责任期与保修

15.2 缺 陷 责 任 期

缺陷责任期的具体期限：_____

_____。

15.3 质 量 保 证 金

关于是否扣留质量保证金的约定：_____。在工程项目竣工前，承包人按专用合同条款第3.7条提供履约担保的，发包人不得同时预留工程质量保证金。

15.3.1 承包人提供质量保证金的方式
质量保证金采用以下第_____种方式：

（1）质量保证金保函，保证金额为：_____；

（2）_____%的工程款；

（3）其他方式：_____。

15.3.2　质量保证金的扣留

质量保证金的扣留采取以下第_____种方式：

（1）在支付工程进度款时逐次扣留，在此情形下，质量保证金的计算基数不包括预付款的支付、扣回以及价格调整的金额；

（2）工程竣工结算时一次性扣留质量保证金；

（3）其他扣留方式：_____。

关于质量保证金的补充约定：_____
_____。

15.4　保　　修

15.4.1　保修责任

工程保修期为：_____
_____。

15.4.3　修复通知

承包人收到保修通知并到达工程现场的合理时间：_____
_____。

16　违　　约

16.1　发包人违约

16.1.1　发包人违约的情形

发包人违约的其他情形：_____
_____。

16.1.2　发包人违约的责任

发包人违约责任的承担方式和计算方法：

（1）因发包人原因未能在计划开工日期前 7 天内下达开工通知的违约责任：_____。

（2）因发包人原因未能按合同约定支付合同价款的违约责任：_____。

（3）发包人违反第 10.1 款［变更的范围］第（2）项约定，自行实施被取消的工作或转由他人实施的违约责任：_____
_____。

（4）发包人提供的材料、工程设备的规格、数量或质量不符合合同约定，或因发包人原因导致交货日期延误或交货地点变更等情况的违约责任：_____。

（5）因发包人违反合同约定造成暂停施工的违约责任：_____
_____。

（6）发包人无正当理由没有在约定期限内发出复工指示，导致承包人无法复工的违约责任：_____。

（7）其他：_____。

16.1.3 因发包人违约解除合同

承包人按 16.1.1 项［发包人违约的情形］约定暂停施工满____天后发包人仍不纠正其违约行为并致使合同目的不能实现的，承包人有权解除合同。

16.2 承 包 人 违 约

16.2.1 承包人违约的情形

承包人违约的其他情形：_____
_____。

16.2.2 承包人违约的责任

承包人违约责任的承担方式和计算方法：_____
_____。

16.2.3 因承包人违约解除合同

关于承包人违约解除合同的特别约定：_____
_____。

发包人继续使用承包人在施工现场的材料、设备、临时工程、承包人文件和由承包人或以其名义编制的其他文件的费用承担方式：_____。

17 不 可 抗 力

17.1 不可抗力的确认

除通用合同条款约定的不可抗力事件之外，视为不可抗力的其他情形：_____。

17.4 因不可抗力解除合同

合同解除后，发包人应在商定或确定发包人应支付款项后____天内完成款项的支付。

18 保 险

18.1 工 程 保 险

关于工程保险的特别约定：_____。

18.3 其 他 保 险

关于其他保险的约定：_____。

承包人是否应为其施工设备等办理财产保险：_____
_____。

18.7 通 知 义 务

关于变更保险合同时的通知义务的约定：_____

_____。

20 争 议 解 决

20.3 争 议 评 审

合同当事人是否同意将工程争议提交争议评审小组决定：_____

_____。

20.3.1 争议评审小组的确定

争议评审小组成员的确定：_____。

选定争议评审员的期限：_____。

争议评审小组成员的报酬承担方式：_____。

其他事项的约定：_____。

20.3.2 争议评审小组的决定

合同当事人关于本项的约定：_____。

20.4 仲 裁 或 诉 讼

因合同及合同有关事项发生的争议，按下列第____种方式解决：

（1）向_____仲裁委员会申请仲裁；

（2）向_____人民法院起诉。

附件

协议书附件：

附件 1：承包人承揽工程项目一览表

专用合同条款附件：

附件 2：发包人供应材料设备一览表

附件 3：工程质量保修书

附件 4：主要建设工程文件目录

附件 5：承包人用于本工程施工的机械设备表

附件 6：承包人主要施工管理人员表

附件 7：分包人主要施工管理人员表

附件 8：履约担保

附件 9：预付款担保

附件 10：支付担保

附件 11：暂估价一览表

附件 1：

承包人承揽工程项目一览表

单位工程名称	建设规模	建筑面积（平方米）	结构形式	层数	生产能力	设备安装内容	合同价格（元）	开工日期	竣工日期

附件2：

发包人供应材料设备一览表

序号	材料、设备品种	规格型号	单位	数量	单价（元）	质量等级	供应时间	送达地点	备注

附件 3:

工程质量保修书

发包人(全称):_____

承包人(全称):_____

发包人和承包人根据《中华人民共和国建筑法》和《建设工程质量管理条例》，经协商一致就_____(工程全称)签订工程质量保修书。

一、工程质量保修范围和内容

承包人在质量保修期内，按照有关法律规定和合同约定，承担工程质量保修责任。

质量保修范围包括地基基础工程、主体结构工程，屋面防水工程、有防水要求的卫生间、房间和外墙面的防渗漏，供热与供冷系统，电气管线、给排水管道、设备安装和装修工程，以及双方约定的其他项目。具体保修的内容，双方约定如下:

_____

_____

_____。

二、质量保修期

根据《建设工程质量管理条例》及有关规定，工程的质量保修期如下:

1. 地基基础工程和主体结构工程为设计文件规定的工程合理使用年限;

2. 屋面防水工程、有防水要求的卫生间、房间和外墙面的防渗为_____年;

3. 装修工程为_____年;

4. 电气管线、给排水管道、设备安装工程为_____年;

5. 供热与供冷系统为_____个采暖期、供冷期;

6. 住宅小区内的给排水设施、道路等配套工程为_____年;

7. 其他项目保修期限约定如下:

_____

_____

_____。

质量保修期自工程竣工验收合格之日起计算。

三、缺陷责任期

工程缺陷责任期为_____个月，缺陷责任期自工程通过竣工验收之日起计算。单位工程先于全部工程进行验收，单位工程缺陷责任期自单位工程验收合格之日起算。

缺陷责任期终止后，发包人应退还剩余的质量保证金。

四、质量保修责任

1. 属于保修范围、内容的项目，承包人应当在接到保修通知之日起 7 天内派人保修。承包人不在约定期限内派人保修的，发包人可以委托他人修理。

2. 发生紧急事故需抢修的，承包人在接到事故通知后，应当立即到达事故现场抢修。

3. 对于涉及结构安全的质量问题，应当按照《建设工程质量管理条例》的规定，立即向当地建设行政主管部门和有关部门报告，采取安全防范措施，并由原设计人或者具有相应资质等级的设计人提出保修方案，承包人实施保修。

4. 质量保修完成后，由发包人组织验收。

五、保修费用

保修费用由造成质量缺陷的责任方承担。

六、双方约定的其他工程质量保修事项：＿＿＿＿＿＿＿＿＿＿＿＿＿

＿＿＿＿＿＿＿＿＿＿＿＿＿＿＿＿＿＿＿＿＿＿＿＿＿＿＿＿＿＿＿。

工程质量保修书由发包人、承包人在工程竣工验收前共同签署，作为施工合同附件，其有效期限至保修期满。

发包人（公章）：＿＿＿＿＿＿　　承包人（公章）：＿＿＿＿＿＿

地　址：＿＿＿＿＿＿　　地　址：＿＿＿＿＿＿

法定代表人（签字）：＿＿＿＿＿　　法定代表人（签字）：＿＿＿＿＿

委托代理人（签字）：＿＿＿＿＿　　委托代理人（签字）：＿＿＿＿＿

电　话：＿＿＿＿＿＿　　电　话：＿＿＿＿＿＿

传　真：＿＿＿＿＿＿　　传　真：＿＿＿＿＿＿

开户银行：＿＿＿＿＿＿　　开户银行：＿＿＿＿＿＿

账　号：＿＿＿＿＿＿　　账　号：＿＿＿＿＿＿

邮政编码：＿＿＿＿＿＿　　邮政编码：＿＿＿＿＿＿

附件 4：

主要建设工程文件目录

文件名称	套数	费用(元)	质量	移交时间	责任人

附件5：

承包人用于本工程施工的机械设备表

序号	机械或设备名称	规格型号	数量	产地	制造年份	额定功率（kW）	生产能力	备注

附件6：

承包人主要施工管理人员表

名　　称	姓名	职务	职称	主要资历、经验及承担过的项目
一、总部人员				
项目主管				
其他人员				
二、现场人员				
项目经理				
项目副经理				
技术负责人				
造价管理				
质量管理				
材料管理				
计划管理				
安全管理				
其他人员				

附件7：

分包人主要施工管理人员表

名　称	姓名	职务	职称	主要资历、经验及承担过的项目
一、总部人员				
项目主管				
其他人员				
二、现场人员				
项目经理				
项目副经理				
技术负责人				
造价管理				
质量管理				
材料管理				
计划管理				
安全管理				
其他人员				

附件8：

履约担保

_____（发包人名称）：

鉴于_____（发包人名称，以下简称"发包人"）与_____（承包人名称）（以下称"承包人"）于_____年___月___日就_____（工程名称）施工及有关事项协商一致共同签订《建设工程施工合同》。我方愿意无条件地、不可撤销地就承包人履行与你方签订的合同，向你方提供连带责任担保。

1. 担保金额人民币（大写）_____元（￥_____）。

2. 担保有效期自你方与承包人签订的合同生效之日起至你方签发或应签发工程接收证书之日止。

3. 在本担保有效期内，因承包人违反合同约定的义务给你方造成经济损失时，我方在收到你方以书面形式提出的在担保金额内的赔偿要求后，在7天内无条件支付。

4. 你方和承包人按合同约定变更合同时，我方承担本担保规定的义务不变。

5. 因本保函发生的纠纷，可由双方协商解决，协商不成的，任何一方均可提请_____仲裁委员会仲裁。

6. 本保函自我方法定代表人（或其授权代理人）签字并加盖公章之日起生效。

担 保 人：_____（盖单位章）

法定代表人或其委托代理人：_____（签字）

地　　址：_____

邮政编码：_____

电　　话：_____

传　　真：_____

_____年_____月_____日

附件 9：

预付款担保

_____（发包人名称）：

根据_____（承包人名称）（以下称"承包人"）与_____（发包人名称）（以下简称"发包人"）于_____年___月___日签订的_____（工程名称）《建设工程施工合同》，承包人按约定的金额向你方提交一份预付款担保，即有权得到你方支付相等金额的预付款。我方愿意就你方提供给承包人的预付款为承包人提供连带责任担保。

1. 担保金额人民币（大写）_____元（¥_____）。

2. 担保有效期自预付款支付给承包人起生效，至你方签发的进度款支付证书说明已完全扣清止。

3. 在本保函有效期内，因承包人违反合同约定的义务而要求收回预付款时，我方在收到你方的书面通知后，在 7 天内无条件支付。但本保函的担保金额，在任何时候不应超过预付款金额减去你方按合同约定在向承包人签发的进度款支付证书中扣除的金额。

4. 你方和承包人按合同约定变更合同时，我方承担本保函规定的义务不变。

5. 因本保函发生的纠纷，可由双方协商解决，协商不成的，任何一方均可提请____仲裁委员会仲裁。

6. 本保函自我方法定代表人（或其授权代理人）签字并加盖公章之日起生效。

担保人：_____（盖单位章）

法定代表人或其委托代理人：_____（签字）

地　　址：_____

邮政编码：_____

电　　话：_____

传　　真：_____

_____年_____月_____日

附件 10：

支付担保

_____（承包人）：

鉴于你方作为承包人已经与_____（发包人名称）（以下称"发包人"）于_____年_____月_____日签订了_____（工程名称）《建设工程施工合同》（以下称"主合同"），应发包人的申请，我方愿就发包人履行主合同约定的工程款支付义务以保证的方式向你方提供如下担保：

一、保证的范围及保证金额

1. 我方的保证范围是主合同约定的工程款。

2. 本保函所称主合同约定的工程款是指主合同约定的除工程质量保证金以外的合同价款。

3. 我方保证的金额是主合同约定的工程款的_____％，数额最高不超过人民币元（大写：_____）。

二、保证的方式及保证期间

1. 我方保证的方式为：连带责任保证。

2. 我方保证的期间为：自本合同生效之日起至主合同约定的工程款支付完毕之日后_____日内。

3. 你方与发包人协议变更工程款支付日期的，经我方书面同意后，保证期间按照变更后的支付日期做相应调整。

三、承担保证责任的形式

我方承担保证责任的形式是代为支付。发包人未按主合同约定向你方支付工程款的，由我方在保证金额内代为支付。

四、代偿的安排

1. 你方要求我方承担保证责任的，应向我方发出书面索赔通知及发包人未支付主合同约定工程款的证明材料。索赔通知应写明要求索赔的金额，支付款项应到达的账号。

2. 在出现你方与发包人因工程质量发生争议，发包人拒绝向你方支付工程款的情形时，你方要求我方履行保证责任代为支付的，需提供符合相应条件要求的工程质量检测机构出具的质量说明材料。

3. 我方收到你方的书面索赔通知及相应的证明材料后 7 天内无条件支付。

五、保证责任的解除

1. 在本保函承诺的保证期间内，你方未书面向我方主张保证责任的，自保证期间届满次日起，我方保证责任解除。

2. 发包人按主合同约定履行了工程款的全部支付义务的，自本保函承诺的保证期间届满次日起，我方保证责任解除。

3. 我方按照本保函向你方履行保证责任所支付金额达到本保函保证金额时，自我方向你方支付（支付款项从我方账户划出）之日起，保证责任即解除。

4. 按照法律法规的规定或出现应解除我方保证责任的其他情形的，我方在本保函项下的保证责任亦解除。

5. 我方解除保证责任后，你方应自我方保证责任解除之日起_____个工作日内，将本保函原件返还我方。

六、免责条款

1. 因你方违约致使发包人不能履行义务的，我方不承担保证责任。

2. 依照法律法规的规定或你方与发包人的另行约定，免除发包人部分或全部义务的，我方亦免除其相应的保证责任。

3. 你方与发包人协议变更主合同的，如加重发包人责任致使我方保证责任加重的，需征得我方书面同意，否则我方不再承担因此而加重部分的保证责任，但主合同第 10 条〔变更〕约定的变更不受本款限制。

4. 因不可抗力造成发包人不能履行义务的，我方不承担保证责任。

七、争议解决

因本保函或本保函相关事项发生的纠纷，可由双方协商解决，协商不成的，按下列第_____种方式解决：

（1）向_____仲裁委员会申请仲裁；

（2）向_____人民法院起诉。

八、保函的生效

本保函自我方法定代表人（或其授权代理人）签字并加盖公章之日起生效。

担保人：_____（盖章）

法定代表人或委托代理人：_____（签字）

地　　址：_____

邮政编码：_____

传　　真：_____

_____年_____月_____日

附件11：

暂估价一览表

表 11-1：材料暂估价表

序号	名称	单位	数量	单价(元)	合价(元)	备注

表 11-2：工程设备暂估价表

序号	名称	单位	数量	单价(元)	合价(元)	备注

表 11-3：专业工程暂估价表

序号	专业工程名称	工程内容	金额
	小计：		